天津市农业地方标准精选汇编

刘烨潼　郭永泽　郑贵忠　主　编

中国农业出版社

北　京

编 写 委 员 会

主　　编　刘烨潼　郭永泽　郑贵忠

副 主 编　陈秋生　邵　辉　兰青阔　秦　旭
王俊菊　李晓东

编写人员　（按姓氏笔画排序）

马连旺　王　永　毛　宇　白　雪
朱　珠　刘　磊　刘征辉　江曙光
李　娜　李　辉　李学武　李恩萍
吴　浩　邹　攀　张　玮　张　玺
张　强　张　漫　张玉婷　张志宏
张丽华　陈　锐　林宏芳　孟兆芳
赵　新　殷　萍　蒋　露　韩金博
谢蕴琳

前 言

《孟子·离娄上》说:“离娄之明,公输子之巧;不以规矩,不成方圆”。农业标准就是农业规范化发展的规矩。党的十九大以来,农业已经从高速增长阶段转向高质量发展阶段,而农业的高质量发展需要建立在高质量的标准上。农业标准化管理贯穿农业生产整个流程,涵盖种植、养殖、疫病防控、包装标识、检验检测、运输储存等多个环节。制定高质量的标准指导生产,让广大农业生产主体有标可依、有矩可循,是农业农村部门和农业科研工作者的职责和使命。

为推进当前质量兴农工作、更好地服务农业生产、提升农业标准化水平,天津市加快了农业地方标准制修订工作,力争在2020年以前,天津市现行农业地方标准不少于200项,与国家标准、行业标准及企业标准相配套,形成天津市较为完备的农业标准体系。同时,为方便广大制标用标人员检索查询和学习推广,我们将整理出版这部地方农业标准精选汇编,让散在的标准汇集成册、整体呈现,以飨广大“三农”工作者。

本汇编精选了2010年以来各农口部门制定并正式发布的标准共67项。为方便检索,按照不同领域和标准编制年代进行了排序,从中读者也可看出各个行业的标准建设历史和发展脉络。

本汇编在编辑出版过程中,得到了标准部门和农业农村各部门及有关专家的大力支持、鼓励和帮助,在此一并致谢!

对于书中出现的错误和疏漏,期待大家提出宝贵意见,以利我们改正。

天津市农业质量标准与检测技术研究所

2019年8月6日

目　　录

水产养殖篇

检测技术篇

种植生产篇

有机农产品　甘薯有机栽培技术规范

Organic agricultural products sweet potato organic cultivation technical specification

1　范围

本标准规定了有机农产品——甘薯的术语和定义、基本要求、育苗、甘薯的栽插、田间管理、收获和贮存。

本标准适用于天津市有机农产品——甘薯的种植。

2　规范性引用文件

下列文件对于本文件的应用是必不可少的。凡是注日期的引用文件，仅所注日期的版本适用于本文件。凡是不注日期的引用文件，其最新版本（包括所有的修改单）适用于本文件。

GB 3095—1996　环境空气质量标准

GB 5084　农田灌溉水环境质量标准

GB 9137　保护农作物的大气污染物最高允许浓度

GB 15618—1995　土壤环境质量标准

GB/T 19630.1—2005　有机产品：生产

3　术语和定义

下列术语和定义适用于本标准。

3.1　火炕 heated bed

按照农家传统住宅用燃料加热取暖的方式建造，并应用于甘薯育苗或加温促进愈伤组织形成的排薯的苗床。

3.2　种薯 sweet potato seed

用于繁殖种苗或用于生产播种的甘薯块根。

3.3　育苗 seedling nursery

甘薯生产中利用种薯培育秧苗的生产活动及其过程。

3.4　排种 row potato

将种薯按技术要求排列在苗床上的过程。

3.5　炼苗 cold acclimation

甘薯采苗前，逐渐降低保护温度，使秧苗适应自然环境的过程。

3.6　提蔓 mention vine stem

为防止在潮湿的环境条件下茎蔓不定根的发生，采用轻轻提起薯蔓，再放回原处，抑制茎叶生长的农事活动。

天津市质量技术监督局 2010-04-28 发布　　2010-08-01 实施

3.7 甩蔓 fling vine stem

甘薯栽插后经过缓苗，茎蔓开始明显伸长的生长现象。

4 基本要求

4.1 农场范围

应符合 GB/T 19630.1—2005 中 4.1.1 的规定。

4.2 产地环境要求

应符合 GB/T 19630.1—2005 中 4.1.2 的规定。

基地的环境质量应符合以下要求：

a) 土壤环境质量符合 GB 15618—1995 中的二级标准；

b) 农田灌溉用水水质符合 GB 5084 的规定；

c) 环境空气质量符合 GB 3095—1996 中二级标准和 GB 9137 的规定。

4.3 缓冲带和栖息地

应符合 GB/T 19630.1—2005 中 4.1.3 的规定。

4.4 转换期

应符合 GB/T 19630.1—2005 中 4.1.4 的规定。

4.5 平行生产

应符合 GB/T 19630.1—2005 中 4.1.5 的规定。

4.6 转基因

应符合 GB/T 19630.1—2005 中 4.1.6 的规定。

5 育苗

5.1 育苗设施的选择

5.1.1 床土处理

消毒：采用蒸汽消毒方法。蒸汽消毒是用水蒸气把 10 cm 厚土温提高到 90 ℃～100 ℃，处理床土 30 min。

保湿：床土相对湿度保持在 75%～80%。

5.1.2 温室电热温床

a) 选择具有水源和电源的日光温室；

b) 电热线按技术要求进行铺设，做到布线平直，松紧一致，通电检查合格后覆 7 cm 的床土压住电热线，随后浇水、覆盖塑料薄膜和草苫通电加温，达到设计的温度后进行排薯。

5.1.3 改良火炕

5.1.3.1 一般构造

a) 火炕一般长 5 m～6 m，宽 150 cm；

b) 顺炕长方向设 3 条火沟，各宽 20 cm，近火炉端沟深 53 cm，远端深 30 cm；

c) 苗床壁墙以板打墙或草泥剁成，四壁厚 25 cm，高 50 cm。

5.1.3.2 填炕土

在炕面上填充 11 m～15 cm 厚的底土，底土上铺 5 cm 厚的营养土。

5.2 种薯上床

5.2.1 日期确定

a) 春甘薯育苗根据计划栽插期，向前递推 25 d～30 d。一般在春分前后，日平均温度稳定在 7 ℃～8 ℃时，开始排种；

b) 夏薯在春薯田剪蔓栽植，不另设床育苗。

5.2.2 种薯选择

符合 GB/T 19630.1—2005 4.2.4 中的规定。

种薯选择：无病、无伤、未受冷害和湿害，薯皮、薯肉色纯正，表皮光滑、次生根少、色泽鲜明的薯块。薯块大小在 200 g～300 g。

禁止使用转基因甘薯品种。

5.2.2.1 推荐品种

a） 食用型品种：苏薯八号（黄皮）、红香蕉、西农 431、脱毒北京 553、济薯 22、河北早红、冀薯 6－8；
b） 淀粉型：济薯 21 号、徐薯 18、冀薯 98、冀薯 99、新农一号、商薯 19；
c） 特色品种：日本鸣门金时、日本黄金薯、脱毒日本红东、紫薯 135、烟紫 337、黑薯、紫薯王。

5.2.3 种薯处理

宜采用物理、农业措施，通过选用抗病抗虫品种，非化学药剂处理种薯，必要时允许使用附录 A 所列出的物质。

a） 消毒：催芽前用 55 ℃温水浸泡 10 min；
b） 催芽：种薯上炕之前，在室内生炉火等方法将温度提高到 35 ℃～37 ℃，利用鼓风机促进热量散发均匀，注意隔开，避免烤伤甘薯。根据情况在室内洒水，增加湿度或用稻草等覆盖保持薯皮湿润，高温处理 1 d～2 d，潜伏芽萌发；
c） 挑选分级：挑选大小及形状整齐一致、无病虫并具品种特征的种薯，分别集中排放。

5.2.4 育苗排种

a） 种薯上床前苗床加温至 30 ℃，床土相对湿度保持在 70%～75%
b） 种薯 30°角斜排，头上尾下，头压尾 1/3 左右；
c） 排薯要求上齐下不齐，大块稍密，小块稍稀；
d） 排种后用细沙覆盖种薯及弥缝，适当浇水后，覆盖地膜。

5.3 苗床管理

5.3.1 前期管理：从排种到薯芽出土

a） 上床后 3 d～4 d 床温保持在 35 ℃～37 ℃；
b） 甘薯幼芽顶土前床温保持在 30 ℃左右；
c） 幼苗拱土出苗时要浇透水，出土后温度保持 25 ℃左右。

5.3.2 中期管理：从薯苗出齐到采苗前 3 d～4 d

a） 苗长至 8 cm 以前，膜内温度保持在 25 ℃；
b） 苗长至 8 cm～10 cm 时开始炼苗，膜内逐渐降温，最低不低于 20 ℃；
c） 苗床采用间断性浇水，要求见湿见干。

5.3.3 后期管理：接近大田栽苗前 3 d～4 d，重点是炼苗壮秧

a） 采苗一周前烧一次透水；
b） 温床停止加温，昼夜揭开薄膜和其他防寒保温设施，把床温降低到接近外界大田温度。

5.3.4 采苗

a） 采苗期：当秧苗高 18 cm～20 cm、7 片叶，经一周左右炼苗后，及时采苗；
b） 采苗方法：采苗时在地表下 1 cm 将茎剪断拽出或在种薯上将苗掰下，掰下的苗要再次剪断下部带白根的部分。

5.3.5 采苗后的管理

a） 采苗后每 10 m^2 苗床用经无害化处理的有机肥 1 kg 加水稀释后浇入床土；
b） 为防止肥料烧伤秧苗，施肥后立即用清水喷洒秧苗；
c） 水后覆膜、盖草苫，使床温升到 32 ℃～36 ℃，进行下一次催苗。

5.4 **薯苗的质量指标**

a) 叶片肥厚浓绿、组织充实、老嫩适宜;

b) 无病虫害;

c) 茎粗壮,节间短。

5.5 **薯苗的保存及运输**

5.5.1 薯苗的保存

a) 薯苗剪下后,每 200 株左右捆成一把;

b) 将成捆的薯苗,直立排成行放在通风、潮湿阴凉的环境中;

c) 薯苗叶片不能洒水,也要防止雨淋;

d) 尽快插栽,最长不超过 2 d。

5.5.2 薯苗的运输

薯苗运输工程中要避免过度挤压、保持包装物的潮湿,防止失水等。

6 甘薯的栽插

6.1 **种植地块选择**

6.1.1 土壤 pH 4.2~8.5 的范围内均可种植,最适 pH 6.5~7.5。

6.1.2 选轮作周期 3 年以上、无病史的沙壤土地。

6.1.3 具有灌溉和排涝条件。

6.2 **施肥和整地**

6.2.1 施肥原则

符合 GB/T 19630.1—2005 中 4.2.5 的规定。

在土壤培肥过程中允许使用的土壤培肥和改良物质见附录 B。

6.2.2 整地

a) 造墒:起垄栽培前进行造墒和保墒;

b) 施用底肥:定植前 15 d~20 d,每 667 m^2 施用经无害化处理的有机肥 3 000 kg、草木灰15 kg、磷矿粉 10 kg 的基肥,均匀撒施;

c) 深耕:使 30 cm 土层内达到松、碎、匀、净,无漏耕;

d) 平整土地:土地平整,做到浇水时顺畅,降水后排水无积水死坑。

6.3 **起垄和覆膜**

6.3.1 起垄

a) 垄距:春薯 90 cm~100 cm,夏薯 80 cm~90 cm;

b) 垄高:25 cm~30 cm;

c) 垄宽:20 cm~25 cm。

6.3.2 覆膜

a) 地膜选择厚度为 0.005 mm~0.008 mm 的黑色聚乙烯薄膜;

b) 覆盖后在沟底将地膜用土压紧。

6.4 **栽插**

6.4.1 栽插时间

a) 春栽甘薯双覆盖地膜 4 月 7 日至 12 日,单覆盖地膜 4 月 20 日至 25 日,露地 5 月 1 日至 15 日;

b) 夏栽甘薯在 6 月 25 日以前。

6.4.2 天气选择

a) 春栽:选择“冷尾暖头”、晴好、无风、温暖的天气;

b) 夏栽:选择无干热风的天气。

6.4.3 栽插方法

a) 破洞浇水,在垄顶部破洞深 3 cm～4 cm,浇足水;

b) 洞内有水时插秧,秧苗下部 5 cm～7 cm 深水平或向下倾斜,顶部露叶 3 片～4 片;

c) 水分完全渗下后,用潮湿土,封严穴坑,压实后再在上面覆干土 1 cm～2 cm。

6.4.4 栽插密度

a) 春薯:3 000 株/667m^2～3 500 株/667m^2;

b) 夏薯:3 500 株/667m^2～4 000 株/667m^2。

7 田间管理

7.1 追肥

栽插薯苗后,甩蔓前在垄顶或侧面破穴点水,同时每 667 m^2 穴施经无害化处理的有机肥 500 kg～800 kg。

7.2 浇水

甘薯一般不需浇水,如遇特殊干旱年份,甘薯叶片表现萎蔫时可适当浇水,顺沟浇浅水,水面至垄高的 2/5,但不能越过垄高的 1/2。

7.3 排水

雨后要及时疏通排水沟,将积水排出田外。

7.4 提蔓

降雨过多年份,可进行提蔓,切断蔓生不定根。

7.5 病虫害防治

见附录 C 和附录 D。

8 收获和贮存

8.1 秋收甘薯收获时天气选择

收获时选择晴朗、风和日暖的天气,可上午收获,中午晾晒,下午入贮。

8.2 收获

适时采收。

附　录　A
(规范性附录)
有机作物种植允许使用的植物保护产品和措施

表 A.1　有机作物种植允许使用的植物保护产品物质和措施

物质类别	物质名称、组分要求	使用条件
Ⅰ. 植物和动物来源	天然除虫菊(除虫菊科植物提取液)	
	苦楝碱(苦木科植物提取液)	
	鱼藤酮类(毛鱼藤)	
	苦参及其制剂	
	植物油及其乳剂	
	植物制剂	
	植物来源的驱避剂(如薄荷、薰衣草)	
	天然诱集和杀线虫剂(如万寿菊、孔雀草)	
	天然酸(如食醋、木醋和竹醋等)	
	蘑菇的提取物	
	牛奶及其奶制品	
	蜂蜡	
	蜂胶	
	明胶	
	卵磷脂	
Ⅱ. 矿物来源	铜盐(如硫酸铜、氢氧化铜、氯氧化铜、辛酸铜等)	不得对土壤造成污染
	石灰硫黄(多硫化钙)	
	波尔多液	
	石灰	
	硫黄	
	高锰酸钾	
	碳酸氢钾	
	碳酸氢钠	
	轻矿物油(石蜡油)	
	氯化钙	
	硅藻土	
	黏土(如斑脱土、珍珠岩、蛭石、沸石等)	
	硅酸盐(硅酸钠、石英)	
Ⅲ. 微生物来源	真菌及真菌制剂(如白僵菌、轮枝菌)	
	细菌及细菌制剂(如苏云金杆菌,即 BT)	
	释放寄生、捕食、绝育型的害虫天敌	
	病毒及病毒制剂(如颗粒体病毒等)	

表 A.1（续）

物质类别	物质名称、组分要求	使用条件
Ⅳ. 其他	氢氧化钙	
	二氧化碳	
	乙醇	
	海盐和盐水	
	苏打	
	软皂(钾肥皂)	
	二氧化硫	
Ⅴ. 诱捕器、屏障、驱避剂	物理措施(如色彩诱器、机械诱捕器等)	
	覆盖物(网)	
	昆虫性外激素	仅用于诱捕器和散发皿内
	四聚乙醛制剂	驱避高等动物

附 录 B
(规范性附录)
有机作物种植允许使用的土壤培肥和改良物质

表 B.1 有机作物种植允许使用的土壤培肥和改良物质

物质类别		物质名称、组分要求	使用条件
植物和动物来源	有机农业体系以内	作物秸秆和绿肥	
		畜禽粪便及其堆肥(包括圈肥)	
	有机农业体系以外	秸秆	与动物粪便堆制并充分腐熟后
		畜禽粪便及其堆肥	满足堆肥的要求
		干的农家肥和脱水的家畜粪便	满足堆肥的要求
		海草或物理方法生产的海草产品	未经过化学加工处理
		来自未经化学处理木材的木料、树皮、锯屑、刨花、木灰、木炭及腐殖酸物质	地面覆盖或堆制后作为有机肥源
		未掺杂防腐剂的肉、骨头和皮毛制品	经过堆制或发酵处理后
		蘑菇培养废料和蚯蚓培养基质的堆肥	满足堆肥的要求
		不含合成添加剂的食品工业副产品	应经过堆制或发酵处理后
		草木灰	
		不含合成添加剂的泥炭	禁止用于土壤改良;只允许作为盆栽基质使用
		饼粕	不能使用经化学方法加工的
		鱼粉	未添加化学合成的物质
矿物来源	磷矿石		应当是天然的,应当是物理方法获得的,五氧化二磷中镉含量小于等于 90 mg/kg
	钾矿粉		应当是物理方法获得的,不能通过化学方法浓缩。氯的含量少于 60%
	硼酸岩		
	微量元素		天然物质或来自未经化学处理、未添加化学合成物质
	镁矿粉		天然物质或来自未经化学处理、未添加化学合成物质
	天然硫黄		
	石灰石、石膏和白垩		天然物质或来自未经化学处理、未添加化学合成物质
	黏土(如珍珠岩、蛭石等)		天然物质或来自未经化学处理、未添加化学合成物质
	氯化钙、氯化钠		
	窑灰		未经学处理、未添加化学合成物质
	钙镁改良剂		
	泻盐类(含水硫酸岩)		
微生物来源	可生物降解的微生物加工副产品,如酿酒和蒸馏酒行业的加工副产品		
	天然存在的微生物配制的制剂		

附　录　C

（规范性附录）

甘薯种植过程中主要病害及防治措施

表 C.1　病害防治

名　称	病症及病状	防治措施
甘薯黑斑病（俗称黑疤病、黑疗）	病菌通过伤口传入，对人畜有毒，食味苦。薯块发病后。呈圆形稍凹陷的黑斑，外表似黑膏药状，感染后，入薯肉较深。幼苗感染后，开始在秧苗基部产生梭形褐色斑点，逐渐发展成椭圆形，黑斑凹陷，进一步扩散时苗基部全变成黑色，在大田，发病苗栽秧后 1 周～2 周，基部叶片变黄脱落，直至全株枯死	①严格植物检疫，选抗黑斑病的品种；②4年以上的轮作；③贮藏窖用硫黄熏蒸；④秧苗处理：采用高剪秧，即剪掉秧苗基部白色部分，用 51 ℃～54 ℃温水浸秧根 10 min～ 15 min；⑤火炕育苗的排种后 3 d～4 d 薯底部土壤温度 35 ℃～38 ℃
甘薯软腐病（俗称水烂）	甘薯贮藏期常见的病害，多在薯块首尾两端的伤口处开始发病。开始如水渍状，以后组织变褐色，发生腐烂至整个薯块。当薯皮破裂时，能流出黄褐色带酒的芳香味汁液，皮呈灰白色。软腐病寄生性强，能在土壤、空气、病株残体、窖壁上长期存活。大部分病菌是空气传播，从伤口侵入	①收获时，轻拿轻放，轻搬运，严防薯块收到较多的创伤；②收获后应及时入窖；③严防甘薯受冷受冻
甘薯茎线虫病（俗称花叶病、萎缩病）	北方薯区主要病害之一，植株受感染后，茎蔓变暗；薯块感染后，色发暗，薯皮有时龟裂，溶解薯肉内细胞间胶层，变成白色，呈疏状，有时黑白相间，变成空心后，薯块明显变轻	①严格检疫；②4 年以上轮作；③清洁田园把病薯、病残株全部烧掉；④温汤浸种：51 ℃～54 ℃温水，浸 10 min；⑤起苗移栽时，于苗床地面 3 cm～5 cm 高处高剪苗
甘薯病毒病（俗称花叶病、萎缩病）	一种是皱缩病毒型，在苗床发病时，薯块上的秧苗完全发病。发病初期叶片小而瘦长，叶边缘不整齐。生长后期凹凸不平，叶表面粗糙，有时边缘向上卷，皱缩扭曲，生长较慢，所有秧苗都较矮小，全部受到感染，到大田后，气温达到 26 ℃以上时，病症逐渐消退。另一种是花叶病毒型，在苗床上发病初期叶脉网状而透明，以后叶脉出现黄绿相间不规则斑驳，中间有绿色斑点	①茎尖脱毒：利用培养基，在试管中进行茎尖脱毒；②剔除病苗、病薯；③消灭传播昆虫：主要是防治蚜虫及甘薯粉虱等刺吸口器害虫
甘薯根腐病	发生在大田期。为害幼苗，先从须根尖端或中部开始，局部变黑坏死，以后扩展至全根变黑腐烂，并蔓延至地下茎，形成褐色凹陷纵裂的病斑，皮下组织疏松。地上秧蔓节间缩短、矮化，叶片发黄。发病轻的，入秋后秧蔓上大量现蕾开花；发病重的，地下根茎全部变黑腐烂，主茎由下而上干枯，以致全株枯死。病薯块表面粗糙，布满大小不等的黑褐色病斑，中后期龟裂，皮下组织变黑	①选用抗病良种；②3 年以上轮作，可与花生、芝麻、棉花、玉米、谷子等作物轮作；③加强栽培管理，春薯适当早栽，有灌溉条件的地方应在栽植返苗后普浇一次透水。夏薯在麦收后力争早栽，并及时浇水。深耕翻土，增施有机肥，不施带菌肥

附　录　D

（规范性附录）

甘薯种植过程中主要地下害虫及防治方法

表 D.1　地下害虫及防治

名　称	病症及病状	防治措施
蛴螬（俗称土蚕）	成、幼虫危害，成虫金龟危害地上部的茎叶，幼虫、蛴螬为害块根和纤维根，严重影响商品价值和经济效益	①精耕细作，消除杂草；②春季灌水淹地；③采用人工捕杀、灯光诱杀、糖醋液诱杀；④化学防治：用天然除虫菊、苦楝碱、苏云金杆菌等进行剂浸苗
蝼蛄（俗称啦啦蛄）	在幼虫和成虫期主要危害甘薯幼苗，在地下 2 cm～3 cm深处，将幼茎咬食成为丝状，使幼苗变黄枯死，造成甘薯缺苗，最终影响产量	①冬春季节翻耕土壤，在播种前进行床土熏烧防治效果良好；②诱杀成虫、若虫，利用蝼蛄的趋光性、趋粪性，用黑光灯诱杀成虫；③进行挖坑堆骡、马厩粪诱杀
地老虎（俗称地蚕）	幼虫危害，主要在夜间取食，不仅食挺茎叶，且将幼苗咬断，造成间缺苗	①清除田间及周围的杂草，集中起来沤肥；②进行秋耕、冬灌，消灭越冬幼虫和蛹；③实行水旱轮作；④杨树枝把诱杀成虫；⑤用糖醋液或黑光灯诱杀成虫；⑥捕捉幼虫，每天清晨，在浇水、补苗前，注意拨开被害株周围表土寻捕幼虫
甘薯天蛾（俗称花豆虫）	幼虫危害，华北一年发生 2 代，成虫白天潜伏，黄昏后出活动，幼虫共 5 龄。体形大，在叶背面活动，食量大，幼虫老熟时，长 70 mm～80 mm，以蛹过冬	①消除虫蛹：在耕翻平整土地时，及时拾除杀伤越冬虫蛹；②捕杀幼虫：因幼虫体型大，田间工作时易发现，可及时捕杀
斜纹夜蛾	华北地区一年发生 3 代～4 代，以幼虫危害，以食叶为主，严重时也咬食嫩茎、叶柄等，3 龄后幼虫具有假死性，以蛹在土中越冬	①摘除卵块；②扑杀幼虫：早晨或傍晚见幼虫在植株上，轻轻敲打使其滚落，集中杀除；③药剂防治：在幼虫 3 龄前抗药性较弱时，用天然除虫菊、苦楝碱、苏云金杆菌等进行喷雾防治
甘薯麦蛾	甘薯生产中非常常见的害虫，每年发生 3 代～4 代，幼虫啃食新叶、幼芽，呈网状，幼虫钻入芽中，虫体长大后啃食叶肉，仅剩下表皮，致被害部变白，后变褐枯萎。发生严重时仅残留叶脉。长大后把叶卷起咬成孔洞	①清洁田园；②性诱剂诱杀成虫；③天然除虫菊在未卷叶时喷雾防治；④及时摘掉虫卷叶片带出田外销毁
金针虫（成虫俗名磕头虫，幼虫别名铁丝虫）	金针虫 2 年～3 年完成一个世代。3 月中旬幼虫上升开始危害，5 月中旬温度升高幼虫下移越夏。9 月～10 月幼虫上升开始危害，其危害程度随土温的变化而变化。适宜的土温为 7 ℃～16 ℃。老熟幼虫 8 月入土化蛹，蛹期 20 d。9 月初羽化为成虫，但当年成虫不出土，在土中越冬，金针虫在地下咬食甘薯幼茎、咬破茎部钻入茎内危害，薯秧被害后发黄萎蔫而死，造成大量缺株	①冬季深耕烟田，减少越冬虫源；②加强田间管理，清除田间杂草，减少食物来源；③诱杀防治，在田间堆积 10 cm～15 cm 的新鲜但略萎蔫的杂草，堆草引诱成虫，诱捕后喷施天然除虫菊等药剂进行毒杀

本标准按 GB/T 1.1—2009《标准化工作导则　第 1 部分：标准的结构和编写》给出的规则起草。

本标准由天津市农业科学院提出。

本标准起草单位：天津市农业高新技术示范园区管理中心、天津旭尧物产有限公司。

本标准主要起草人：马洪英、张远芳、刘书亭、郭锐、孙东伟、王莅、崔少杰、张晓磊。

灵芝保护地栽培技术规范

Technique standard of ganoderma lucidum cultivation in protected field

1 范围

本标准规定了保护地代料栽培赤灵芝相关的菌种、培养、栽培、病虫害防治和子实体采收技术。

本标准适用于赤灵芝在保护地的生产。

2 规范性引用文件

下列文件对于本文件的应用是必不可少的。凡是注日期的引用文件，仅所注日期的版本适用于本文件。凡是不注日期的引用文件，其最新版本(包括所有的修改单)适用于本文件。

GB 4285 农药安全使用准则

GB 5749 生活饮用水卫生标准

GB/T 8321.1—2000 农药合理使用准则(一)

GB/T 8321.2—2000 农药合理使用准则(二)

GB/T 8321.3—2000 农药合理使用准则(三)

GB/T 8321.4—2006 农药合理使用准则(四)

GB/T 8321.5—2006 农药合理使用准则(五)

GB/T 8321.6—2000 农药合理使用准则(六)

GB/T 8321.7—2002 农药合理使用准则(七)

GB/T 8321.8—2007 农药合理使用准则(八)

NY 5099—2002 无公害食品 食用菌栽培基质安全技术要求

3 菌种要求

3.1 菌种具有适应性广、稳定性好、抗杂抗污能力强、产量高的特点；

3.2 菌种菌丝整齐粗壮，菌龄适宜，不含杂菌；

3.3 菌种在 4 ℃～5 ℃洁净恒温库或冰箱低温保藏。

4 生产场地与季节安排

4.1 生产场地

4.1.1 生产场地周围 300 m 内无污染源，交通方便；

4.1.2 菌袋生产区布局合理，具有防虫、防鼠措施；

4.1.3 出芝保护地具备保温、保湿、通风、光线调节、排水管理功能。

4.2 季节安排

栽培季节安排在当地平均气温稳定在 18 ℃～23 ℃时开始栽培。天津地区在 4 月下旬至5 月下旬

天津市质量技术监督局 2010-09-27 发布　　2010-11-01 实施

合适安排进棚。

5 拌料与装袋

5.1 培养料配方

参考见附录A。培养料充分混合均匀，含水量控制在62%～65%，灭菌前pH为7.0～7.5。使用的原料符合NY 5099；用水符合GB 5749。

5.2 料袋规格

幅宽17 cm、长35 cm、厚0.004 cm～0.005 cm单头折角袋或双头袋。常压灭菌使用聚乙烯塑料袋，高压灭菌使用聚丙烯塑料袋。

5.3 装袋

分为机械装机和手工装袋，填料的松紧度适宜于菌丝生长。

6 灭菌

常压灭菌，料袋达到100 ℃后，恒温维持10 h～12 h，停止加热后，保持密闭12 h。高压灭菌，压力维持在0.15 MPa～0.17 MPa，恒压维持4 h，停止加热后，保持密闭12 h。

7 接种

当灭菌灶内料袋温度降至60 ℃～70 ℃时即取出，冷却至28 ℃，按无菌操作规程进行接种。

8 发菌

a) 发菌室洁净无杂物；
b) 菌袋避光培养，光线控制在50 lx以下；
c) 控制袋间温度24 ℃～26 ℃；
d) 空气相对湿度保持60%～70%；
e) 做好通风管理，保证空气清新；
f) 发菌期间定期检查，发现污染及时处理。

9 育芝管理

9.1 做垄

垄宽30 cm±5 cm，垄高10 cm±5 cm，垄间距100 cm±5 cm。

9.2 剪口

菌丝长满料袋时，沿扎口绳内侧剪下塑料袋口。

9.3 排袋

在垄上排4～6层菌袋。

9.4 温度

料袋剪口后，育芝棚温度以25 ℃～28 ℃为宜。

9.5 湿度

菇蕾形成和菌盖生长期，空间湿度保持在90%左右；子实体在生长阶段后期，盖边缘稍有嫩黄色时空间湿度降到85%～90%；当灵芝接近成熟、表面有紫红色孢子粉弹射时，停止喷水。

9.6 通风

通风保持棚内空气新鲜。

9.7 光线

光线为均匀散射光；菇蕾形成时光照强度在1 000 lx左右；子实体即将形成菌盖时，光照强度为

2 000 lx～3 000 lx。

9.8 病虫害防治

根据“预防为主，综合防治”的原则，以生态防治、物理防治为主，以化学防治为辅，杜绝或减少病虫害入侵的机会，把病虫基数降低到最低限度。在使用化学防治时要遵循 GB 4285、GB/T 8321 等标准。禁止使用的农药见附录 B，常用农药的合理使用方法见附录 C、附录 D。出菇期间严禁用药。

10 灵芝采收

10.1 采收期

灵芝成熟的标志是：菌盖边缘白色生长圈消失，菌盖充分展开，停止生长，菌盖变硬；菌盖由浅变黄色或褐色，柄盖颜色一致；菌盖表层下子实层内开始孢子飞射时，及时采收。

10.2 方法采收

灵芝采收前一周停止喷水，采收时轻拿轻放；采收时，一手拿住菌盖边缘（不要触摸菌盖盖底），一手握剪芝工具，在灵芝菌柄基部留 0.5 cm～1.0 cm 短柄在菌棒上；放置时菌盖朝上，菌柄朝下。

11 采后管理

采收灵芝后，继续进行育芝管理。一般共可采收 2 潮芝。

12 干制与贮存

灵芝采收后，去掉菌柄基部蒂头，干制使子实体含水量在 13%以下，包装贮存。

附　录　A
（资料性附录）
灵芝栽培料配方

配方1：木屑78%、麸皮20%、蔗糖1%、石膏1%；

配方2：棉籽皮42%、木屑41%、麸皮15%、蔗糖1%、石膏1%；

配方3：木屑30%、棉籽皮27%、玉米芯27%、麸皮15%、石膏1%；

配方4：棉籽皮89%、麸皮10%、石膏1%。

附 录 B
（规范性附录）
食用菌生产禁止使用的化学农药

种 类	农药名称
有机氯类	六六六(BHC)、滴滴涕(DDT)、氯丹(chlordane)、毒杀酚(toxaphene)、五氯酚钠(sodium pentachlorophenol)、三氯杀螨醇(dicofol)、杀螟威(chlorfenvinphos)、赛丹(endosulfan)
有机磷	甲基 1605(parathionmethyl)、1605(parathion)、1059(systox)、甲胺磷(methzamidophos)、乙酰甲胺磷(acephate)、久效磷(monocrotophos)、磷胺(phosphamidon)、异丙磷(Isopropylphos)、三硫磷(carbophenothion)、氧化乐果(omethoate)、蝇毒磷(Coumaphos)、甲基异硫磷(isofenphos - methyl)、高渗氧乐果(omethoate)、增效甲胺磷(methamidophos)、喹硫磷(quinalphos)、高渗喹硫磷(QuinalphosE. C. , penetrating)、马甲磷(malathionand methamidophos)、乐胺磷(dimethoate)、速胺磷(metolcarbandmethamidophos)、水胺硫磷(isocarbophos)、甲拌磷 3611(phorate)、大风雷(fonofos)、治螟磷(sulfotep)、叶胺磷(methamidophosand isoprocarb, E. C.)、克线磷(fenamiphos)、克线丹(sebufos)、磷锌(zinc phosphide)、氟化酸胺(Flutamide)、久敌(monocrotophos and trichlorfon)
氨基甲酸酯类	速灭畏(petroleum oils)、呋喃丹(carbofuran)、速扑沙(methidathion)、铁灭克(aldicard)、灭多威(methmyl)
熏蒸类	磷化铝(aluminiumphosphide)、氯化苦(chloropicrin)、二溴氯丙烷(dibromochloropropane)、二溴乙烷(dibromoethane)
其他杀虫剂	砒霜(arsenic)、苏化 203(sulfotep)、杀虫咪(chlordimeform)、西力生(ceresan)、赛力散(PMA)、益舒宝(ethoprophos)、速阶克(methidathion)、杀螟灭(endosulfan)、氰化物(cyanide)、狄氏剂(dieldrin)、401(抗菌素)(antibiotic401)、普特丹(cyhexatin)、培福朗(guazatineacetate)、汞制剂(Mercurycompounds)

附　录　C

（资料性附录）

常用消毒剂的使用方法及注意事项

品　名	用　　途	使用浓度或用量	注意事项
酒精	手及器皿表面消毒，空间喷雾	75%	易燃，注意按实验室操作方法使用
高锰酸钾	皮肤、器械、器皿和室内等消毒	5 g/m^2 或 0.1%～0.2%的水溶液	随用随取，药液对铝制品有腐蚀作用
来苏尔	手及器皿表面消毒，空间喷雾	浸泡器皿用3%水溶液，浸泡时间1 h；2%的水溶液用于洗手和空间喷雾	亦称煤酚皂
新洁尔灭	皮肤和不耐热的器皿表面消毒	0.25%水溶液	
石炭酸	空间和表面消毒	5%水溶液	对皮肤有腐蚀作用
过氧乙酸	手和器械表面消毒，空间消毒（优于甲醛）	表面消毒，0.2%～0.5%的水溶液浸洗；空间消毒，先用0.5%水溶液喷雾增湿，再用20%药液5 mL/m^3 熏蒸	
多菌灵	拌料或喷洒床畦消毒	按1：800～1：500与水配制成悬浊液	遇碱性物质失效
硫黄	用于接种室、发菌室和菇房熏蒸消毒，防治细菌、真菌	15 g/m^2～20 g/m^3	先将墙面和地面喷水预湿，对金属有腐蚀作用
漂白粉	喷洒、浸泡和擦洗消毒，防治细菌	5%水溶液	对服装有腐蚀和脱色作用，防止溅到衣服上，注意皮肤和眼睛的保护
硫酸铜	菌床上局部杀菌或出菇场地的杀菌，防治真菌和细菌	5%水溶液	不能贮存于铁容器中
气雾消毒剂	用于接种室、发菌室和菇房熏蒸消毒，防治细菌、真菌	2 g/m^3 熏蒸	易燃，对金属有腐蚀作用

附 录 D
（资料性附录）
主要农药防治对象及使用方法

名 称	英文名称	防治对象	使用方法
敌敌畏	dichlorvos	菇蝇类、螨类	0.5%喷洒。100 m^2 菇房用 1 kg 原液熏蒸。注意不能在出菇期用药，以避免出现药害
二嗪农	diazinon	菇蝇、菇蚊	每吨培养料用 20%乳剂 57 mL
甲醛	formaldehyde	线虫	0.5%喷洒。每立方米覆土用 250 mL～500 mL
漂白粉	calciumhypochlorite	线虫	0.1%～1%悬浊液喷洒
除虫菊酯类	pyrethrins	菇蝇、菇蚊、蛆	见商品说明书
溴氰菊酯	deltamethrin	尖眼菌蚊、菇蝇、瘿蚊等	用 2.5%药剂稀释 3 000～6 000 倍喷洒
食盐	sodiumchloride	蜗牛、蛞蝓等	5%的水溶液喷雾
敌百虫	trichlorphon	菇蝇、菇蚊	1：(500～1 000)倍的水溶液喷洒
拟除虫菊酯类药	syntheticpyrethroids	菇蝇、菇蚊、蛆	见商品说明书
杀螨砜	diphenylsulfone	螨类、小马陆弹尾虫	1：(800～1 000)倍的水溶液喷雾
茶籽饼	camelliapancake	蜗牛、蛞蝓等	1%的水溶液喷洒
氨水	ammoniumhydroxide	害虫、螨类	17 度液熏蒸菇房，或加 50 倍水拌料
链霉素	streptomycin	革兰氏阴性细菌	1：50 倍水溶液喷洒
金霉素	aureomycin	细菌	1：(500～600)倍水溶液喷洒

本标准的编写依据 GB/T 1.1—2009《标准化工作导则：第 1 部分：标准的结构和编写》。

本标准由天津市农业科学院提出。

本标准起草单位：天津市林业果树研究所。

本标准主要起草人：张志军、周永斌、刘连强、訾惠君、刘建华、魏雪生、王玫。

灵芝林地栽培技术规范

Technique standard for ganoderma lucidum cultivation in forest land

1 范围

本标准规定了菌种要求、生产场地选择、生产季节和灵芝(Ganoderma lucidum)林地栽培技术。

本标准适用于赤灵芝的林地栽培。

2 规范性引用文件

下列文件对于本文件的应用是必不可少的。凡是注日期的引用文件,仅所注日期的版本适用于本文件。凡是不注日期的引用文件,其最新版本(包括所有的修改单)适用于本文件。

GB 4285 农药安全使用准则

GB 5749 生活饮用水卫生标准

GB/T 8321.1—2000 农药合理使用准则(一)

GB/T 8321.2—2000 农药合理使用准则(二)

GB/T 8321.3—2000 农药合理使用准则(三)

GB/T 8321.4—2006 农药合理使用准则(四)

GB/T 8321.5—2006 农药合理使用准则(五)

GB/T 8321.6—2000 农药合理使用准则(六)

GB/T 8321.7—2002 农药合理使用准则(七)

GB/T 8321.8—2007 农药合理使用准则(八)

GB 15618 土壤环境质量标准

NY 5099—2002 无公害食品食用菌栽培基质安全技术要求

3 菌种要求

3.1 菌种具有适应性广、稳定性好、抗杂抗污能力强、产量高的特点。

3.2 菌种菌丝整齐粗壮,菌龄适宜,不含杂菌。

3.3 菌种在 4 ℃～5 ℃洁净恒温库或冰箱低温保藏。

4 生产场地选择

4.1 生产场地周围 300 m 无污染源,交通方便。

4.2 菌袋生产区应布局合理,具有防虫、防鼠措施。

4.3 出芝的林地要求地势平坦、有水源,树林的郁闭度 0.6～0.8,行间距 4 m～8 m。同时要求林地有排水沟渠。林地土壤条件符合 GB 15618 规定。

天津市质量技术监督局 2010-09-28 发布　　2010-11-01 实施

5 生产季节

在天津地区，4 月下旬至 5 月初制作出芝菌袋，6 月中上旬进入林地进行出芝，7 月底至 9 月中旬可采收 1～2 批灵芝。

6 灵芝林地栽培技术

6.1 原料

6.1.1 灵芝生产中所使用的培养料应该符合 NY 5099 规定。

6.1.2 灵芝生产中所使用的水应符合 GB 5749 规定。

6.1.3 灵芝生产中用作覆土的土壤应符合 GB 15618 规定。

6.2 品种选择

所选灵芝品种要适合天津地区气候特点，同时具备抗病抗虫、抗逆性强、优质高产的品质。

6.3 菌袋制作

6.3.1 培养料配方参见附录 B。

6.3.2 培养料充分混合均匀，含水量为 62%～65%，灭菌前 pH 为 7.0～7.5。

6.3.3 料袋规格为幅宽 17 cm、长 35 cm、厚度 0.004 cm～0.005 cm。常压灭菌使用聚乙烯塑料袋，高压灭菌使用聚丙烯塑料袋。

6.3.4 常压灭菌时，料袋达到 100 ℃后维持 10 h～12 h，停止加热后保持密闭 12 h。高压灭菌时，压力维持在 0.15 MPa～0.17 MPa，恒压维持 4 h，停止加热后保持密闭 12 h。

6.4 接种

当料袋温度降至 60 ℃～70 ℃时取出，冷却至 28 ℃，按照无菌操作规程进行接种。

6.5 发菌管理

6.5.1 发菌室洁静无杂物。

6.5.2 菌袋避光培养，光线控制在 50 lx 以下。

6.5.3 控制袋间温度 24 ℃～26 ℃。

6.5.4 空气相对湿度保持 60%～70%。

6.5.5 做好通风管理，保证空气清新。

6.5.6 发菌期间定期检查，发现污染及时处理。

6.6 搭建拱棚

6.6.1 棚的宽度依据林地的行距而定，一般棚宽 3 m～4 m，棚顶高 1.5 m～1.8 m，长度不超过30 m。棚中间留有 20 cm～40 cm 宽的操作通道，通道部分要向下挖土约 20 cm，便于管理和采芝。

6.6.2 搭棚用的竹竿、竹片要预先用 0.1%高锰酸钾溶液（或 2%石灰水）浸泡消毒。

6.6.3 要有便利的喷雾系统，对棚内进行湿度控制。

6.7 育芝管理

6.7.1 做畦埋棒

畦宽约 1.2 m，深 20 cm～25 cm。选择阴天或早晨进行脱袋和埋棒。埋棒时菌袋竖立排放，菌袋间距 10 cm～15 cm。覆土要求粗细结合，厚度 2 cm～3 cm，覆土后浇足水。要求拱棚覆盖白色塑料棚膜。

6.7.2 温度

棚内温度控制在 25 ℃～28 ℃。

6.7.3 湿度

按时喷水，保持土壤湿润，相对湿度控制在 80%～90%。出芝后，要喷雾状水。

6.7.4 光照

光线为均匀散射光。菇蕾形成时光照强度控制在 1 000 lx 左右；当子实体即将形成菌盖时，要增大光照强度为 2 000 lx～3 000 lx。

6.7.5 空气

通风保持棚内空气清新。

6.8 病虫害防治

根据"预防为主,综合防治"的原则,以生态防治、物理防治为主,化学防治为辅,杜绝或减少病虫害入侵的机会,把病虫基数降低到最低限度。在使用化学防治时要遵循 GB 4285、GB/T 8321 等标准。禁止使用的农药见附录 A,常用农药的合理使用方法见附录 C、附录 D。出菇期间严禁用药。

6.9 采收

6.9.1 采收期

灵芝成熟的标志是:菌盖边缘白色生长圈消失,菌盖充分展开,停止生长,菌盖变硬;菌盖由浅变黄色或褐色,柄盖颜色一致;菌盖下端子实层内开始孢子飞射时,及时采收。

6.9.2 采收方法

灵芝采收前一周停止喷水,采收时轻拿轻放。采收时,一手拿住菌盖边缘,一手握剪芝工具,在灵芝菌柄基部 0.5 cm～1 cm 处剪下。手不要接触子实层部位。

6.10 采后管理

第一潮采收后,继续进行育芝管理。一般共可采收 2 潮芝。

6.11 干制与贮藏

灵芝采收后,去掉菌柄基部蒂头,干制使子实体含水量在 13%以下,包装贮存。

附 录 A
（规范性附录）
食用菌生产禁止使用的化学农药

种 类	农药名称
有机氯类	六六六(BHC)、滴滴涕(DDT)、氯丹(chlordane)、毒杀酚(toxaphene)、五氯酚钠(sodium pentachlorophenol)、三氯杀螨醇(dicofol)、杀螟威(chlorfenvinphos)、赛丹(endosulfan)
有机磷	甲基 1605(parathionmethyl)、1605(parathion)、1059(systox)、甲胺磷(methzamidoptios)、乙酰甲胺磷(acephate)、久效磷(monocrotophos)、磷胺(phosphamidon)、异丙磷(lsopropylplios)、三硫磷(carbophenothion)、氧化乐果(omethoate)、蝇毒磷(Coumaphos)、甲基异硫磷(isofenphos - methyl)、高渗氧乐果(omethoate)、增效甲胺磷(methamidophos)、喹硫磷(quinalphos)、高渗喹硫磷(QuinalphosE. C. ,penetrating)、马甲磷(malathion! and methamidophos)、乐胺磷(dimethoate)、速胺磷(metolcarbandmethamidophos)、水胺硫磷(isocarbophos)、甲拌磷 3611(phorate)、大风雷(fonofos)、治螟磷(sulfotep)、叶胺磷(methamidophosand isoprocarb,E. C.)、克线磷(fenamiphos)、克线丹(sebufos)、磷化锌(zinc phosphide)、氟化酰胺(Flutamide)、久敌(monocrotophos and trichlorfon)
氨基甲酸酯类	速灭畏(petroleum oils)、呋喃丹(carbofuran)、速扑沙(methidathion)、铁灭克(aldicard)、灭多威(methmyl)
熏蒸类	磷化铝(aluminiumphosphide)、氯化苦(chloropicrin)、二溴氯丙烷(dibromochlcropopane)、二溴乙烷(dibromoethane)
其他杀虫剂	砒霜(arsenic)、苏化 203(sulfotep)、杀虫脒(chlordimeform)、西力生(ceresan)、赛力散(PMA)、益舒宝(ethoprophos)、速蚊克(methidathion)、杀螟灭(endosulfan)、氰化物(cyanide)、狄氏剂(dieldrin)、401(抗菌素)(antibiotic 401)、普特丹(cyhexatin)、培福朗(guazatineacetate)、汞制剂(Mercurycompounds)

附　录　B
(资料性附录)
灵芝栽培料配方

配方1:木屑78%、麸皮20%、蔗糖1%、石膏1%;
配方2:棉籽皮42%、木屑41%、麸皮15%、蔗糖1%、石膏1%;
配方3:木屑30%、棉籽皮27%、玉米芯27%、麸皮15%、石膏1%;
配方4:棉籽皮89%、麸皮10%、石膏1%。

本标准的编写依据GB/T 1.1—2009《标准化工作导则　第1部分:标准的结构和编写》。
本标准由天津市农业科学院提出。
本标准起草单位:天津市林业果树研究所。
本标准主要起草人:张志军、刘连强、周永斌、訾惠君、魏雪生、刘建华、王玫。

火龙果设施有机栽培技术规程

Organic cultivation technical criterion of the pitaya facilities

1 范围

本标准规定了火龙果设施生产过程中的产地环境及土壤条件，设施棚室的要求，品种选择，栽培管理。

本标准适用于火龙果设施的有机栽培。

2 规范性引用文件

下列文件对于本文件的应用是必不可少的。凡是注日期的引用文件，仅所注日期的版本适用于本文件。凡是不注日期的引用文件，其最新版本(包括所有的修改单)适用于本文件。

GB 3095 环境空气质量标准

GB 5084 农田灌溉水质标准

GB 9137 保护农作物的大气污染物最高允许浓度

GB 15618 土壤环境质量标准

GB/T 19630.1 有机产品生产

NY 525 有机肥料

3 产地环境及土壤条件

3.1 产地环境条件

3.1.1 环境条件

应符合 GB/T 19630.1 中 4.1.2 的规定。

3.1.2 灌溉水质条件

农田灌溉用水水质符合国标 GB 5084 的规定。无污染源及其他不利条件。

3.1.3 空气质量条件

环境空气质量符合国标 GB 3095 中二级标准和 GB 9137 的规定。

3.2 土壤条件

产地应符合土壤环境质量符合国标 GB 15618 的规定。棚室内以有机质含量在 2.0%以上、通气性良好、排水顺畅的沙壤土为宜，pH6～8，地下水位在 1 m 以下。对于含盐量较高、pH≥8 的黏壤土，应掺细沙、稻壳、草炭等进行改良，并增加有机肥的施用量。

4 设施棚室的要求

4.1 设施棚室的要求

选择保温效果好，采光充足，排灌方便的棚室种植。如二代节能日光温室或智能温室。

天津市质量技术监督局 2012-03-06 发布　　2012-06-01 实施

4.2 架材设计

根据火龙果蔓生的特性必须设支架，以利生长及管理，选择竹竿或木杠搭架在设施生产中操作简单、管理方便、经济。竹架式设计，按畦搭架，每畦平行埋两行立杆，行距为 0.8 m，杆距为 1.5 m～2 m；立杆地面以上高 1.5 m～1.7 m(为保证其牢固度地下埋置不少于 0.3 m)。立杆横纵向各绑三层杆，各层杆高度分别为 0.3 m、0.6 m～0.7 m、1.3 m～1.4 m，每畦各层横杆平面成“目”字形。

5 品种选择

选用的品种应具有抗病虫、质优、丰产等特性，禁止选用转基因品种。适宜北方地区设施条件下栽培的火龙果品种，红皮白肉品种如中华白等；红皮红肉品种如非洲红等。

6 栽培管理

6.1 育苗

6.1.1 育苗方法

多采用营养枝条扦插的育苗法。选健壮无病虫害的枝条，剪成 15 cm 长、下端各面削成三棱锥的插条，待剪口自行愈合插到苗床上。苗床的基质为沙壤土或蛭石，株行距为 10 cm×30 cm，深度 5 cm～8 cm，待小苗生根后并长出第一节饱满的肉质茎，苗高 20 cm 以上即可移栽定植。

6.1.2 苗木质量

壮苗标准：茎枝健壮，根系完整发达，无病虫害。各级苗木生长势情况见表 1。

表 1 各级苗木生长势情况

分级	苗 高	新梢生长情况	苗 龄
大苗	≥1 m	新梢长度≥0.6 m	15 个月以上，定植后可当年开花结果
中苗	0.5 m～1 m	新梢长度≥0.4 m	6 个月以上，定植后第二年可开花结果
小苗	0.2 m～0.3 m	有新梢抽出	2～3 个月

6.2 定植

6.2.1 定植前准备

于定植前进行整地作畦、施足基肥。做成宽 1.4 m 的高畦(高度 0.4 m)，每 667 m^2 施2 000 kg 以上优质有机肥作底肥。

6.2.2 定植密度

行距 60 cm～80 cm，每畦 2 行对栽，要求株距依苗的大小而定。大苗株距为 40 cm；中苗株距为 30 cm；小苗株距为 25 cm，每 667 m^2 栽植大苗 1 800 株～2 000 株。

6.2.3 定植时期

火龙果一年四季均可种植，但以 3 月～5 月为宜。

6.2.4 定植方法

栽植时应浅种，栽植深度为 7 cm～10 cm，栽后覆土，少量浇水，保持土壤湿润即可。苗依照枝条长度用布条或尼龙绳分别绑在三层竹架上。品种安排上同一温室内至少有 2 个以上不同的品种，授粉品种的比例大于 1∶(3～5)栽种。

6.3 设施生产中温、湿度管理

火龙果喜温不耐寒，设施内最佳生长温度为 20 ℃～30 ℃，高于 38 ℃或低于 10 ℃植株处于被迫休眠状态，低于 5 ℃以下易受冻害。设施内空气湿度控制保持在 60%～70%为宜。

夏季于 6 月卸下棚膜，罩上防虫网，安好遮阳网，光照过强时用遮阳网遮光降温；冬季外覆盖加厚防寒草帘或保温被，在棚室不加温供热条件下，棚内应用双层膜(内膜可选用 PP 纺粘无纺布或无滴膜)来增加保温效果，后墙安装增温灯、畦周铺设空气加热线等补充增温设施。还可在后墙挂设反光幕、畦间吊挂植物生长灯以增加光照。

6.4 整形修剪

主要采用绑缚和梳理的整形方式：

a) 幼苗期只留一个主干，其余侧枝全部剪除，用布条及时引绑上架；

b) 待主干长到 1.3 m 左右(苗高接近上层杆高时)掐尖封顶，促其滋生侧枝，选留 3 条～4 条一级分枝使其均匀分布搭于上层杆上；

c) 一级分枝长到 0.6 m 后再掐尖封顶，促其生出 3 条～4 条二级分枝，长到一定长度后使二级分枝自然下垂，形成结果枝，及时剪掉过密的分枝，抹去多余的幼芽，以免过多消耗养分；

d) 结果期后，剪去产果老枝，促发新枝的生长。

6.5 花果管理

6.5.1 人工授粉

火龙果常规品种可自花结实，对于设施栽培中自花亲和率差的红肉品种，需要白肉品种提供花粉进行人工授粉，提高坐果率。授粉在傍晚花开后或清晨花尚未闭合前，用干净的毛笔轻轻刷下白肉果苗花朵的花粉，然后马上用此毛笔蘸花粉在红肉品种的柱头上触一下，随采随用。

6.5.2 疏花、疏果

疏花在现蕾后 5 d～7 d 进行，主要疏去连生和发育不良的花蕾，每节茎条只留下 1 个～2 个花蕾。

疏果在自然落果后，先摘除病虫果、畸形果，对坐果偏多的茎条进行人工疏果，每茎留一个发育饱满、颜色鲜绿，又有一定生长空间的幼果。

6.6 水肥管理

6.6.1 水分

采用滴灌，浇水量依不同生长季节而定。春季随地温升高，逐渐加大浇水量；夏季增多浇水次数，但注意雨季排涝，避免积水烂根；秋季正值挂果期，土壤以不干不湿为宜，集中采果前要控制浇水；冬季要控水，以增强枝条的抗寒力。

6.6.2 施肥

6.6.2.1 施肥原则。禁止使用化学合成的肥料，施用肥料要求不对环境和产品造成污染。有机农业土壤培肥过程中使用的投入物质应满足国家有机产品标准第一部分 GB/T 19630.1—2005 附录 A 中的要求。

6.6.2.2 施肥方法及时期。幼苗期每月随水施肥一次，勤施薄施。进入结果期后每年春季萌芽期重施一次长效有机肥，每 667 m^2 施 1 500 kg，基肥采用穴施法，追肥采用撒施法或应用滴管随水施肥。春秋旺长季，每隔 15 d 随浇水追施适宜的有机液肥；结果期重点追 3 次肥，即6 月的催果肥、7 月的壮果肥、8 月的后劲肥；冬季减少施肥量，于 11 月最后一批果采完后再重施一次越冬肥，每 667 m^2 施 1 000 kg。

6.7 病虫害防治

6.7.1 病虫害防治原则

贯彻“预防为主、综合防治”的方针，以农业措施、生物防治和物理等方法防治为主，结合使用绿色生物农药。

6.7.2 主要病虫害种类

6.7.2.1 主要病害种类。主要有炭疽病、枯萎病、枯斑病、黑斑病和软腐病等病害。

6.7.2.2 主要虫害种类。主要有蚂蚁、蜗牛、蛞蝓、蚜虫及金龟子类害虫等虫害。

6.7.3 防治方法

要求在种植过程中尽可能依靠综合应用各种农作的、物理的和生物的措施来防治病虫草害。

6.7.3.1 农业防治。采取选用抗病虫品种、培育壮苗、加强栽培管理、中耕除草、深翻、晒田、合理施肥、合理调节水分等农作措施。

6.7.3.2 物理防治。在温室通风口处设置防虫网；在田间悬挂黄、蓝板；采用诱虫灯诱杀夜间活动的害虫;及时剪除病虫枝和病害果,清除病虫残体。

6.7.3.3 生物防治。人工捕杀天牛、蜗牛、毛虫、蛞蝓等害虫;利用害虫天敌,在田间释放蚜虫及蚧类的天敌;在温室中使用性诱剂诱杀害虫;采用植物源农药和生物源农药防治病虫害。

6.7.3.4 化学防治。禁止使用人工合成的杀菌剂、杀虫剂、除草剂和植物生长调节剂。在以上方法不能有效控制病虫害时,允许使用 GB/T 19630—2005《有机产品》附录 B/《OFDC 有机认证标准》附录 B 中所列出的物质。

6.8 采收

果实的果皮从绿色转红后 6 d~10 d,果顶出现皱缩或轻微裂口时为适宜采收期。采收时,由果梗部位剪下并附带部分茎肉。

本标准符合国家标准 GB/T 1.1—2009《标准化工作导则(第 1 部分:标准的结构和编写)》。

本标准由天津市农业科学院提出。

本标准起草单位:天津市农业高新技术示范园区管理中心。

本标准主要起草人:王莅、马红英、王萱、崔少杰、张晓磊、王艳婕。

DB12/ T 520—2014

猴头菇工厂化栽培技术规范

Technique standard of Hericium erinaceus(Beii:Fr)Pers.
cultivation by industrial production

1 范围

本标准规定了工厂化生产猴头菇的场地环境、厂房要求、菌种制作、栽培管理和子实体采收。

本标准适应于猴头菇的工厂化生产。

2 规范性引用文件

下列文件对于本文件的应用是必不可少的。凡是注日期的引用文件,仅所注日期的版本适用于本文件。凡是不注日期的引用文件,其最新版本(包括所有的修改单)适用于本文件。

GB 5749 生活饮用水卫生标准

NY 5099 无公害食品 食用菌栽培基质安全技术要求

NY 5358 无公害食品 食用菌产地环境条件

NY/T 528 食用菌菌种生产技术规程

NY/T 2375 食用菌生产技术规范

3 场地环境

应符合 NY 5358 规定。

4 厂房要求

4.1 厂区布局

采用封闭式厂房,厂房要求密闭性好,保温防潮。根据栽培工艺,结合当地环境和条件合理规划生产厂区,分为原料堆场、仓库、拌料区、装瓶(袋)区、灭菌区、冷却区、接种区、培养区、出菇区和包装区等。各区域面积的大小、比例、布局需结合实际情况和生产需要合理设计。

4.1.1 接种区

接种区应防尘性好,内壁和屋顶光滑、无死角、易于清理,并保持充分洁净,达到无菌要求规定。接种区应配备缓冲区,避免因冷却而形成负压。接种区应安装紫外灯、臭氧发生器、高效空气过滤净化设备、风淋、层流罩等净化装置,定期进行消毒、杀菌。

4.1.2 培养区

培养区应恒温、恒湿、避光、有空气交换功能,具备防虫、防鼠措施。培养区和出菇区面积的大小、数量应结合日生产量合理规划。培养区内摆放多层床架,架子的大小、架数、层距等的设计应依据培养区空间大小、放置密度、方便作业等进行合理设计。床架多采用竹木结构或角钢制作,架上摆放栽培瓶(袋)。

天津市质量技术监督局 2014 - 04 - 22 发布　　2014 - 07 - 20 实施

4.1.3 出菇区

出菇区应具备控温、加湿、换气、照明设施，墙体建设具备防潮功能。出菇区内摆放出菇床架，床架立式出菇，架之间留走道，方便作业，合理设计床架的大小、层数。

4.2 厂区洁净度要求

4.2.1 原料堆场、仓库和拌料区

污染区，生产作业时应增加防尘喷淋设施，远离无菌区。

4.2.2 装瓶(袋)区和灭菌区

空气洁净度千万级。

4.2.3 培养区、出菇区和包装区

空气洁净度百万级。

4.2.4 冷却区和接种区

无菌区，空气洁净度1万级，接种操作区达到100级。

4.3 主要生产设备

应配备拌料机、装瓶(袋)机、灭菌柜(锅)、紫外线杀菌设备、臭氧发生器、空气过滤净化设备、控温设备，加湿、喷雾设备，照明装置和通风换气设备，灭菌柜(锅)应符合国家强制性要求。

5 菌种制作

5.1 菌种

菌种菌龄适宜、遗传稳定性良好、抗杂抗污能力强。菌种需在4℃～5℃洁净恒温库或冰箱低温保藏。

5.2 培养料配制

培养料配方参考见附录A。棉籽壳、麸皮、玉米粉等要求新鲜、无虫蛀、无霉烂、无农药污染。培养料含水量控制在60%左右，灭菌前pH应控制在5.0～7.0。使用的原料需符合NY 5099，用水需符合GB 5749。

5.3 装瓶(袋)

采用机械装瓶(袋)，根据机器的要求选择相配套的装料容器。一般料袋规格为幅宽14 cm～18 cm，长24 cm～55 cm，厚度0.004 cm～0.005 cm；栽培瓶规格为850 mL～1400 mL，口径6 cm～8 cm。

5.4 灭菌

采用常压灭菌时，料袋达到100℃后维持10 h～12 h；高压灭菌时，压力维持在0.15 MPa～0.17 MPa，恒压维持4 h。

5.5 冷却

栽培瓶(袋)从灭菌柜(锅)移入冷却区的过程，应采用清洁的搬运方法，短距离运输。冷却区应提前做好清洁消毒，降低冷热空气交换过程中带来的污染。

5.6 接种

栽培料温度冷却至28℃以下时，移入接种区进行接种，接种操作应严格按照无菌操作要求进行，接种结束后应进行清洁。

5.7 培养

培养区光线控制在50 lx以下，空气相对湿度保持50%～60%，温度24℃～26℃，二氧化碳浓度不超过0.1%。培养期间定期检查，发现污染及时处理，培养期一般为25 d～40 d。

6 栽培管理

出菇区应预先消毒处理，采用床架立式出菇，栽培袋剪口开袋，瓶栽则揭开瓶盖，清除表面老化菌丝，开启加湿设备，空间喷雾增湿，空气相对湿度在80%～90%，温度控制在16℃～22℃，二氧化碳浓度不超过 0.1%，以 0.03%为宜，光照强度 200 lx～300 lx。出菇期间不要经常移动菌棒，一般 10 d 左右会长出幼蕾。

7 子实体采收

7.1 采收标准

子实体从现蕾到成熟采收需 10 d～15 d，当子实体大小基本长足、坚实、菌刺长度在0.5 cm～1.0 cm、未弹射孢子前采收。

7.2 采收方法

采收时用手捏住基部轻轻扭转，将菇体带柄一同摘下，去掉基部培养料，采下来的菇，按规格大小分类包装。

7.3 采后管理

采收完一潮菇，瓶(袋)口料面清理干净，停止喷雾增湿，菌丝恢复生长 3 d～5 d 后，再加湿喷雾、催蕾出菇。

附 录 A

（资料性附录）

猴头菇栽培料配方

配方 1：木屑 78%、麸皮 20%、蔗糖 1%、石膏 1%；

配方 2：棉籽皮 42%、木屑 41%、麸皮 15%、蔗糖 1%、石膏 1%；

配方 3：木屑 30%、棉籽皮 27%、玉米芯 27%、麸皮 15%、石膏 1%；

配方 4：棉籽皮 89%、麸皮 10%、石膏 1%。

本标准的编写依据 GB/T 1.1—2009《标准化工作导则 第 1 部分：标准的结构和编写》。

本标准由天津市农业科学院提出。

本标准起草单位：天津市林业果树研究所、天津市东丽区质量技术监督局、天津绿洲庄园农业技术发展有限公司。

本标准主要起草人：李凤美、刘连强、罗莹、刘克、周永斌、陈晓明、訾惠君、李淑芳、翟宏伟、张志军、刘锡洪。

本标准为首次发布。

日光温室春番茄—秋芹菜栽培模式技术规范

The technical specification of greenhouse early spring tomato - autumn celery cultivation model

1 范围

本标准规定了日光温室春番茄—秋芹菜栽培模式的栽培设施、品种选择技术。

本标准适用于日光温室春番茄—秋芹菜栽培。

2 规范性引用文件

下列文件对于本文件的应用是必不可少的。凡是注日期的引用文件，仅所注日期的版本适用于本文件。凡是不注日期的引用文件，其最新版本(包括所有的修改单)适用于本文件。

GB 16715.3—2010 瓜菜作物种子 第3部分：茄果类

GB 16715.5—2010 瓜菜作物种子 第5部分：绿叶菜类

GB 4285 农药安全使用标准

GB/T 8321 农药合理使用准则

3 茬口安排

番茄于1月下旬育苗，3月初定植，5月中旬采收；芹菜于7月中旬育苗，9月中下旬定植，12月下旬采收。

4 栽培设施

砖后墙节能日光温室和简易温室。

5 春番茄栽培技术

5.1 品种选择

选择耐低温、早熟抗病、丰产、商品性好的品种，如金鹏1号、大连106、美丽坚、傲兰6号等。

5.2 种子质量

符合GB 16715.3—2010中规定的二级良种以上要求。

5.3 育苗

5.3.1 育苗方法

采用基质穴盘育苗。

5.3.2 基质配制

育苗基质配比为草炭∶蛭石∶珍珠岩=6∶1∶3。

天津市市场和质量监督管理委员会 2015-06-15 发布　　2015-07-01 实施

5.3.3 播种

5.3.3.1 种子处理及催芽。采用温汤浸种的方法，即将种子放入 55 ℃～60 ℃的热水中，并不停地搅拌，使种子均匀受热，水温降到 30 ℃时停止搅拌，继续浸泡 3 h～4 h。后用 10%磷酸三钠浸种 10 min～20 min 捞出，再用清水冲洗 2 次～3 次，控出多余的水分，用干净湿布包好，放在 28 ℃～30 ℃的环境下催芽，每天翻动 1 次～2 次，清水冲洗 1 次，待有 70%以上的种子出芽时即可播种。

5.3.3.2 基质填装和压穴。向混拌好的基质加水，湿度达 30%～40%，填满孔穴，刮平穴盘表面。用打孔器在孔穴中央打取直径 1 cm、深 1 cm 的播种穴。

5.3.3.3 播种、盖种和喷淋。将种子放入播种穴，覆盖蛭石或珍珠岩，刮去多余的覆盖料。喷淋湿透穴盘。

5.4 苗期管理

苗期管理措施见表 1。

表 1 番茄穴盘育苗苗期适宜管理指标

时 期	特 征	白天适宜温度(℃)	夜晚适宜温度(℃)	基质相对含水量(%)
出苗期	播种至子叶拱出	27～30	20～23	90～95
子叶平展期	子叶拱出至子叶平展	20～23	12～15	50～60
第 1 片真叶生长期	子叶平展至第 1 片真叶完全展开	22～25	14～17	50～60
成苗期	第 1 片真叶展开至 6～7 片真叶	25～28	16～19	50～80
炼苗期	定植前 7 d	15～18	11～14	45～55

5.5 定植前准备

5.5.1 整地施肥与作畦

每 667 m^2 施腐熟有机肥 5 000 kg、复合肥(N：P：K=15：15：15)100 kg，深翻 25 cm 以上，整细耙平，做成大行 80 cm、小行 60 cm、垄高 20 cm 的栽培畦。

5.5.2 温室消毒

定植前一周，每 667 m^2 用 45%百菌清烟剂 110 g～180 g 或每 667 m^2 用硫黄粉 2 kg～3 kg 加 22%敌敌畏烟剂 500 g 拌上锯末点燃，多点点燃密闭熏一昼夜后通风，充分排除棚内有毒气体。7 d 后棚内无味时方可定苗。

5.6 定植

5.6.1 定植时间

3 月初，10 cm 深地温稳定在 12 ℃以上，选择晴天上午定植。

5.6.2 定植方法

每畦栽两行，按株距 30 cm～35 cm 开挖定植穴，穴深 10 cm，栽苗深度为苗坨表面略低于垄面，覆土、盖严苗坨，每 667 m^2 定植 3 000 株。浇足定植水，封严定植口，覆盖薄膜。

5.7 定植后管理

5.7.1 温湿度管理

缓苗期最适温度白天 26 ℃～30 ℃，夜间不低于 10 ℃，湿度 80%～90%；缓苗后白天20 ℃～25 ℃，夜间 13 ℃～17 ℃，湿度 60%～70%；结果期白天 22 ℃～26 ℃，夜间 13 ℃～15 ℃，湿度 50%～60%。

5.7.2 水肥管理

待第一穗果直径达 2 cm～3 cm 时开始浇水施肥，每 667 m^2 追施尿素 10 kg 或硫酸铵15 kg，以后每结一穗果追 1 次肥，每 667 m^2 追施三元复合肥 15 kg～20 kg。结果盛期每 7 d～10 d 浇一次水，高温期每 5 d～6 d 浇一次水。

5.7.3 植株调整

植株 25 cm～30 cm 时用吊蔓。采用单干整枝，留 4 穗果打顶，侧枝 6 cm～8 cm 及时摘除，生长中后期打掉黄、老、病叶。

5.7.4 保花保果

在开花前 2 d，或开花当天，用 20 mg/kg～25 mg/kg 番茄灵或国 2 号 25 mg/kg 处理花穗。

5.7.5 病虫害防治

温室早春茬番茄主要病害有灰霉病、晚疫病、叶霉病；主要虫害有粉虱、蚜虫。

5.7.6 防治原则

采用以抗（耐）病虫品种为主，以栽培防治为重点，生物（生态）与物理、化学防治相结合的综合防治措施，农药使用方法及用药种类符合 GB 4285、GB/T 8321 的规定。

5.7.7 化学防治

5.7.7.1 灰霉病。发病初期，叶面喷施 50%腐霉利可湿性粉剂 1 500 倍液、或 50%异菌脲可湿性粉剂 1 500 倍液、或 50%啶酰菌胺水分散颗粒剂 2 000 倍液。

5.7.7.2 晚疫病。发病初期，叶面喷施 23.4%双炔酰菌胺悬浮剂 1 500 倍液、50%烯酰吗啉可湿性粉剂 1 000 倍液、72%霜脲锰锌可湿性粉剂 1 000 倍液。

5.7.7.3 早疫病。发病初期，叶面喷施 80%代森锰锌可湿性粉剂 800 倍液、或 72%霜脲锰锌可湿性粉剂 800 倍液。

5.7.7.4 叶霉病。发病初期，叶面喷施 47%春雷・王铜可湿性粉剂 800 倍液、或 500 g/L 氟吡・肟菌酯悬浮剂 3 500 倍液。

5.7.7.5 病毒病。发病初期叶面喷施 20%盐酸吗啉胍铜可湿性粉剂 600 倍液、或 0.5%菇类蛋白多糖水剂 400 倍液、或 5%氨基寡糖素水剂 400 倍液。

5.7.7.6 粉虱。虫害初期叶面喷施 25%阿克泰 1 500 倍液、或 70%吡虫啉 1 000 倍液、或 2.5%多杀霉素 1 200 倍液、或 10%噻嗪酮乳油 1 000 倍液。

5.7.7.7 蚜虫。叶面喷施 70%吡虫啉 1 000 倍液、或 2.5%多杀霉素 1 200 倍液。

6 秋芹菜栽培技术

6.1 品种选择

选择优质、抗病、丰产的品种，如美国西芹、加州王、尤文图斯等。

6.2 种子质量

应符合 GB 16715.5—2010 中规定的二级以上要求。

6.3 育苗

6.3.1 种子处理

用 48 ℃热水浸种，不断搅拌至水温 30 ℃，保持 30 min，然后放入冷水中浸泡 24 h，期间搓洗 3 次，沥干水分用纱布包好，置于 15 ℃～20 ℃催芽，每天翻动 2 次～3 次，清水冲洗 1 次，有 50%以上种子露白时即可播种。

6.3.2 育苗土的配制与消毒

选肥沃菜园土 5 份＋腐熟农家肥 4 份＋细沙 1 份，每立方米床土中加复合肥 2 kg，混合过筛。然后按每立方米加入 50%多菌灵可湿性粉剂 100 g、25%的敌百虫 60 g，掺匀、堆好后，用塑料薄膜封严 5 d～7 d，使用前 4 d～5 d 摊开晾晒。

6.3.3 播种

播种前苗床灌足底水，水渗下后，将 2/3 的育苗土铺在畦面，种子与细沙土掺匀撒播，播后覆土。

6.4 苗期管理

6.4.1 降温防雨

播后及时用遮阳网和棚膜搭建小拱棚，棚高 1 m，苗出齐后撤去棚膜，遮阳网按时揭盖，定植前 20 d 全部撤掉遮阳网。

6.4.2 除草间苗

播后 2 d～3 d,每 667 m^2 用 48%氟乐灵乳油 150 g 加水喷洒畦面。真叶露出、两叶一心时两次间苗,苗距 3 cm。

6.4.3 水肥管理

2 叶前,早晨或傍晚喷洒一次水,2 片～3 片叶后畦内灌水,5 片叶后注意控水。如长势弱,在 4 片～5 片叶追肥 1 次,每 667 m^2 施尿素 5 kg,或叶面喷施 0.2%尿素。

6.4.4 定植标准

苗龄为 50 d～60 d,5 叶～6 叶时定植。

6.5 定植前准备

清理前茬杂物,每 667 m^2 撒施充分腐熟的有机肥 4 000 kg～5 000 kg、硫酸钾 10 kg、磷酸二铵 14 kg 或过磷酸钙 35 kg,缺硼的地块施硼砂 0.5 kg～1 kg。深翻 30 cm 后作畦,畦宽1 m～1.2 m。

6.6 定植

定植前一天将苗床灌水,选择壮苗,带土定植。单株定植,西芹株行距为 10 cm×25 cm,浇足定植水。

6.7 定植后管理

6.7.1 水肥管理

定植 3 d 后浇一次缓苗水,及时中耕松土,进行蹲苗。当心叶变绿,结合浇水追肥,每667 m^2施尿素 10 kg 和硫酸钾 20 kg,15 d～20 d 后株高长至 25 cm 时,每 667 m^2 追施尿素10 kg。扣膜以后,结合浇水每 667 m^2 追施尿素 15 kg 和硫酸钾 10 kg。以后随着温度的降低控制灌水量。采收前 10 d 停止浇水、施肥。

6.7.2 温度管理

定植初期覆盖遮阳网 10 d～15 d,10 月下旬开始扣膜。扣膜后 10 d 内放底风。室外出现霜冻时,白天放风,夜间关闭风口,昼温 15 ℃～20 ℃,夜温 10 ℃～18 ℃,最低为 5 ℃～8 ℃。11 月上旬外界夜温低于 5 ℃时,夜间关闭风口;气温 0 ℃以下时,覆盖草苫。

6.8 病虫害防治

主要病虫害:虫害以蚜虫为主,病害以叶斑病、菌核病、斑枯病、病毒病、早疫病、软腐病为主。

6.8.1 防治原则

采用以抗(耐)病虫品种为主,以栽培防治为重点,生物(生态)与物理、化学防治相结合的综合防治措施,农药使用方法及用药种类符合 GB 4285、GB/T 8321 的规定。

6.8.2 化学防治

6.8.2.1 斑枯病。发病初期,叶面喷施 46%氢氧化铜水分散粒剂 1 000 倍液、或科生霉素 400 倍液,每 5 d～7 d 喷施 1 次,共喷 2 次～3 次。

6.8.2.2 叶斑病。发病初期,叶面喷施 60%唑咪·代森联水分散粒剂 1 500 倍液、或 560 g/L 嘧菌·百菌清悬浮剂 1 000 倍液,每 5 d～7 d 喷施 1 次,共喷 2 次～3 次。

6.8.2.3 软腐病。发病初期,开始喷 72%农用链霉素可溶性粉剂每 667 m^2 10 g～20 g、或 90%新植霉素可湿性粉剂 4 000 倍液,每 7 d～10 d 喷施 1 次,连续 2 次～3 次。

6.8.2.4 菌核病。发病初期,叶面喷施 50%腐霉利每 667 m^2 30 g～60 g、或 50%农利灵可湿性粉剂 1 000倍液～1 500 倍液,每 7 d 喷 1 次,连喷 2 次。或 50%多菌灵可湿性粉剂 500 倍液,每 8 d～10 d 防治 1 次,连续防治 3 次～4 次。

6.8.2.5 蚜虫。发病初期,叶面喷施 0.4%杀蚜素 400 倍液～600 倍液、或 50%抗蚜威可湿性粉剂 2 000倍液～3 000 倍液、或 10%吡虫啉可湿性粉剂 1 500 倍液,每 6 d～7 d 喷 1 次,连续 2 次～3 次。

本标准的编写遵循了国家标准 GB/T 1.1—2009《标准化工作导则 第 1 部分:标准的结构与

编写》。

本标准由天津市农村工作委员会提出并归口。

本标准起草单位:天津市蔬菜技术推广站。

本标准起草人:吴建金、陈洪金、陈则明、谢文旭、杨鸿炜、柳青、王晨、郭淑静。

本标准2015年6月首次发布。

日光温室冬春番茄套种生菜—秋黄瓜栽培模式技术规范

The Technical Specification of greenhouse early spring tomato interplanting lettuce—autumn cucumber cultivation model

1 范围

本标准规定了日光温室冬春番茄套种生菜—秋黄瓜栽培模式中的茬口安排、栽培设施、冬春番茄栽培、冬茬生菜栽培、秋黄瓜栽培的技术要求。

本标准适用于日光温室冬春番茄套种生菜—秋黄瓜栽培模式。

2 规范性引用文件

下列文件对于本文件的应用是必不可少的。凡是注日期的引用文件，仅所注日期的版本适用于本文件。凡是不注日期的引用文件，其最新版本(包括所有的修改单)适用于本文件。

GB 16715.1—2010 瓜菜作物种子 第1部分：瓜类

GB 16715.3—2010 瓜菜作物种子 第3部分：茄果类

GB 16715.5—2010 瓜菜作物种子 第5部分：绿叶菜类

GB 4285 农药安全使用标准

GB/T 8321 农药合理使用准则

3 茬口安排

冬春番茄于10月中旬育苗，11月中下旬定植，采收期从翌年3月初至6月底；越冬生菜10月上旬播种育苗，11月中下旬定植，12月下旬采收；秋黄瓜7月初育苗，7月下旬定植，采收期从8月末至10月底。

4 栽培设施

半地下式后土墙日光温室。

5 冬春番茄栽培技术

5.1 品种选择

选择耐低温、早熟抗病、丰产、商品性好的品种，如奥圣五环、大连106、朝研219。

5.2 种子质量

应符合GB 16715.3—2010中规定的二级良种以上要求。

5.3 育苗

5.3.1 育苗方法

采用基质穴盘育苗。育苗基质配比为草炭：蛭石：珍珠岩=6：1：3。

天津市市场和质量监督管理委员会 2015-06-18 发布　　2015-07-01 实施

5.3.2 播种

5.3.2.1 种子处理及催芽。将种子放入55 ℃～60 ℃的热水中，并不停地搅拌，水温降到30 ℃时停止搅拌，继续浸泡3 h～4 h。后用10%磷酸三钠浸种10 min～20 min后捞出，再用清水冲洗2次～3次，控干水分，用湿布包好，28 ℃～30 ℃条件下催芽，每天翻动1次～2次，待有70%以上的种子出芽时即可播种。

5.3.2.2 基质填装和压穴。向混拌好的基质加水，湿度达30%～40%，填满孔穴，刮平穴盘表面。用打孔器在孔穴中央打取直径1 cm、深1 cm的播种穴。

5.3.2.3 播种、盖种和喷淋。将种子放入播种穴，覆盖蛭石或珍珠岩，刮去多余的覆盖料。喷淋湿透穴盘。

5.4 苗期管理

苗期管理措施见表1。

表1 番茄穴盘育苗苗期适宜管理指标

时　期	特　征	白天适宜温度(℃)	夜晚适宜温度(℃)	基质相对含水量(%)
出苗期	播种至子叶拱出	27～30	20～23	90～95
子叶平展期	子叶拱出至子叶平展	20～23	12～15	50～60
第1片真叶生长期	子叶平展至第1片真叶完全展开	22～25	14～17	50～60
成苗期	第1片真叶展开至6～7片真叶	25～28	16～19	50～80
炼苗期	定植前7 d	15～18	11～14	45～55

5.5 定植前准备

5.5.1 整地施肥与作畦

每667 m^2 施腐熟有机肥5 000 kg、复合肥(N：P：K=15：15：15)100 kg，深翻25 cm以上，整细耙平，做成大行80 cm、小行60 cm、垄高20 cm的栽培畦。

5.5.2 温室消毒

定植前一周，每667 m^2 用45%百菌清烟剂110 g～180 g或每667 m^2 用硫黄粉2 kg～3 kg加22%敌敌畏烟剂500 g拌上锯末点燃，多点点燃密闭熏一昼夜后通风，充分排除棚内有毒气体。7 d后棚内无味时方可定苗。

5.6 定植

5.6.1 定植时间

11月中下旬，选择晴天上午定植。

5.6.2 定植方法

每畦栽两行，按株距30 cm开挖定植穴，穴深10 cm，栽苗深度为苗坨表面略低于垄面，覆土、盖严苗坨，每667 m^2 定植3 200株。浇足定植水，封严定植口，覆盖薄膜。

5.7 定植后管理

5.7.1 温湿度管理

缓苗期最适温度白天26 ℃～30 ℃，夜间16 ℃～18 ℃，湿度80%～90%；缓苗后白天20 ℃～25 ℃，夜间13 ℃～16 ℃，湿度60%～70%；结果期白天22 ℃～26 ℃，夜间13 ℃～15 ℃，湿度50%～60%。

5.7.2 水肥管理

待第一穗果直径达2 cm～3 cm时开始浇水施肥，每667 m^2 追施尿素10 kg或硫酸铵15 kg，以后每结一穗果追1次肥，每667 m^2 追施三元复合肥15 kg～20 kg。严寒季节每15 d～20 d浇1次水，春季结果盛期每7 d～10 d浇1次水，高温期每5 d～6 d浇1次水。

5.7.3 光照管理

选用透光率高的聚氯乙烯无滴膜；保持棚膜清洁；后墙张挂反光幕。

5.7.4 植株调整

植株 25 cm～30 cm 时用吊蔓。采用单干整枝，留 4 穗果打顶，侧枝 6 cm～8 cm 及时摘除，生长中后期打掉黄、老、病叶。

5.7.5 保花保果

在开花前 2 d，或开花当天，用 20 mg/kg 番茄灵或保果宁 2 号 25 mg/kg 处理花穗。

5.7.6 病虫害防治

温室冬春茬番茄主要病害有灰霉病、晚疫病、叶霉病；主要虫害有粉虱、蚜虫。

5.7.7 化学防治

5.7.7.1 灰霉病。发病初期叶面喷施 50%腐霉利可湿性粉剂 1 500 倍液、或 50%异菌脲可湿性粉剂 1 500倍液、或 50%啶酰菌胺水分散粒剂 2 000 倍液。

5.7.7.2 晚疫病。发病初期，叶面喷施 23.4%双炔酰菌胺悬浮剂 1 500 倍液、50%烯酰吗啉可湿性粉剂 1 000 倍液、72%霜脲锰锌可湿性粉剂 1 000 倍液。

5.7.7.3 早疫病。发病初期，叶面喷施 80%代森锰锌可湿性粉剂 800 倍液、或 72%霜脲锰锌可湿性粉剂 800 倍液。

5.7.7.4 叶霉病。叶面喷施 47%春雷・王铜可湿性粉剂 800 倍液、或 500 g/L 氟吡・肟菌酯悬浮剂 3 500倍液。

5.7.7.5 粉虱。叶面喷施 25%阿克泰 1 500 倍液、或 70%吡虫啉 1 000 倍液、或 2.5%多杀霉素 1 200 倍液、或 10%噻嗪酮乳油 1 000 倍液。

5.7.7.6 蚜虫。叶面喷施 70%吡虫啉 1 000 倍液、或 2.5%多杀霉素 1 200 倍液。

6 生菜栽培技术

6.1 品种选择

选用美国大速生。

6.2 种子质量

应符合 GB 16715.5—2010 中规定的二级良种以上要求。

6.3 育苗

6.3.1 种子处理

用 20 ℃的清水浸泡 3 h～4 h，搓洗冲净，控干水分，用湿布包好，15 ℃～20 ℃的条件下催芽。每天要用清水冲洗 1 次，2 d～3 d 胚根露出后即可播种。

6.3.2 育苗土的配制与消毒

用洁净的园田土 4 份，充分腐熟的农家肥 5 份，细沙 1 份，混匀过筛；加磷酸二铵 1 kg/m^{3}混匀。在配制好的育苗土中，按每立方米加入 50%多菌灵可湿性粉剂 100 g、25%的敌百虫60 g 掺匀，堆好后用塑料薄膜封严 5 d～7 d，使用前 4 d～5 d 摊开晾晒。

6.3.3 苗床的制作

每 667 m^2 需要苗床 6 m^2～8 m^2。将畦土挖出 12 cm，底部搂平、踩实，上面铺一层细沙。育苗土平铺于苗床中，整平压实，床土厚度 10 cm，然后盖膜、烤畦 7 d～10 d。

6.3.4 播种

10 月上旬选择晴天上午播种。播种前苗床浇足底水，待水渗后覆育苗土；种子掺入少量细沙，均匀撒播在床面，播后覆土 0.5 cm 厚，覆盖地膜。

6.4 苗期管理

6.4.1 温度管理

苗期温度管理按表 2 要求。

表 2 苗期温度管理

生长期	适宜日温(℃)	适宜夜温(℃)
播种至出苗	20～25	12～15
齐苗后至分苗	18～20	10～14
分苗至缓苗	20～22	12～15
缓苗至定植前 7 d	16～20	10～14
定植前 7 d	15～18	8～10

6.4.2 水分管理

播种与分苗时浇足水,保持土壤湿润。

6.4.3 壮苗标准

4 片～5 片真叶,须根较多,茎黑绿,叶片大而宽。

6.5 定植

11 月中下旬选择晴天进行,在番茄垄背处,按株、行距 35 cm×90 cm 栽植,每 667 m^2 栽苗 2 100 株,浇足定植水。

6.6 定植后管理

温湿度管理、水肥管理、光照管理分别同与 5.7.1、5.7.2、5.7.3 相同。

6.7 病害防治

6.7.1 病害种类

常见的病害有菌核病、软腐病、霜霉病等。

6.7.2 化学防治

6.7.2.1 菌核病。发病初期,每 667 m^2 叶面喷施 50%速克灵 30 g～60 g、或 50%农利灵可湿性粉剂 1 000倍～1 500 倍液,每 7 d 喷 1 次,连喷 2 次。或 50%多菌灵可湿性粉剂 500 倍液,每 8 d～10 d 防治 1 次,连续防治 3 次～4 次。

6.7.2.2 软腐病。发病初期,每 667 m^2 叶面喷施 72%农用链霉素可溶性粉剂 10 g～20 g、或 90%新植霉素可湿性粉剂 4 000 倍液,每 7 d～10 d 喷施 1 次,连续 2 次～3 次。

6.7.2.3 霜霉病。发病初期,叶面喷施 58%甲霜灵·锰锌 500 倍液、或 72%霜脲·锰锌 600 倍液、或 64%杀毒矾 800 倍液、或 68.75%氟菌·霜霉威 1 500 倍液、或 50%烯酰吗啉水分散粒剂 1 000 倍液,交替轮换使用,每 7 d～10 d 喷 1 次。

7 秋黄瓜栽培技术

7.1 品种选择

黄瓜选择适合本地区消费习惯的浅绿色瓜皮、口感好的品种,如绿翠、贵妃翠。

7.2 种子质量

应符合 GB 16715.1—2010 中规定的二级良种以上要求。

7.3 育苗

7.3.1 种子处理

将种子放入 55 ℃～60 ℃的热水中,并不停地搅拌,水温降到 30 ℃时停止搅拌,继续浸泡 3 h～4 h。控干水分,用湿布包好,28 ℃～30 ℃条件下催芽,70%以上的种子出芽时即可播种。

7.3.2 育苗基质

育苗基质配比为:草炭:蛭石:珍珠岩=6:1:3。

7.3.3 播种

采用穴盘播种育苗。将基质装入穴盘 4 cm 厚,并适当压实,浇透水,每穴播 1 粒,深度1.2 cm,然后覆盖蛭石，均匀喷水，覆盖薄膜，加设防虫网。

7.3.4 苗期管理

7.3.4.1 温度管理。出苗前气温白天 25 ℃～30 ℃，夜间 18 ℃～20 ℃。出苗后气温白天 24 ℃～28 ℃，夜间 15 ℃～17 ℃。

7.3.4.2 水分管理。播种时浇足水，出苗后始终保持基质湿润，晴天应及时补充水分，定植前一周控制水分。

7.3.5 壮苗标准

株高 12 cm，2 叶 1 心，茎粗节短，叶色深绿，茎秆粗壮，根系发达。

7.4 定植前准备

7.4.1 整地施基肥与作畦

深翻 20 cm～25 cm，每 667 m^2 施充分腐熟有机肥 4 000 kg～5 000 kg、磷酸二铵 15 kg～20 kg，与土壤混合均匀，耙平整细，做成宽行 80 cm、窄行 50 cm、垄高 20 cm 的小高畦。

7.4.2 棚室消毒

定植前一周，每 667 m^2 用 45％百菌清烟剂 110 g～180 g 或每 667 m^2 用硫黄粉 2 kg～3 kg 加 22％敌敌畏烟剂 500 g 拌上锯末点燃，多点点燃密闭熏一昼夜后通风，充分排除棚内有毒气体。7 d 后棚内无味时方可定苗。

7.4.3 设防虫网

在通风口设 40 目防虫网。

7.5 定植

7 月中下旬按株行距 30 cm×65 cm 定植，覆盖黑色地膜，浇足定植水。

7.6 定植后田间管理

7.6.1 结瓜前期

适宜温度白天 25 ℃～30 ℃、夜间 15 ℃～18 ℃，昼夜温差保持 10 ℃以上。苗期 2 片～3 片叶时喷施增瓜灵，促进雌花分化。

7.6.2 结瓜期

7.6.2.1 温湿度管理。结瓜盛期，棚内昼温 25 ℃～28 ℃，夜温 15 ℃～17 ℃，外界最低气温 15 ℃以上时，昼夜通风。结瓜后期，外界最低温度低于 13 ℃时，夜间要关闭风口。

7.6.2.2 水肥管理。结瓜前期每 4 d 浇一次水，结瓜中后期每 6 d～8 d 浇一次水，每 10 d～15 d 追肥一次，每次每 667 m^2 施尿素 10 kg，结瓜中后期喷施 0.2％尿素或 0.3％磷酸二氢钾叶面肥。

7.6.3 植株调整

植株 30 cm 高时，吊蔓；及时打掉 10 片叶以下枝杈；生长中后期及时打掉黄、老、病叶。

7.7 病虫害防治

7.7.1 秋黄瓜的主要病虫害

主要病害有霜霉病、白粉病、细菌性角斑病等。主要虫害有蚜虫、斑潜蝇等。

7.7.2 化学防治

7.7.2.1 霜霉病。发病初期，叶面喷施 58％甲霜灵·锰锌 500 倍液、或 72％霜脲·锰锌 600 倍液、或 64％杀毒矾 800 倍液、或 68.75％氟菌·霜霉威 1 500 倍液、或 50％烯酰吗啉水分散粒剂 1 000 倍液，交替轮换使用，每 7 d～10 d 喷一次。

7.7.2.2 细菌性角斑病。发病初期，叶面喷施 46％氢氧化铜水分散粒剂 1 000 倍液、或科生霉素 400 倍液、或 12％松脂酸铜乳油 400 倍液、或 47％春雷·王铜可湿性粉剂 800 倍液。

7.7.2.3 白粉病。发病初期，叶面喷施 80％硫黄干悬浮剂 800 倍液、或 40％氟硅唑乳油3 000倍液、或 43％戊唑醇悬浮剂 3 000 倍液、或 10％苯醚甲环唑水分散粒剂 2 000 倍液、或 42.5％吡唑醚菌酯·氟唑菌酰胺悬浮剂 4 000 倍液。

7.7.2.4 蚜虫。虫害初期,喷施50%抗蚜威可湿性粉剂2 000倍~3 000倍液、或10%吡虫啉可湿性粉剂2 500倍液、或2.5%联苯菊酯乳油3 000倍液。

7.7.2.5 斑潜蝇。虫害初期,喷施1.8%虫螨克乳油1 000倍液、或48%毒死蜱1 000倍液。

本标准的编写遵循了国家标准GB/T 1.1—2009《标准化工作导则 第1部分:标准的结构和编写》。

本标准由天津市农村工作委员会提出并归口。

本标准起草单位:天津市蔬菜技术推广站。

本标准起草人:姚淑娟、李海燕、王锐竹、甄少华、李岩、韩志慧、甘长霞、王玉清、辛勍。

本标准2015年6月首次发布。

塑料大棚越夏辣椒—冬菠菜栽培模式技术规范

The technical specification of plastic greenhouses summering pepper—winter spinach cultivation model

1 范围

本标准规定了越夏辣椒的品种选择、壮苗标准、田间管理、病虫害防治等项技术要求;规定了冬季菠菜的品种选择、田间管理、病虫害防治等技术要求。

本标准适用于塑料大棚越夏辣椒—冬菠菜栽培模式。

2 规范性引用文件

下列文件对于本文件的应用是必不可少的。凡是注日期的引用文件,仅所注日期的版本适用于本文件。凡是不注日期的引用文件,其最新版本(包括所有的修改单)适用于本文件。

GB 4285 农药安全使用标准

GB/T 8321 (所有部分)农药合理使用准则

GB 16715.3—2010 瓜菜作物种子 第3部分:茄果类

3 茬口安排

辣椒于2月上中旬播种育苗,3月中下旬定植,采收期从5月底至10月底;冬菠菜在11月上旬播种。

4 栽培设施

塑料大棚或连栋大棚,结构为钢骨架或竹木结构,大棚高度4 m,占地面积在667 m^2 以上。

5 越夏辣椒栽培技术

5.1 品种选择

种子质量符合GB 16715.3—2010 瓜菜作物种子 第3部分茄果类中规定的二级以上要求。

选择抗病性强、抗逆性好、耐高温、品质优、产量高的品种,如巴莱姆、农大34号等。

5.2 播种期

2月上中旬播种育苗。

5.3 播种量

每667 m^2 播种量25 g。

5.4 播种前的准备

用55 ℃～60 ℃温水浸种10 min～15 min,消毒后放在20 ℃～25 ℃条件下浸种8 h。在28 ℃～30 ℃的温度下,用湿布包好催芽,大约有70%出芽时开始播种。

天津市市场和质量监督管理委员会 2015-06-18 发布　　2015-07-01 实施

5.5 基质穴盘育苗

采用基质穴盘育苗，将基质装入育苗盘，约 4 cm 厚，并适当压实，浇透水，每穴播 1 粒，深度 1.2 cm，然后覆盖蛭石，均匀喷水，覆盖薄膜。

5.5.1 苗期温度管理

苗期温度管理见表 1。

表 1 苗期适宜温度(℃)

项 目	播种后到出苗前	出苗后
白天气温	25～30	20～25
夜间气温	15～20	10～15

5.5.2 苗期水分管理

播种时浇足水，出苗后始终保持基质湿润，晴天应及时补充水分，定植前 1 周控制水分。

5.5.3 壮苗标准

苗龄在 40 d～50 d，株高 15 cm、茎粗 0.4 cm 以上、叶色深绿、4 叶 1 心至 5 叶 1 心、根系发达，叶片无病斑。

5.6 定植前的准备

5.6.1 整地施基肥与作畦

定植前 15 d～20 d 施基肥、翻地、晒土和作垄。基肥以充分腐熟发酵的有机肥为主。每667 m^2施腐熟的有机肥 5 000 kg～6 000 kg，酵素菌 40 kg，磷酸二铵 75 kg、三元素复合肥50 kg。基肥撒施后，深翻 30 cm～40 cm，耙平整细。按定植行 60 cm 宽，操作行 80 cm 宽，垄高 20 cm～25 cm 作畦。栽培畦面中间留 10 cm～15 cm 的 V 形水沟。做好畦后铺地膜。

5.6.2 扣棚

2 月底至 3 月初扣棚膜。

5.6.3 大棚消毒

定植前一周，每 667 m^2 用 45%百菌清烟剂 110 g～180 g 或每 667 m^2 用硫黄粉 2 kg～3 kg 加敌敌畏 0.25 kg 拌上锯末点燃，密闭棚室一昼夜。

5.7 定植时间

在 3 月中下旬，选择晴天定植。

5.8 定植

定植时在畦面的 V 形沟两侧挖定植穴，株距为 40 cm～45 cm。穴深 10 cm，覆土盖严苗坨，每 667 m^2定植 2 000 株。栽后浇定植水，待水渗下后用土把定植口封严。

5.9 田间管理

5.9.1 温度管理

辣椒结果期白天保持 28 ℃～30 ℃，夜间 15 ℃～17 ℃。从 7 月中下旬至 9 月上旬，在棚膜顶部覆盖遮阳网，晴天上午 10 时至下午 3 时进行遮阳；或在棚膜上喷洒降温剂。

5.9.2 水肥管理

定植 5 d～7 d 浇缓苗水。缓苗后至门椒坐果前，根据土壤墒情浇水。门椒长到 10 cm 以上时开始浇水，并随水施尿素或磷酸二铵每 667 m^2 20 kg。结果中后期，喷施磷酸二氢钾和硼、锌、钙等叶面肥，隔 7 d～10 d 喷施一次。

5.9.3 植株调整

株高 30 cm 时吊秧，采取三干或四干整枝，门椒以下分枝 7 cm～10 cm 时全部去掉。底部叶片在 55 d～60 d 后适时清除。

5.10 病虫害防治

5.10.1 防治原则

采用以抗(耐)病虫品种为主,以栽培防治为重点,生物(生态)与物理、化学防治相结合的综合防治措施,农药使用方法及用药种类符合 GB 4285、GB/T 8321 的规定。

5.10.2 化学防治

5.10.2.1 茎基腐病。定植 2 d~3 d 后按每 15 kg 水兑 25 g 普力克+10 g 恶霉灵+20 g 枯草芽孢杆菌进行灌根。灌根时喷淋子叶以下茎秆,以药液湿润 1 cm 深土为宜。浇缓苗水 2 d~3 d 后用同样药剂灌根。

5.10.2.2 疫病。发病初期,芽基部喷施 30%甲霜灵可湿性粉剂 800 倍液、或 68%精甲霜・锰锌水分散粒剂 600 倍液、或 23.4%双炔酰菌胺悬浮剂 1 500 倍液、或 50%烯酰吗啉可湿性粉剂 1 000 倍液、或 72%霜脲锰锌可湿性粉剂 1 000 倍液。

5.10.2.3 炭疽病。发病初期,叶面喷施 25%咪鲜胺 1 500 倍液、或 25%溴菌腈 800 倍液、或 70%丙森锌 600 倍,每 7 d~10 d 喷 1 次,连喷 2 次~3 次。

5.10.2.4 蚜虫。发病初期,叶面喷施 20%氰戊菊酯乳油 2 000 倍液~3 000 倍液、或 1.8%阿维菌素 3 000倍液、或 70%吡虫啉 1 000 倍液、或 5%氟虫腈 1 500 倍液,每 7 d~10 d 喷 1 次,连喷 2 次~3 次。

5.10.2.5 粉虱。虫害初期,叶面喷施 25%阿克泰 1 500 倍液、或 70%吡虫啉 1 000 倍液、或 5%氟虫腈 1 500 倍液,每 7 d~10 d 喷 1 次,连喷 2 次~3 次。

5.10.2.6 螨虫。虫害初期,叶面喷施 1.8%阿维菌素乳油 2 000 倍液,7 d~10 d 喷 1 次,连喷 2 次~3 次。

6 冬菠菜栽培技术规程

6.1 品种选择

越冬茬菠菜一般选用皇家黑强、绿安娜等菠菜新品种。

6.2 播种期

11 月上旬播种。

6.3 播种前的准备

6.3.1 播种方法

采用直播方法。

6.3.2 种子处理

播种前 4 d~5 d,将种子放在冷水中浸泡 12 h~24 h,取出堆放室内,盖湿毛巾保温,每天翻动一次,温度保持在 20 ℃,待 60%以上种子出芽时即可播种。

6.4 整地施基肥与作畦

每 667 m^2 施腐熟的有机肥 3 000 kg、N-P-K 三元复合肥(15-15-15)50 kg、钙镁磷肥 30 kg~35 kg,将肥料撒施均匀,土壤深翻整细,做成 1.5 m~2.0 m 宽的平畦。

6.5 播种

采用撒播或条播,播前畦面浇足底水,播后耙平,划沟。

6.6 田间管理

6.6.1 温度管理

白天棚内温度 15 ℃~20 ℃;夜间适宜温度 5 ℃~8 ℃,最低不低于 2 ℃。

6.6.2 放风排湿

选择晴好天气上午 10 时前后放风,下午 3 时左右及时关闭风口,阴天、气温低时可适当减少通风量,缩短通风时间。

6.6.3 肥水管理

播种后浇足水。待幼苗长到 3 片～5 片真叶时中耕；6 片～7 片真叶时肥水结合，促进生长。生长中后期，可适当控制浇水。每次随水追施硫酸钾型三元复合肥每 667 m^2 15 kg～20 kg。

6.7 病虫害防治

农药使用方法及用药种类符合 GB 4285、GB/T 8321 的规定。

6.7.1 霜霉病

发病初期，叶面喷施 58%甲霜灵锰锌 500 倍液、或 72%杜邦克露 600 倍液、或 64%杀毒矾 800 倍液、或 68.75%银法利悬浮剂 1 500 倍液、或 50%烯酰吗啉水分散粒剂 1 000 倍液，每7 d～10 d 喷 1 次，连续 2 次～3 次，采收前 10 d～15 d 停止喷药。

6.7.2 炭疽病

发病初期，叶面喷施 50%多菌灵可湿性粉剂 700 倍液，或 80%炭疽福美可湿性粉剂 800 倍液，或 50%甲基硫菌灵可湿性粉剂 500 倍液防治。每 7 d 喷 1 次，连续 3 次～4 次。

6.7.3 蚜虫

虫害初期，叶面喷施 10%氯氰菊酯乳油 2 000 倍液，或 10%吡虫啉可湿性粉剂 1 000 倍液喷防，每 7 d～10 d 喷 1 次，连续喷洒 2 次～3 次。

本标准的编写遵循了国家标准 GB/T 1.1—2009《标准化工作导则　第 1 部分：标准的结构和编写》。

本标准由天津市农村工作委员会提出并归口。

本标准起草单位：天津市蔬菜技术推广站。

本标准起草人：谢文旭、吴建金、樊士伟、甄少华、李岩、林建华、李洪梅、李文琴。

本标准 2015 年 6 月首次发布。

塑料大棚春黄瓜—秋黄瓜栽培模式技术规范

The technical specification of plastic greenhouses spring cucumber—autumn cucumber cultivation model

1 范围

本标准规定了塑料大棚春秋黄瓜栽培模式的茬口安排、品种选择、栽培设施、种子质量、播种育苗、定植前准备、定植、定植后管理、病虫害防治的技术要求。

本标准适用于塑料大棚春秋黄瓜栽培。

2 规范性引用文件

下列文件中的条款通过本标准的引用而成为本标准的条款。凡是注日期的引用文件，其随后所有的修改单（不包括勘误的内容）或修订版均不适用于本部分，然而，鼓励根据本部分达成协议的各方研究是否可使用这些文件的最新版本。凡是不注日期的引用文件，其最新版本适用于本标准。

GB 4285—1989 农药安全使用标准

GB 16715.1—2010 瓜菜作物种子

GB/T 8321（所有部分） 农药合理使用准则

3 茬口安排

春黄瓜1月中旬播种，2月中旬定植，3月中旬采收。秋茬黄瓜7月中旬直播，8月中旬采收。

4 品种选择

大棚春季栽培：津优10号、津优35号、津优308号、津优315号、戴多星等。

大棚秋季栽培：津优35号、津优401号、津优408号、津优40号等。

5 栽培设施

塑料大棚或连栋大棚，结构为钢骨架或竹木结构，大棚高度4 m，占地面积在667 m^2以上。

6 种子质量

符合GB 16715.1—2010中规定的二级以上要求。

7 播种育苗

春季栽培采用穴盘基质育苗；秋季栽培采用直播。

天津市市场和质量监督管理委员会 2015-06-18 发布 2015-07-01 实施

7.1 播种前的准备

7.1.1 种子处理

将种子放入55 ℃～60 ℃的热水中，并不停地搅拌，水温降到30 ℃时停止搅拌，继续浸泡3 h～4 h，再用清水冲洗2次～3次，控干水分，用湿布包好，28 ℃～30 ℃条件下催芽，每天翻动1次～2次，清水冲洗1次待有70%以上的种子出芽时即可播种。

7.1.2 育苗基质

育苗基质配比为草炭：蛭石：珍珠岩=6：1：3。

7.2 播种

采用穴盘育苗，将基质装入穴盘，4 cm厚，并适当压实，浇透水，每穴播1粒，深度1.2 cm，然后覆盖蛭石，均匀喷水，覆盖薄膜。

7.3 苗期管理

7.3.1 温度管理

出苗前气温白天25 ℃～30 ℃，夜间18 ℃～20 ℃。出苗后气温白天24 ℃～28 ℃，夜间15 ℃～17 ℃。

7.3.2 水分管理

播种时浇水，出苗后始终保持基质湿润，晴天应及时补充水分，定植前一周控制水分。

7.4 壮苗标准

苗龄35 d～40 d，3叶1心、生长健壮、子叶完好、叶色浓绿、根系发达、无病虫害。

8 定植前的准备

8.1 整地施基肥与作畦

深翻20 cm～25 cm，结合整地施入基肥。每667 m^2 施充分腐熟有机肥4 000 kg～5 000 kg，磷酸二铵15 kg～20 kg，与土壤混合均匀，耙平整细，做成宽行80 cm、窄行50 cm、垄高15 cm～20 cm的小高畦。

8.2 棚室消毒

定植前1周，每667 m^2 用45%百菌清烟剂110 g～180 g或每667 m^2 用硫黄粉2 kg～3 kg加22%敌敌畏烟剂500 g拌上锯末点燃，多点点燃密闭熏一昼夜后通风，充分排除棚内有毒气体。7 d后棚内无味时方可定苗。

8.3 设防虫网

在通风口设40目防虫网。

9 定植

9.1 定植时间

春黄瓜2月中旬定植。

9.2 定植方法

在畦面挖定植穴，每667 m^2 定植3 500株，株距35 cm，穴深10 cm。栽后浇定植水。

10 定植后的管理

10.1 早春大棚黄瓜定植后管理

10.1.1 缓苗期

定植后到缓苗期昼温28 ℃～30 ℃，夜温20 ℃～22 ℃。此阶段不放风，空气相对湿度控制在80%～90%。

10.1.2 结瓜期

10.1.2.1 温湿度管理。结瓜初期，昼温控制在 24 ℃～28 ℃，超过 30 ℃开始放顶风，20 ℃闭风；夜温 10 ℃～15 ℃；空气相对湿度调控为 75%～80%。结瓜盛期，昼温 25 ℃～30 ℃，夜温 15 ℃～20 ℃。当外界最低气温达到 15 ℃以上时，可昼夜通风。

10.1.2.2 水肥管理。结瓜盛期每 5 d～7 d 浇一次水，一次清水，一次肥水。每 667 m^2 用复合肥 15 kg～20 kg，中后期叶面喷施 0.2%的尿素和 0.3%的磷酸二氢钾溶液。

10.2 秋大棚黄瓜田间管理

10.2.1 结瓜前期

适宜温度白天 25 ℃～30 ℃、夜间 15 ℃～18 ℃，昼夜最少要保持 10 ℃以上的温差。苗期2 片～3 片叶时喷施增瓜灵，促进雌花分化。

10.2.2 结瓜期

10.2.2.1 温湿度管理。结瓜盛期，棚内昼温 25 ℃～28 ℃，夜温 15 ℃～17 ℃，外界最低气温 15 ℃以上时，昼夜通风。结瓜后期，外界最低温度低于 13 ℃时，夜间要关闭风口。

10.2.2.2 水肥管理。结瓜前期每 4 d 浇一次水，结瓜中后期每 6 d～8 d 浇一次水，每 10 d～15 d 追肥一次，每次每 667 m^2 施尿素 10 kg，结瓜中后期叶面喷施 0.2%尿素或 0.3%磷酸二氢钾溶液。

10.3 植株调整

植株 30 cm 高时，吊蔓；及时打掉 10 片叶以下枝杈；生长中后期及时打掉黄、老、病叶。

11 病虫害防治

11.1 黄瓜的主要病害

霜霉病、白粉病、靶斑病、细菌性角斑病、菌核病等。

11.2 黄瓜的主要害虫

蚜虫、粉虱、斑潜蝇等。

11.3 防治原则

采用以抗(耐)病虫品种为主，以栽培防治为重点，生物(生态)与物理、化学防治相结合的综合防治措施，将病虫害的危害程度控制在最低水平，药剂使用方法及用量符合 GB/T 8321、GB 4285—1989 的规定范围内。

11.4 化学防治

11.4.1 霜霉病

发病初期，叶面喷施 58%甲霜灵・锰锌 500 倍液、或 72%霜脲・锰锌 600 倍液、或 64%杀毒矾 800 倍液、或 68.75%氟菌・霜霉威 1 500 倍液、或 50%烯酰吗啉水分散粒剂 1 000 倍液，交替轮换使用，每 7 d～10 d 喷施一次。

11.4.2 细菌性角斑病

发病初期，叶面喷施 46%氢氧化铜水分散粒剂 1 000 倍液、或科生霉素 400 倍液、或 12%松脂酸铜乳油 400 倍液、或 47%春雷・王铜可湿性粉剂 800 倍液。

11.4.3 靶斑病和炭疽病

发病初期，叶面喷施 75%百菌清可湿性粉剂、或 10%苯醚甲环唑水分散粒剂 1 000 倍液，或 60%唑咪・代森联水分散粒剂 1 500 倍液、或 560 g/L 嘧菌・百菌清悬浮剂 1 000 倍液、或 50%咪鲜胺锰盐 1 500倍液。

11.4.4 菌核病

发病初期，每 667 m^2 用 45%百菌清烟剂 110 g～180 g 熏治，或每 667 m^2 用 50%腐霉利可湿性粉剂 45 g～50 g 喷雾进行防治。

11.4.5 炭疽病

发病初期，叶面喷施 80%炭疽福美可湿性粉剂 800 倍液、或 2%武夷菌素水剂 200 倍液。

11.4.6 白粉病

发病初期，叶面喷施 80%硫黄干悬浮剂 800 倍液、或 40%氟硅唑乳油 3 000 倍液、或 43%戊唑醇悬浮剂 3 000 倍液、或 10%苯醚甲环唑水分散粒剂 2 000 倍液、或 42.5%吡唑醚菌酯・氟唑菌酰胺悬浮剂 4 000 倍液。

11.4.7 蚜虫

虫害初期，叶面喷施 50%抗蚜威可湿性粉剂 2 000 倍～3 000 倍液、或 10%吡虫啉可湿性粉剂 2 500 倍液、或 2.5%联苯菊酯乳油 3 000 倍液。

11.4.8 粉虱

虫害初期，喷施 10%噻嗪酮乳油 1 000 倍液、或 2.5%联苯菊酯乳油 3 000 倍液。

11.4.9 斑潜蝇

虫害初期，喷施 1.8%虫螨克乳油 1 000 倍液、或 48%毒死蜱 1 000 倍液。

本标准的编写遵循了国家标准 GB/T 1.1—2009《标准化工作导则 第 1 部分：标准的结构和编写》。

本标准由天津市农村工作委员会提出并归口。

本标准起草单位：天津市蔬菜技术推广站。

本标准起草人：王锐竹、刘长虹、杨鸿炜、柳青、张艳玲、苗瑞宁、张若纬、李建军。

本标准 2015 年 6 月首次发布。

设施蔬菜生产履历信息采集规范

Specification of productive information record collection for protected vegetables

1 范围

本标准规定了设施蔬菜生产履历采集的术语和定义、采集要求、采集内容、采集方法等。

本标准适用于设施蔬菜生产履历采集。

2 规范性引用文件

下列文件对于本文件的应用是必不可少的。凡是注日期的引用文件，仅所注日期的版本适用于本文件。凡是不注日期的引用文件，其最新版本(包括所有的修改单)适用于本文件。

GB/T 29373—2012 农产品追溯要求 果蔬

3 术语和定义

下列术语和定义适用于本文件。

3.1 生产履历 productive information record

设施蔬菜生产过程中涉及到的生产主体信息、投入品信息、生产过程信息等。

3.2 生产单元 production unit

农业生产中按照一定原则划分、边界清晰的最小生产场地。

4 采集要求

设施蔬菜生产履历信息采集应符合 GB/T 29373—2012 中 5.1.4 的要求。

5 采集内容

5.1 生产主体信息

生产主体信息见表 1。

表 1 生产主体信息

项目	内 容	信息类型	
		基本信息	扩展信息
主体信息	名称、负责人、联系电话、地址、组织机构代码	*	
	单位资质认证、主体编号、人员情况、业务培训情况		*
产地环境	基地面积、基地平面图、土壤检测报告、水质检测报告、大气检测报告		*
生产单元	编号、面积、类型、管理者	*	
	位置、图片		*

注：* 代表该行信息所属类型。

5.2 投入品信息

投入品信息见表 2。

天津市市场和质量监督管理委员会 2015 - 06 - 18 发布　　2015 - 07 - 01 实施

表 2　投入品信息

项目	内　　容	信息类型	
		基本信息	扩展信息
种子	品种、购入数量、生产单位、批次号、购入日期、有效日期	*	
	销售单位、生产日期、联系方式		*
农药	通用名称、类型、购入数量、生产单位、登记证号、批次号、购入日期、有效日期	*	
	商品名称、剂型规格、主要成分及含量、安全间隔期、联系方式、生产日期、销售单位		*
肥料	通用名称、类型、购入数量、生产单位、登记证号、批次号、购入日期、有效日期	*	
	商品名称、剂型规格、主要成分及含量、联系方式、生产日期、销售单位		*

5.3　生产过程信息

生产过程信息见表 3。

表 3　生产过程信息

项目	内　　容	信息类型	
		基本信息	扩展信息
育苗	品种、种子处理、育苗方式、播种日期、育苗数量、苗龄、生产单元编号、操作者	*	
定植	定植品种、秧苗来源、数量、面积、定植日期、定植方式、株距、行距、生产单元编号、操作者	*	
	土壤及设施消毒措施、上茬作物种类及品种		*
病虫害防治	防治方法、农药通用名称、防治对象、防治日期、使用方法、使用量、发生时间、施药浓度、生产单元编号、操作者	*	
施肥	施肥方式、肥料通用名称、施用量、施用日期、生产单元编号、操作者	*	
	有机肥处理方式		*
灌溉	灌溉方式、灌溉量、灌溉日期、灌溉时间、生产单元编号、操作者	*	
	灌溉水质来源、水质状况		*
采收	产品品种、采收量、采收日期、生产单元编号、操作者	*	
	采收温度、湿度、卫生状况、后处理措施、产品分级		*

6　信息采集方法

通过计算机、便携采集设备、纸质记录等方法进行采集。

本标准按照 GB/T 1.1—2009《标准化工作导则　第 1 部分：标准的结构和编写》给出的规则起草。

本标准由天津市农村工作委员会提出并归口。

本标准起草单位：天津市无公害农产品（种植业）管理中心、北京农业信息技术研究中心、天津市农村工作委员会信息中心。

本标准主要起草人：王学忠、钱建平、李洁、王鸿彬、李小刚、张保岩、李明、薛彬、于建美、邢斌、康双辉、赵丽辉。

日光温室辣椒栽培水肥一体化技术规范

Technical regulations of fertigation for greenhouse pepper cultivation

1 范围

本标准规定了日光温室辣椒栽培水肥一体化技术的术语与定义、产地环境条件、生产管理措施、水肥一体化技术原则和要求、水肥管理制度。

本标准适用于日光温室水肥一体化辣椒栽培。

2 规范性引用文件

下列文件中的条款通过本标准的引用而成为本标准的条款。凡是注日期的引用文件，仅注日期的版本适用于本文件。凡是不注日期的引用文件，其最新版本适用于本标准。

GB 5084 农田灌溉水质标准

GB/T 50485 微灌工程技术规范

NY/T 496 肥料合理使用准则通则

NY 1107 大量元素水溶性肥料

NY 1428 微量元素水溶性肥料

NY 5294 无公害食品设施蔬菜产地环境条件

3 术语与定义

3.1 水肥一体化 fertigation

水肥一体化是将灌溉与施肥融为一体的农业新技术，是借助微灌系统，将灌水和施肥结合，以微灌系统中的水为载体，在灌溉的同时进行施肥，实现水和肥一体化利用和管理，使水和肥料在土壤中以优化的组合状态供应给作物吸收利用。

3.2 微灌 micro - irrigation

微灌是利用微灌设备组装成微灌系统，将有压水输送分配到田间，通过灌水器以微小的流量湿润作物根部附近土壤的一种局部灌水技术。

4 产地环境条件

选择在地势较高、地下水位低、排灌方便，土层深厚、土质疏松、保水保肥性强的地块，产地环境质量应符合 NY 5294 的规定。

5 生产管理措施

5.1 定植

5.1.1 整地、施肥、起垄

定植前 10 d，每 667 m^2 施腐熟的有机肥 2 500 kg～3 500 kg，磷酸二铵 40 kg、硫酸钾15 kg，或复合肥(15 - 15 - 15)40 kg，施肥后深耕 20 cm～30 cm，耙平，按垄宽 70 cm、沟宽50 cm、垄高 10 cm～30 cm 起

天津市市场和质量监督管理委员会 2015 - 06 - 18 发布　　2015 - 07 - 01 实施

垄。基肥施用应符合 NY/T 496 规定。

5.1.2 定植方法

5.1.2.1 定植苗标准。株高 8 cm～10 cm,茎粗 0.4 cm 左右,叶片绿,根系发达完整,无病虫害。

5.1.2.2 定植时间。日光温室春茬 1 月上旬至 2 月下旬,越冬茬 8 月下旬至 10 月下旬。

5.1.2.3 密度。因品种而定,一般每 667 m^2 在 2 500 株～3 000 株为宜,采用大小行、垄作栽培,行距 50 cm～60 cm,株距 35 cm～45 cm。

5.1.2.4 方法。先铺毛管、覆地膜,再定植。毛管顺行铺设,一般每种植行铺 1 条毛管。定植时在靠近毛管附近,按 35 cm～45 cm 株距在膜上打孔,定植时将幼苗摆放穴内,深度以苗坨与垄面相平为宜,覆土,将苗坨和地膜孔用土封严,进行滴灌。

5.2 定植后环境控制

5.2.1 温湿度管理

a) 缓苗期:定植后 7 d 内,白天应控制在 25 ℃～30 ℃,夜间不低于 13 ℃;空气相对湿度在 80%～90%。

b) 开花坐果期:白天应控制在 20 ℃～25 ℃,夜晚不低于 10 ℃;空气相对湿度在 60%～70%。

c) 结果期:白天应控制在 22 ℃～26 ℃,晚上不低于 13 ℃;空气相对湿度在在 50%～60%。

5.2.2 光照管理

采用透光性好、抗老化的长寿膜或无滴膜,保持膜面清洁,按时揭放保温覆盖物,保证光照,控制温度;春茬栽培后墙张挂反光幕,增加光照;冬茬栽培采取遮阳措施。

6 水肥一体化技术原则与要求

6.1 系统组成

由水源、首部枢纽、输配水管网(干、支、毛管)和灌水器 4 部分组成。系统设计、安装应符合 GB/T 50485 要求。

6.1.1 水源

日光温室辣椒以地下水为主要水源。水质应符合 GB 5084 规定要求。

6.1.2 首部枢纽

由水泵、施肥器、过滤器、控制阀和仪表等组成,具有动力加压、加肥、过滤、控制等作用。

6.1.2.1 水泵。多选用潜水泵、自吸泵,一般采用恒压变频控制装置。

6.1.2.2 施肥器。依据控制面积大小,可选用重力施肥罐、压差式施肥罐、文丘里施肥器和注肥泵等。

6.1.2.3 过滤器。一级过滤一般选用离心式和筛网式组合过滤,田间二级过滤可选用 120 目网式过滤器。过滤器尺寸根据棚内滴灌管的总流量来确定。

6.1.2.4 控制阀和仪表。可选择安装包括阀门、水表或流量计、压力表、安全阀、进排气阀、逆止阀等。

6.1.3 输配水管网

由干管、支管和毛管组成。干管采用塑料给水管,支管和毛管采用聚乙烯管(PE),支管管径一般为 32 mm～50 mm。毛管为滴灌带或滴灌管,管径一般为 10 mm～16 mm。主管可埋在地下,支管铺在地面,毛管铺设在畦面植株根部附近,与畦长相同。

6.1.4 灌水器

一般为滴头,滴头间距 30 cm～40 cm,流量 0.6 L/h～3.0 L/h。

6.2 系统操作

6.2.1 灌溉操作

灌溉时应关闭施肥装置上的阀门,把滴灌系统支管的控制阀完全打开,按照微灌方案灌溉。灌溉结束时先切断动力,然后立即关闭控制阀。

6.2.2 施肥操作

先将肥料完全溶解于水，用纱(网)过滤。每次施肥前应先清水滴灌 10 min，冲洗管道和湿润土壤，施肥结束后再灌溉 20 min～30 min，将管道中的肥液全部施入土壤中。每次施肥时须控制好肥液浓度，施肥量不超过总灌水量的 1‰。

6.2.2.1 自压重力施肥法。在温室进水一侧，在高出地面 1 m 以上的高度上修建容积为2 m^3 的蓄水池，或在棚室中间位置架高 1.5 m，容量为 1 m^3 施肥桶，与支管连通，配重力滴灌管。灌溉用水先存贮在蓄水池或桶内，施肥时，将肥料液倒入蓄水池，搅拌均匀，即可进行灌溉施肥。

6.2.2.2 压差式施肥罐法。施肥罐与支管上的调压阀并联，施肥罐内的进水管要达罐底。施肥时，将肥料液倒入施肥罐，拧紧罐盖，打开罐的进水阀和出水阀，用调压阀调节压差以保持施肥速度正常。加肥时间一般控制在 40 min～60 min。施肥结束后打开调压阀，关闭罐的进水阀和出水阀。

6.2.2.3 文丘里施肥器法。文丘里施肥器与支管上的阀门并联，将肥料液倒入敞口容器中，将文丘里器的吸头放入肥液中，吸头应有过滤网。打开施肥器两端阀门，并调节支管上的阀门，使吸管能够均匀稳定的吸取肥液。施肥结束后打开支管上的阀门，关闭施肥器两端阀门。

6.2.2.4 注肥泵法。将肥料液倒入肥料罐中，打开注肥管道阀门，开启注肥泵，用施肥管道阀门调节肥液流量。施肥结束后，关闭注肥泵和注肥管道阀门。

6.2.3 系统维护

6.2.3.1 管网维护。初次使用前应打开支管、毛管的管堵冲洗管路；开始灌溉时要注意排气，顺序是先开温室支管阀门，再开泵；定期对整个管网系统进行冲洗，防止堵塞。灌溉施肥季节过后，毛管和支管不要折，用完后，支管圈成圆盘，堵塞两端存放。毛管集中捆束在一起，两头用塑料布包裹，伸展平放。

6.2.3.2 首部维护。经常检查首部一级过滤器前后压差，进出口压差高于 0.6 个大气压(atm)时，应及时清洗过滤器，打开过滤器下部的排污阀排污冲洗。施肥罐(或容器)底部的残渣要经常清理。定期检查系统流量、压力情况，判断是否有漏水、堵塞。

7 水肥管理

7.1 灌溉施肥制度

7.1.1 苗期—开花

定植时，采用膜下滴灌，每 667 m^2 灌水量 15 m^3～20 m^3；定植后 7 d～10 d，滴灌缓苗水1 次，每 667 m^2灌水量 6 m^3～8 m^3，施水溶肥料(20－20－20)5 kg/667 m^2；底肥充足时，定植至果实坐住前可不追肥。

7.1.2 结果初期

滴灌 3 次，灌溉周期 10 d～15 d，每次每 667 m^2 灌水 8 m^3～10 m^3；施肥 1 次，每 667 m^2 用肥量：N 2.0 kg、P_2O_5 1.0 kg、K_2O 2.0 kg。每 667 m^2 选用水溶性肥料(20－10－20)10 kg 或组合施用尿素 4.5 kg、磷酸二氢钾 2.0 kg、硫酸钾 3.0 kg。

7.1.3 结果盛期

每隔 7 d～10 d 滴灌追肥 1 次，每次每 667 m^2 灌水 6 m^3～10 m^3，每次每 667 m^2 用肥量：N 1.4 kg、P_2O_5 0.7 kg、K_2O 2.0 kg。每 667 m^2 可选用水溶性肥料(16－8－22)8.8 kg/次，或组合施用尿素 3.0 kg、磷酸二氢钾 1.4 kg、硫酸钾 3.0 kg。可单独加入钙、镁等肥料。

7.2 肥料选择

7.2.1 水溶性肥料

大量元素水溶性肥料选择应符合 NY 1107 要求。根据作物生育期选择不同配方的水溶性肥料；辣椒结果初期适宜选(20－10－20)，结果盛期适宜选(16－8－22)。肥料配比根据实际可适当选择配比接近的水溶性肥料。微量元素水溶性肥料选择应符合 NY 1428 要求。可视辣椒植株长势长相选择适宜的微量元素水溶性肥料施用。

7.2.2 其他肥料

尿素、硫酸铵、硝酸钙、硝酸铵钙、磷酸一铵、磷酸二氢钾、硫酸钾、硝酸钾等;满足在常温条件下能够完全溶于灌溉水,不溶物含量应在5%以下,混合应用时,不产生沉淀,对灌溉系统和控制部件腐蚀性小。

本标准按照GB/T 1.1—2009《标准化工作导则 第1部分:标准的结构和编写》给出的规则起草。

本标准由天津市农村工作委员会提出并归口。

本标准起草单位:天津市土壤肥料工作站、天津市西青区土肥站、宁河县农业技术推广中心。

本标准起草人:郑育锁、张滈、张鑫、郭云峰、陈子学、刘志杰、马建芳、王树志。

蓝莓设施栽培技术规范

Technical specifications for blueberry facility cultivation

1 范围

本标准规定了蓝莓生产的基本要求、建园要求、土肥水管理、整形修剪、病虫害防治、其他管理、采收、包装、运输、贮藏。

本标准适用于设施蓝莓的生产。

2 规范性引用文件

下列文件对于本文件的应用是必不可少的。凡是注日期的引用文件，仅注日期的版本适用于本文件。凡是不注日期的引用文件，其最新版本（包括所有的修改单）适用于本文件。

GB/T 27658—2011 蓝莓

NY/T 391—2013 绿色食品 产地环境质量

NY/T 393—2013 绿色食品 农药使用准则

NY/T 394—2013 绿色食品 肥料使用准则

NY/T 658—2015 绿色食品 包装通用准则

NY/T 1056—2006 绿色食品 贮藏运输准则

3 基本要求

3.1 环境条件

3.1.1 气候

远离污染源（3 km 以上），全年≥0 ℃的活动积温≥4 600 ℃，无霜期≥196 d；全年日照数≥2 700 h。空气质量按 NY/T 391—2013 规定执行。

3.1.2 土壤

土层厚度≥40 cm、地下水位 1 m 以下的壤土或沙壤土；pH＜6.5；有机质含量 2%以上。土壤质量按 NY/T 391—2013 规定执行。

3.1.3 灌溉水

灌溉水质量按 NY/T 391—2013 规定执行。

3.2 品种

3.2.1 早熟品种

薄雾、公爵、奥尼尔、宝石、日出、爱国者。

3.2.2 中熟品种

蓝金、蓝丰、北陆、达柔。

天津市市场和质量监督管理委员会 2017 - 08 - 10 发布　　2017 - 09 - 09 实施

3.2.3 晚熟品种

莱格西、布里吉塔、伯克利、埃利奥特。

4 建园要求

4.1 园地规划

4.1.1 栽培模式

适宜本地区的栽培模式为日光温室或塑料大棚栽培。

4.1.2 日光温室

一般东西长 100 m～120 m，每隔 1 m 宽设置钢骨架一道，南北跨度 9 m～10 m。墙体厚度80 cm(内外墙体各 24 cm，两墙体之间填充保温材料防寒保温)，后墙高度 2.5 m～2.7 m。温室大棚的前后间距一般为 8 m～9 m。上覆塑料膜和保温棉被或草苫。

4.1.3 塑料大棚

一般冷棚设计南北走向，南北长 40 m～50 m，东西宽 9 m～10 m，高 3.5 m～4.5 m。用钢骨架或钢管支棚间距 1 m，上覆塑料膜和遮阳网。

4.1.4 蓝莓各生长发育期温度控制

蓝莓各生长发育期温度控制参考值见表 1。

表 1 蓝莓各生长发育期温度控制参考值

序号	生长发育期	温度(℃)		湿度(%)
		夜间	白天	
1	萌芽至现蕾	8～10	23～25	65～70
2	开花	10～15	23～25	55～60
3	果实膨大期	15～18	25～28	50～60
4	果实成熟	18～20	28～30	45～55

注：白天温度控制是指 10 时至 16 时气温，其他时间可低些；夜间温度是指清晨 6 时至 7 时的气温。

4.2 土壤改良

当土壤 pH>6.0 时，应施用硫黄粉、腐熟有机肥和锯末进行调整土壤酸碱度，调整到4.5～6.0。土壤有机质含量低于 3%时，添加适量优质腐熟有机肥、锯末或粉碎秸秆等酸性基质进行改良。

4.3 整地作垄

土地耕翻，提前 1～2 个月深翻晒田，深度 35 cm～40 cm；作垄行向以南北走向栽植为宜，行(垄)距 1.5 m～2 m；垄底宽 90 cm、高 40 cm，垄面宽 60 cm。

4.4 栽植

4.4.1 苗木规格

选择植株健壮、根系发达、无病虫和机械损伤的 3 年～5 年生苗木。

4.4.2 栽植密度

栽植株行距：0.8 m～1 m×1.5 m～2 m，333 株/667 m^2～550 株/667 m^2。

4.4.3 栽植时期

春、秋两季均可栽植，春季宜在苗木发芽前栽植，秋季在落叶后栽植。

4.4.4 栽植方法

在栽植垄上挖长、宽、深 30 cm×30 cm×30 cm 的小穴，随挖穴随植苗，栽植苗木时边覆土边提苗，确保根系舒展，与土壤密切接实。栽植深度为原土印，扶正踩实浇透水。铺设滴灌管灌溉，覆盖地膜，防草保墒。

4.4.5 授粉树配置

栽植时以棚室为单位，按选择的主栽品种，配植花期相遇的品种相互授粉。主栽品种与授粉品种比例(3～5)：1。

5 土肥水管理

5.1 土壤管理

5.1.1 覆盖法

覆盖物以松针、作物秸秆和锯末为主，覆盖物厚度在 10 cm 以上；地膜可用深色塑料膜，待室外温度过高时撤膜或膜上覆土。

5.1.2 清耕法

根据田间杂草发生情况，在整个生长季节中耕除草 3 次～4 次，中耕深度 4 cm～5 cm 为宜。

5.2 施肥

5.2.1 肥料种类

按照 NY/T 394—2013 规定执行。

5.2.2 施肥方法及时间

5.2.2.1 基肥

可采用撒施、沟施或穴施的方式，施肥深度为 10 cm～15 cm。在春秋两季施用，春季在发芽前、秋季在果实采收后。

5.2.2.2 水肥一体化

使用速溶、速效肥料，通过灌溉方式进行施肥，既提高了肥料的利用率，又节省了人工费。结合灌水，加入肥料进行施用。

5.2.2.3 根外追肥

通过叶面喷肥，可解决植株缺素、失绿等问题。蓝莓展叶后可间隔 10 d～15 d 喷施一次。

5.2.3 施肥数量

施肥量应根据土壤肥力状况、树体状况、田间管理水平、气候条件等因素来确定。施肥比例按测土配方施肥，667 m^2 施入有机肥 3 000 kg～5 000 kg。

5.3 水分管理

5.3.1 灌溉管理

在萌芽期、展叶期、果实膨大期应保持充足的水分供应。土壤含水量以维持在田间最大持水量的60%～70%。成熟期控制水，入冬前灌一次封冻水。

5.3.2 灌溉方式

采用滴灌和喷灌。

6 整形修剪

6.1 时期

6.1.1 整形

丛状疏散形和篱壁形。

6.1.2 修剪

修剪时期分为休眠期和生长期修剪，以休眠期修剪为主。

6.2 方法

6.2.1 幼龄树修剪

3 年生以下的幼树修剪主要是剪除花芽、细弱枝条和小枝组培养树形。

6.2.2 成龄树修剪

疏间植株丛内过密的细弱枝、衰老枝、病虫枝、抑强扶弱、回缩老枝。培养新的结果枝组，并疏除过多的花芽。

7 病虫害防治

7.1 主要病虫害种类

蓝莓主要病害有失绿症、叶斑病、灰霉病和炭疽病；主要虫害有蛴螬、金龟子、刺蛾、白蛾、蚜虫等。

7.2 防治方法及原则

按照 NY/T 393—2013 的规定执行。

8 其他管理

花期每个设施大棚(667 m^2～1 334 m^2)内在开花期放置 1～2 个蜂箱。

9 采收、包装、运输、贮藏

9.1 采收

蓝莓果实成熟期不一致，应分批走枝采摘。鲜食果品采摘时要轻拿、轻放。病果、畸形果应单收、单放，按 GB/T 27658—2011 规定执行。

9.2 预冷处理

果实采收后，应立即进行预冷处理，使果实温度降至 8 ℃～10 ℃。

9.3 包装、运输

9.3.1 包装

果实包装、标识按 NY/T 658—2015 规定执行。

9.3.2 运输

蓝莓果实运输，按 NY/T 1056—2006 规定执行。

9.4 贮藏

9.4.1 低温贮藏

用于蓝莓鲜果的贮藏，采用冷藏保鲜或气调贮藏保鲜的方式，贮藏温度 0 ℃～1 ℃。

9.4.2 冷冻贮藏

用于蓝莓冷冻果的贮藏，在采收分级包装后，每 10 kg～13.5 kg 一袋，装箱，在－20 ℃以下，加工成速冻果。

本标准按照 GB/T 1.1—2009《标准化工作导则　第 1 部分：标准的结构和编写》给出的规则起草。

本标准由天津市林业局提出。

本标准由天津市农业标准化技术委员会归口。

本标准起草单位：天津市蓟州区林业科技推广中心。

本标准起草人：刘金明、郭文英、刘景然、许庆良、王海鹏、李坤、马伍艳、朱亮环、张亚东、王斌成、吕宝山、袁小磊、杨婧、魏志勇。

本标准于 2017 年 8 月首次发布。

设施果菜类蔬菜高效安全施肥技术

Technical regulation for efficient and safe fertilization of fruit vegetable in greenhouse

1 范围

本标准规定了设施番茄、黄瓜种植过程中的术语和定义:设施蔬菜、番茄、黄瓜、平衡施肥、土壤养分丰缺状况评价标准、氮磷钾等肥料施用推荐、有机肥料安全施用与有机无机肥料优化配比方法,以及施用肥料的选择、肥料基肥和追肥比例等技术要求。

本标准适用于设施果菜类蔬菜施肥技术。

2 规范性引用文件

下列文件对本标准的应用是必不可少的。凡是注日期的引用文件,仅此标准日期的版本适用于本标准,凡是不注日期的引用文件,其最新版本(包括所有的修订版本)适用于本标准。

GB 12297—1990 石灰性土壤有效磷测定方法

NY 525—2012 有机肥料

NY/T 889—2004 土壤速效钾和缓效钾含量的测定

NY 1107—2010 大量元素水溶肥料

NY/T 1121.6—2006 土壤检测第 6 部分:土壤有机质测定

DB12T 512—2014 土壤样品中硝态氮的测定方法

3 术语和定义

下列术语和定义适用于本标准。

3.1 设施蔬菜 Greenhouse vegetable

是指在不适宜蔬菜作物生长发育的寒冷或炎热季节,利用专门的保温防寒或降温防雨设施、设备,人为地创造适宜蔬菜作物生长发育的小气候条件进行生产。其栽培的目的在于在冬春严寒季节或盛夏高温多雨季节提供新鲜蔬菜产品上市,以季节差价来获得较高的经济效益。

3.2 配方施肥 Balance fertilization

是依据作物需肥规律、土壤供肥特性与肥料效应,在施用有机肥的基础上,合理确定氮、磷、钾适宜用量和比例,并采用相应施用方法的施肥技术。

4 养分丰缺的评价标准

在蔬菜定植前取 0～20 cm 耕层土壤样品,测定土壤有机质、硝态氮、有效磷、速效钾,根据土壤养分丰缺状况分级(表 1)确定土壤养分肥力等级。

天津市市场和质量监督管理委员会 2017－08－10 发布　　2017－09－09 实施

表 1　菜田土壤养分含量分级参考标准

养分项目	临界值	极低	低	中	较高	高
NO_3^- - N(mg/kg)	50	<25	25～50	50～100	100～150	≥150
有机质(g/kg)	20	<10	10～20	20～30	30～40	≥40
有效磷(mg/kg)	50	<25	25～50	50～100	100～150	≥150
速效钾(mg/kg)	150	<100	100～150	150～200	200～300	≥300

5　氮、磷、钾等肥料施用推荐

采用土壤养分测定值的设施茄果类和瓜果类蔬菜施氮、磷、钾等养分推荐量(表 2 至表 6)。

氮素推荐主要依据蔬菜种类、目标产量、土壤有机质含量和土壤硝态氮含量,以土壤有机质含量水平作为推荐基础,以土壤硝态氮含量作为调整因子;在具体推荐时,先根据土壤有机质含量水平,做出氮素推荐基础值(表 2、表 6),然后根据土壤硝态氮水平,对基础推荐值进行调整(表 3),得出最终推荐值。磷素推荐主要依据蔬菜种类、目标产量和土壤有效磷含量(表 4、表 7)。钾素推荐主要依据蔬菜种类、目标产量和土壤速效钾含量(表 5、表 8)。

中量和微量元素的施用采取因缺补缺的矫正施肥策略,一般在土壤测定值低于临界值时考虑。

表 2　基于土壤有机质分级的设施茄果类每 667 m^2 推荐施氮量(kg N)

土壤有机质(g/kg)	每 667 m^2 目标产量(kg)		
	6 000～8 000	8 000～10 000	10 000～12 000
<20(低)	30～35	35～40	40～45
20～30(中)	25～30	30～35	35～40
>30(高)	20～25	25～30	30～35

表 3　基于土壤硝态氮分级的氮素推荐调整系数

土壤硝态氮(mg/kg)	<50	50～100	>100
调整系数(%)	+10	0	−10

表 4　基于土壤有效磷分级的设施茄果类每 667 m^2 推荐施磷量(kg P_2O_5)

土壤有效磷(mg/kg)	每 667 m^2 目标产量(kg)		
	6 000～8 000	8 000～10 000	10 000～12 000
<50(低)	13～16	16～19	19～22
50～100(中)	10～13	13～16	16～19
>100(高)	7～10	10～13	13～16

表 5　基于土壤速效钾分级的设施茄果类每 667 m^2 推荐施钾量(kg K_2O)

土壤速效钾(mg/kg)	每 667 m^2 目标产量(kg)		
	6 000～8 000	8 000～10 000	10 000～12 000
<150(低)	35～40	40～45	45～50
150～200(中)	30～35	35～40	40～45
>200(高)	25～30	30～35	35～40

表 6　基于土壤有机质分级的设施瓜果类每 667 m^2 推荐施氮量(kg N)

土壤有机质(g/kg)	每 667 m^2 目标产量(kg)		
	7 000～10 000	10 000～13 000	13 000～16 000
＜20(低)	35～40	40～45	45～50
20～30(中)	30～35	35～40	40～45
＞30(高)	25～30	30～35	35～40

表 7　基于土壤有效磷分级的设施瓜果类每 667 m^2 推荐施磷量(kg P_2O_5)

土壤有效磷(mg/kg)	每 667 m^2 目标产量(kg)		
	6 000～8 000	8 000～10 000	10 000～12 000
＜50(低)	16～19	19～22	22～25
50～100(中)	13～16	16～19	19～22
＞100(高)	10～13	13～16	16～19

表 8　基于土壤速效钾分级的设施瓜果类每 667 m^2 推荐施钾量(kg K_2O)

土壤速效钾(mg/kg)	每 667 m^2 目标产量(kg)		
	6 000～8 000	8 000～10 000	10 000～12 000
＜150(低)	40～45	45～50	50～55
150～200(中)	35～40	40～45	45～50
＞200(高)	30～35	35～40	40～45

6　有机无机肥料优化配比

以有机肥料氮∶无机肥料氮＝1∶1 为宜，据此计算有机肥用量。

7　施用肥料的选择

设施蔬菜生产中允许使用的肥料种类。氮肥：尿素、硝铵；磷肥：过磷酸钙、磷酸二铵、磷酸一铵；钾肥：硫酸钾；有机肥：商品有机肥。如使用蔬菜专用肥，可根据养分含量和推荐用量进行换算。

8　土壤样品的采集和测定

8.1　采集时间

在作物收获后或在有机肥施用前半个月采集。

8.2　采集方法

采用 S 形取样，根据地的大小，取样点控制在 10 点～15 点，把各取样点的土混合在一起，成为一个土壤样品。土壤样品 1 kg 左右为宜。

8.3　测定项目

土壤硝态氮、有效磷、速效钾、有机质及全盐和 pH。

9　施用方法

9.1　设施番茄施肥方法

冬春茬和秋冬茬茄果类蔬菜定植前半个月每 667 m^2 基施优质发酵有机肥 2 000 kg～2 500 kg；在定植前 10 d～15 d 结合整地，基施 20%氮肥、100%磷肥和 40%钾肥，剩余的氮肥、钾肥分 4 次～6 次追施。越冬长茬茄果类蔬菜定植前半个月每 667 m^2 基施优质发酵有机肥3 000 kg～4 000 kg；在定植前 10 d～15 d 结合整地，基施 10%氮肥、100%磷肥和 20%钾肥，剩余的氮肥、钾肥分 7 次～9 次追施。作追肥的要把化肥溶化随灌水冲施。追肥时间:按照每穗果的膨大到乒乓球大小的时间控制追肥时间。第一次追肥在第一穗果膨大到乒乓球大小时,第二次追肥在第二穗果膨大到乒乓球大小时,依此类推。

9.2 设施黄瓜施肥方法

冬春茬和秋冬瓜果类蔬菜每 667 m^2 基施优质发酵有机肥 2 000 kg~2 500 kg;定植前 10 d~15 d结合整地,基施 20%氮肥、100%磷肥和 40%钾肥;剩余的氮肥、钾肥分 8~10 次追施。越冬长茬瓜果类蔬菜每 667 m^2 基施优质发酵有机肥 3 000 kg~4 000 kg;定植前 10 d~15 d 结合整地,基施 10%氮肥、100%磷肥和 20%钾肥;剩余的氮肥、钾肥分 12 次~14 次追施。作追肥的要把化肥溶化随灌水冲施。追肥时间:冬春茬和秋冬茬瓜果类蔬菜,从苗期到初花期以控为主,可追肥 1 次~2 次;从初瓜期到盛瓜期,结合灌溉和采摘追肥 7 次~8 次。越冬长茬瓜果类蔬菜,从苗期到初花期以控为主,可追肥 1 次~2 次;从初瓜期到盛瓜期,结合灌溉和采摘追肥 11 次~12 次。

9.3 注意事项(指技术使用过程中需特别注意的环节)

瓜果类蔬菜全生育期灌溉量控制在每 667 $m^2$450 m^3~550 m^3,茄果类全生育期灌水量控制在每 667 $m^2$200 m^3~300 m^3,过量的灌水可能导致耕层土壤硝态氮淋洗出根层,从而降低肥料效率;其他配套措施,如土壤消毒、植保、化控、覆膜等措施的到位;由于设施蔬菜栽培生产规模小,以每个蔬菜棚为单元取土分析,工作量非常大,因此,可按照区域(县域)水平,依据种植蔬菜种类和种植年限,结合土壤类型,定期抽取典型棚室进行土壤养分测定,根据蔬菜种类和目标产量水平,应用土壤养分丰缺指标法进行测土推荐施肥。

本标准的起草依据 GB/T 1.1—2009《标准化工作导则　第 1 部分:标准的结构和编写》。

本标准由天津市农业科学院提出。

本标准归口:天津市农业科学院。

本标准起草单位:天津市农业资源与环境研究所。

本标准主要起草人:高伟、黄绍文、李明悦、杨军、冯海娟、张善平。

DB12/T 743—2017

微型结球白菜春季设施栽培技术规程

Technical standard of production mini chinese cabbage in covering field in spring

1 范围

本标准规定了微型结球白菜春季设施栽培的产地环境条件、品种选择、肥料及农药使用的原则和要求、栽培管理、病虫害防治和采收。

本标准适用于微型结球白菜的春季设施生产。

2 规范性引用文件

下列文件对于本文件的应用是必不可少的。凡是注日期的引用文件,仅所注日期的版本适用于本文件。凡是不注日期的引用文件,其最新版本(包括所有的修改单)适用于本文件。

GB/T 8321(所有部分) 农药合理使用准则

GB 15618—1995 土壤环境质量标准

GB 16715.2—2010 瓜菜作物种子 第2部分:白菜类

NY/T 496—2010 肥料合理使用准则通则

DB12/T 196—2004 无公害蔬菜生产中农药使用规范

DB12/T 230—2005 无公害农产品有机肥质量标准

3 产地环境条件

微型结球白菜生产的产地环境应符合 GB 15618—1995 的规定。选择前茬未种过十字花科作物的沙壤土地块。

4 品种选择

选择适宜春季设施生产的耐抽薹、抗病性强、生育期短的微型结球白菜品种。种子质量应符合 GB 16715.2—2010 中良种的要求。

5 肥料、农药使用的原则和要求

5.1 农药使用原则

允许和禁止使用的农药种类按 GB/T 8321(所有部分)的规定执行。

5.2 肥料使用原则

允许和禁止使用的肥料种类,按 DB12/T 230—2005 和 NY/T 496—2010 的规定执行。

天津市市场和质量监督管理委员会 2017－10－27 发布　　2017－12－01 实施

6 栽培管理

6.1 播种

6.1.1 播种前准备

6.1.1.1 苗床准备:将育苗温室地面整平,准备放置育苗盘。

6.1.1.2 育苗盘准备:根据栽培面积,按每 667 m^2 育苗 5 000 株备好 72 穴育苗盘。

6.1.2 播种期及用种量

播种期应根据所用生产设施类型及保温条件来确定,原则上按表 1 执行。

表 1 不同设施类型春季生产结球白菜的播种期及用种量

设施类型	播种时期	播种形式	每 667 m^2 用种量(g)
日光温室	1 月上旬	穴盘育苗	20
大棚(加二层膜)	1 月中旬	穴盘育苗	20
大棚	2 月上旬	穴盘育苗	20
小拱棚	2 月下旬	穴盘育苗	20

6.1.3 营养土配制

营养土可选用市售成品,也可自行配制。配制比例见表 2。

表 2 营养土成分按重量配制比例

成份	沙壤土	蛭石	草炭	有机肥	磷酸二铵
比例	1	1	2	0.2	0.01

6.1.4 播种方法

将营养土装盘,摞在一起备用。将种子点播在穴盘内,每穴播 1 粒~2 粒,将播种好的穴盘放置于地面,然后覆盖 1 cm 厚营养土,浇透水,覆盖地膜。

6.2 苗期管理

育苗期温度应不低于 13 ℃。出苗后揭掉地膜。苗期不需追肥,水分管理见干见湿。苗龄 30 d 左右,5 片~6 片真叶时即可定植。

6.3 定植

6.3.1 定植前准备

每 667 m^2 施用商品有机肥 1 000 kg、磷酸二铵 20 kg。肥土混匀,耙碎整平,做平畦,畦宽 120 cm。定植前 5 d~10 d 大水浇畦造墒,扣棚升温,棚内最低气温稳定在 13 ℃以上时即可定植。

6.3.2 定植

每 667 m^2 定植 5 000 株~5 500 株,行株距为 40 cm×30 cm,定植深度以土壤盖住苗坨为宜。

6.4 田间管理

6.4.1 温度管理

定植后,应闭棚保温促缓苗,棚温超过 25 ℃,可少量通风。缓苗后,白天适宜温度为 20 ℃~25 ℃,夜间温度 15 ℃~18 ℃。

6.4.2 水分管理

浇足定植水,定植后 7 d~10 d 浇缓苗水,整个生育期浇水 4 次~5 次,采收前 5 d~7 d 停止浇水。浇水后要加大通风量,防止病害发生。

6.4.3 追肥管理

结合浇水,莲座期每 667 m^2 施用尿素 20 kg,结球期每 667 m^2 施用氮磷钾三元复合肥 30 kg。

7 病虫害防治

7.1 农业防治

选用抗(耐)病品种,培育无病虫害壮苗;施用经无害化处理的有机肥,合理使用化肥;浇水后要及时通风降湿,加强中耕除草,清洁田园。

7.2 物理防治

采用黄板诱杀、防虫网阻隔等措施。

7.3 生物防治

使用印楝素、苦参碱等生物农药防治病虫害。

7.4 化学防治

按照 GB/T 8321、DB12/T 196—2004 及 DB12/T 387—2008 的规定执行。

8 采收

定植后 45 d～50 d,结球较紧实时,即可采收,建议采收期见表 3。

表 3 不同设施类型春季生产结球白菜的采收期

设施类型	采收期
日光温室	4 月上旬
大棚(加二层膜)	4 月中旬
大棚	4 月底至 5 月初
小拱棚	5 月中旬

本标准按照 GB/T 1.1—2009《标准化工作导则　第 1 部分:标准的结构和编写》给出的规则起草。
本标准由天津市农业科学院提出并归口。
本标准主要起草单位:天津科润农业科技股份有限公司蔬菜研究所。
本标准主要起草人:闻凤英、张斌、罗智敏、刘晓晖、王超楠、黄志银、李梅。

日光温室番茄微灌施肥技术规程

Technical standard of fertigation of tomato in greenhouse

1 范围

本标准规定了日光温室番茄微灌施肥技术的术语和定义、产地环境、生产技术管理措施以及微灌施肥技术等。

本标准适用于日光温室中等肥力土壤春茬、秋冬茬番茄种植生产。

2 规范性引用文件

下列文件对于本文件的应用是必不可少的。凡是注日期的引用文件，仅注日期的版本适用于本文件。凡是不注日期的引用文件，其最新版本(包括所有的修改单)适用于本文件。

GB/T 10594—2006 日光温室和塑料大棚结构与性能要求

GB/T 50485—2009 微灌工程技术规范

NY 525—2012 有机肥料

NY 1107—2010 大量元素水溶肥料

NY/T 5010—2016 无公害农产品 种植业产地环境条件

3 术语和定义

下列术语和定义适用于本文件。

3.1 微灌系统 micro - irrigation - system

微灌系统是由水源、首部、输水管道、灌水器四部分组成。

3.2 微灌施肥 fertigation

借助微灌系统将灌溉和施肥结合，以微灌系统中的水为载体，在灌溉的同时进行施肥，实现水肥一体化利用和管理，使水分和养分适时适量准确的输送到作物根区土壤中，被作物根系直接吸收利用的一种灌水施肥方法。

4 产地环境

产地环境符合 NY/T 5010—2016 的规定，选择按 GB/T 10594—2006 标准建造的日光温室，且水电设施齐全。

5 生产技术管理措施

5.1 品种选择

春茬一般选择耐低温、果形好的番茄品种，秋冬茬选择抗病毒病的番茄品种。

天津市市场和质量监督管理委员会 2017 - 10 - 27 发布 2017 - 12 - 01 实施

5.2 茬口安排

春茬番茄1月下旬育苗,3月上旬定植,5月下旬开始采收。秋冬茬番茄7月下旬育苗,8月下旬定植,11月下旬开始采收。

5.3 整地施基肥

翻地前施用符合NY 525—2012的有机肥料每667 m^2 1 000 kg～2 000 kg,普通过磷酸钙每667 m^2 30 kg～50 kg,深翻土壤25 cm以上,整地起垄,垄宽80 cm,垄高20 cm～30 cm,垄沟宽60 cm。

5.4 覆膜定植

春茬选择晴天上午定植,秋冬茬选择阴天或晴天傍晚定植。行距50 cm,株距45 cm,定植密度每667 m^2 2 000株～2 200株。春茬定植前覆膜,秋冬茬先移栽后覆膜。

6 微灌施肥技术

6.1 微灌系统的设计与安装

微灌系统设计、安装均应符合GB/T 50485—2009。番茄种植采用滴灌系统灌水施肥,根据温室长度安装支管,采用32 mmPE软管,支管拉直摆平,毛管与支管垂直安装,毛管选用压力补偿型滴灌管,采用16 mmPE软管,出水量为1.0 L/h～3.0 L/h,每个垄铺设两条滴灌管,滴灌管距离45 cm,滴头间距30 cm～45 cm。

6.2 施肥设备的操作

先将适量符合NY 1107—2010的大量元素水溶肥料放入容器中,加水充分溶解,将文丘里吸头放入盛肥液容器中,吸头安装过滤网,施肥时先打开施肥器前主供水管上的阀门,然后打开文丘里施肥器主管上的阀门和吸肥软管上的阀门,并调节施肥器主管上的阀门,控制出水量和吸肥速度,使施肥速度正常、平稳。

6.3 日光温室番茄微灌施肥技术

6.3.1 春茬

日光温室春茬番茄微灌施肥技术方案见表1,灌水量、施肥量依据番茄种植方式以及需水需肥规律制定。番茄定植后根据土壤墒情及时灌水每667 m^2 35 m^3～45 m^3,定植后7 d～9 d浇缓苗水,灌水定额每667 m^2 6 m^3～8 m^3,缓苗后控水蹲苗,土壤水分下限控制在田间持水量的60%～65%。开花结果期土壤水分控制在田间持水量的70%～75%,结果期土壤水分控制在田间持水量的75%～85%,拉秧前10 d～15 d停止灌溉。

当第一穗果膨大初期,开始结合滴灌进行施肥,随后每穗果膨大期追肥。

表1 日光温室春茬番茄不同生育期微灌施肥技术方案

	每667 m^{2}灌水定额(m^3)	灌水间隔(d)	灌水次数(次)	每次每667 m^{2}施入纯养分量(kg)		
				N	P_2O_5	K_2O
定植	35～45	—	1	—	—	—
定植—开花	6～8	7～9	1～2	—	—	—
开花—结果	6～8	10～15	1～2	—	—	—
结果初期	8～10	10～12	2	1.1～1.5	0.4～0.6	2.0～2.7
结果盛期	8～10	7～10	4～5	1.3～1.8	0.5～0.8	2.4～3.4
结果末期	7～9	7～10	1～2	1.1～1.5	0.4～0.6	2.0～2.7

6.3.2 秋冬茬

日光温室秋冬茬番茄微灌施肥技术方案见表2,灌水量、施肥量依据番茄种植方式以及需水需肥规律制订。番茄定植后根据土壤墒情及时灌水每667 m^2 40 m^3～50 m^3,定植后5 d～7 d浇缓苗水,灌水定额每667 m^2 6 m^3～8 m^3,定植至开花,土壤水分下限控制在田间持水量的60%～70%。开花结果期土壤水分控制在田间持水量的70%～75%，结果期土壤水分控制在田间持水量的75%～85%。拉秧前15 d～20 d停止灌溉。

当第一穗果膨大初期，开始结合滴灌进行施肥，10月中旬以后，每次随水滴灌追肥。

表2 日光温室秋冬茬番茄不同生育期微灌施肥技术

生育时期	每667 m^2灌水定额(m^3)	灌水间隔(d)	灌水次数(次)	每次每667 m^2施入纯养分量(kg)		
				N	P_2O_5	K_2O
定植	40～50	—	1	—	—	—
定植—开花	6～8	5～7	1～2	—	—	—
开花—结果	8～10	6～8	2～3	—	—	—
结果初期	8～10	8～10	2～3	1.3～1.7	0.5～0.7	2.4～3.0
结果盛期	8～12	12～16	4～5	1.5～1.9	0.6～0.8	2.7～3.4
结果末期	8～12	15～20	1～2	1.1～1.5	0.4～0.6	2.0～2.7

6.3.3 番茄灌水定额和灌水间隔应根据天气和植株长势适当调节，秋冬茬番茄一般9月下旬开始灌水宜在晴天上午进行，注意放风排湿。

本标准按照GB/T 1.1—2009《标准化工作导则 第1部分：标准的结构和编写》给出的规则起草。

本标准由天津市农业科学院提出并归口。

本标准起草单位：天津市农业资源与环境研究所。

本标准主要起草人：廉晓娟、王艳、杨军、李明悦、梁新书、牛国保、张余良、王正祥。

本标准于2017年10月首次发布。

低温物流保鲜技术规程　第1部分:蒜薹

Technological standards for cold storage and logistica—Part1:Garlic - shoor

1　范围

本标准规定了贮藏用蒜薹质量要求、采收要求、贮藏准备、预冷、装袋、贮藏、出库运输和销售。

本标准适用于蒜薹的低温物流保鲜。

2　规范性引用文件

下列文件对于本文件的应用是必不可少的。凡是注日期的引用文件,仅注日期的版本适用于本文件。凡是不注日期的引用文件,其最新版本(包括所有的修改单)适用于本文件。

GB 2762　食品安全国家标准 食品中污染物限量

GB 2763　食品安全国家标准食品中农药最大残留限量

GB/T 8855　新鲜水果和蔬菜取样方法

GB/T 24616　冷藏食品物流包装、标志、运输和储存

NY/T 945　蒜薹等级规格

SB/T 10330　蒜薹

3　贮藏用蒜薹质量要求

贮藏用蒜薹质量按照SB/T 10330规定执行。

4　采收要求

4.1　采收期

蒜薹薹苞露出叶鞘20 d左右,白薹薹条向下弯勾后采收;或者依据可溶性固形物含量确定采收期,白薹大于10%、杂交薹大于7%时采收。

4.2　采收

4.2.1　采收时间

采收前7 d～10 d停止灌水,选择晴朗天气采收。如遇雨,应在雨后2 d～3 d采收。

4.2.2　采收方式

手工提薹采收,可借助针、刀等辅助器具采收,但注意避免造成机械伤。

4.2.3　挑选、扎把

在阴凉通风处,或在预冷库中,剔除有机械伤、病害及幼嫩的蒜薹。除去残留叶鞘,剪去基部老化部分。将薹苞对齐或将薹茎基部对齐后,用塑料绳(带)捆成0.5 kg～1.0 kg的小把,当天入库预冷贮藏。

4.3　质量要求

4.3.1　蒜薹收购的等级标准按照NY/T 945执行。

天津市市场和质量监督管理委员会 2018-01-17 发布　　2018-03-01 实施

4.3.2 蒜薹污染物限量应符合 GB 2762 的规定，农药最高残留限量应符合 GB 2763 的规定。

4.4 检验方法

4.4.1 取样

取样按照 GB/T 8855 规定执行。

4.4.2 检验规则

同一产地、同一等级、同一收贮日期的蒜薹为一个检验批次。

5 贮藏准备

5.1 库房准备

5.1.1 库房消毒

在蒜薹入库前，使用库房消毒剂进行消毒，消毒完毕后通风换气。推荐使用的消毒剂参见附录 A。

5.1.2 库房降温

在入库前 3 d～4 d 开启制冷机降温，库温稳定在－2 ℃～0 ℃。

5.2 保鲜剂处理

5.2.1 液体保鲜剂处理

采用符合国家相关安全要求的蒜薹专用保鲜剂均匀喷洒薹梢或浸蘸薹梢。浸蘸薹梢在预冷前进行，喷洒薹梢在预冷过程中进行。

5.2.2 果蔬烟熏剂处理

待薹梢干爽，品温降至 0 ℃后，采用符合国家相关安全要求的果蔬防腐保鲜烟熏剂熏蒸处理。

6 预冷

6.1 摆放

蒜薹整理后入库预冷，薹梢朝外，薹根向里，整齐摊开置于冷藏架上，摆放厚度不超过 30 cm。

6.2 分批入库预冷

如果有多个冷库，可将蒜薹分散在各个库房中同时预冷；每天入库量不超过库容量的 2/5。

6.3 预冷温度

待蒜薹品温维持在－0.5 ℃～0 ℃，方可装袋。

7 装袋

7.1 装袋方式

7.1.1 采用厚度为 0.04 mm～0.05 mm 聚氯乙烯袋(PVC)的普通袋或硅窗袋，硅窗袋装量为(17 kg～18 kg)/袋，普通袋装量为(25 kg～27 kg)/袋。

7.1.2 将蒜薹薹梢向外，将小把蒜薹整齐排列装入准备好的保鲜袋内，摆放在冷藏架上。

7.2 扎口

7.2.1 整库全部装完，蒜薹温度稳定在－0.5 ℃～0 ℃后，统一扎紧袋口。

7.2.2 扎袋时袋口处应留出空隙，防止薹梢紧贴袋口。

7.3 贮藏

7.3.1 冷库温度控制在－1 ℃～－0.5 ℃范围内。保持库温的稳定和均衡。库温波动应小于 0.5 ℃。蒜薹品温控制在－0.5 ℃～0 ℃。靠近风机及送风管处的蒜薹应放覆盖物，防止受冻。

7.3.2 库内温度计用分度值为 0.1 ℃的水银温度计。

7.3.3 贮藏期间，冷库内环境相对湿度控制在 85%～95%。

7.3.4 硅窗袋内气体成分控制在：CO_2 6%～8%，O_2 3%～5%；普通袋内气体成分控制在：CO_2 小于 13%，O_2 1%～2%。

7.3.5　在蒜薹贮藏过程中，要定期测定包装袋内 CO_2、O_2 的浓度，开袋周期根据测气情况而定。

7.3.6　发现有发黄、干枯、腐烂情况之一者应及时剔除。

7.3.7　在确保上述各项技术条件的情况下，杂交薹一般贮期为 7 个～8 个月，白薹贮期为8 个～10 个月。若不符合上述技术条件，应根据蒜薹贮藏质量，及时处理或销售。

8　出库运输

8.1　运输方式

8.1.1　树莓运输工具及作业规范应符合 GB/T 24616。

8.1.2　短途运输（500 km 以内）可采用保温运输，温度控制在 5 ℃～8 ℃；长途运输（500 km 以上），应控制适当的低温，以 0 ℃～1 ℃为宜。

8.2　运输注意事项

8.2.1　装运工具应清洁、干燥，不能与有毒、有害物质混装混运。

8.2.2　运输过程中应监测温度变化。

8.2.3　运输应适量装载，轻装轻卸，快装快运。

9　销售

周转温度宜控制在 3 ℃～5 ℃，周转场所应干净、卫生，不得与有毒、有异味物品混放。

附 录 A
（资料性附录）
库 房 消 毒 剂

推荐使用的库房消毒剂及剂量见表 A.1。

表 A.1 消毒剂及剂量

名 称	剂 量
固体含氯杀菌剂	按说明书操作
过氧乙酸	0.2%～0.5%
臭氧	6 mg/kg～10 mg/kg

本标准按照 GB/T 1.1—2009《标准化工作导则 第1部分:标准的结构和编写》给出的规则起草。
本标准由天津市农业科学院提出。
本标准由天津市农业标准化技术委员会归口。
本标准主要起草单位:国家农产品保鲜工程技术研究中心(天津)、天津林业果树研究所。
本标准主要起草人:阎瑞香、张娜、关文强、朱志强、于晋泽、陈存坤、张平、纪海鹏。

低温物流保鲜技术规程　第 2 部分：树莓

Technological standards for cold storage and logistica—Part2：Raspberry

1　范围

本标准规定了树莓的术语和定义、工艺流程、贮藏用树莓质量要求、采收要求、分级、杀菌处理、预冷、包装、贮藏、出库运输等技术要求。

本标准适用于树莓的低温物流保鲜。

2　规范性引用文件

下列文件对于本文件的应用是必不可少的。凡是注日期的引用文件，仅注日期的版本适用于本文件。凡是不注日期的引用文件，其最新版本(包括所有的修改单)适用于本文件。

GB 2762　食品安全国家标准 食品中污染物限量

GB 2763　食品安全国家标准食品中农药最大残留限量

GB/T 24616　冷藏食品物流包装、标志、运输和储存

GB/T 27657　树莓

3　术语和定义

下列术语和定义适用于本文件。

3.1　充气包装 gas packaging

将产品装入气密性包装容器，抽真空(或不抽真空)，再充入保护性气体(一般为 N_2、CO_2)，然后将包装密封的一种包装方法。

3.2　杀菌处理 germicidal treatment

采用物理或化学方法消除或杀灭芽孢以外的病原微生物，将有害微生物的数量减少到不致病的程度，而不能完全杀灭微生物。

4　工艺流程

4.1　工艺流程 1

采收→分级、装盒→敞口、杀菌处理→预冷→外包装→贮藏→出库运输。

4.2　工艺流程 2(充气包装)

采收→分级、装盒→敞口、杀菌处理→预冷→充气包装→外包装→贮藏→出库运输。

5　贮藏用树莓质量要求

5.1　果实新鲜洁净，无异味。

5.2　无病虫害。

天津市市场和质量监督管理委员会 2018－01－17 发布　　2018－03－01 实施

5.3 无机械损伤，果型完整，无缺陷。

6 采收要求

6.1 采收成熟度

按照 GB/T 27657，采收树莓果面着色达 90%以上的成熟果，或者可溶性固形物达到 8%以上适用于低温物流贮藏。

6.2 采收时间

在晴朗天气、气温较低时采收。采收前 3 d～5 d 停止灌水；如遇灌水或雨天，宜延迟 2 d～3 d 采收。

6.3 采收方法

6.3.1 采收时应戴上手套，大拇指、食指和中指握住果实底部，向上用力使果实与花萼、花托分离，保持果实完整。

6.3.2 采摘过程中一次性装盒。

7 分级

7.1 质量等级

树莓质量等级要求应符合 GB/T 27657。

7.2 污染物及农药残留限量

树莓污染物限量应符合 GB 2762 的规定，农药最高残留限量应符合 GB 263 的规定。

7.3 注意事项

分级应在采摘过程中进行，将分级后的果实直接放入树莓塑料包装盒。

8 杀菌处理

预冷前，将盛放有树莓的塑料盒敞口进行杀菌处理，推荐采用 UV－C 照射或臭氧熏蒸处理，使用剂量参见附录 A。

9 预冷

9.1 冷库准备

冷库使用前，采用国家允许的消毒剂进行消毒处理；果实入库前 1 d～2 d 开启冷库制冷机降温，使库温稳定在 0 ℃±0.5 ℃。

9.2 入库预冷

将经过杀菌处理的树莓立即进入冷库预冷。装好的树莓塑料包装盒置于周转箱内进行预冷，当果实品温达到 1 ℃～2 ℃，结束预冷，预冷时间应小于 48 h。

10 包装

10.1 树莓塑料包装盒

推荐采用安全、食品级吸塑材料制成的小盒包装，四周有透气孔，每盒装载量不超过 200 g。

10.2 充气包装

充气包装推荐采用厚度为 0.03 mm～0.05 mm 的聚乙烯保鲜袋，充入气体成分控制 5%～8% CO_2，3%～5% O_2。

10.3 外部包装

外部包装应采用坚实、牢固、干燥、清洁卫生，无不良气味的纸箱、塑料箱、木箱及泡沫箱等。

10.4 包装规则

按照同一产地、同一品种、同一等级、同一批次进行装箱。

11 贮藏

11.1 贮藏温度

11.1.1 树莓贮藏期间，冷库温度控制在 0 ℃±0.5 ℃范围内。

11.1.2 库内温度计用分度值为 0.1 ℃的水银温度计。

11.2 贮藏湿度

贮藏环境相对湿度在 90%～95%。

11.3 随时检查

发现有腐烂、果实软化情况之一者应及时剔除。

11.4 贮藏期限

在确保上述各项技术条件的情况下，树莓一般贮藏期不超过 35 d。若不符合上述技术条件，应根据树莓贮藏质量，及时处理或销售。

12 出库运输

12.1 运输方式

树莓运输工具及作业规范应符合 GB/T 24616；短途运输(500 km 以内)可采用保温运输，温度控制在 5 ℃～8 ℃；长途运输(500 km 以上)，应控制适当的低温，以 0 ℃～1 ℃为宜。

12.2 运输注意事项

12.2.1 装运工具应清洁、干燥，不能与有毒、有害物质混装混运。

12.2.2 运输过程中应监测温度变化。

12.2.3 运输应适量装载，轻装轻卸，快装快运。

附 录 A

(资料性附录)

紫外线和臭氧树莓消毒杀菌剂量

推荐使用的紫外线和臭氧树莓消毒杀菌剂量见表 A. 1。

表 A. 1 紫外线和臭氧树莓消毒杀菌剂量

名称	剂量
紫外线	1. 5 kJ/m^2～2 kJ/m^2
臭氧	0. 21 mg/L～0. 54 mg/L

本标准按照 GB/T 1. 1—2009《标准化工作导则 第 1 部分:标准的结构和编写》给出的规则起草。

本标准由天津市农业科学院提出。

本标准由天津市农业标准化技术委员会归口。

本标准主要起草单位:国家农产品保鲜工程技术研究中心(天津)、天津林业果树研究所。

本标准主要起草人:张娜,阎瑞香,关文强、于晋泽、罗莹、陈晓明、陈存坤、纪海鹏。

滨海重度盐碱地玉米栽植技术规程

Technical code for planting corn in heavy saline - alkaline lands in coastal areas

1 范围

本规程规定了滨海重度盐碱地玉米栽植的术语和定义、土壤改造、灌溉洗盐、覆盖栽培、合理施肥、病虫害防治等技术措施。

本规程适用于滨海重度盐碱地区玉米栽培。

2 规范性引用文件

下列文件对于本文件的应用是必不可少的。凡是注日期的引用文件，仅所注日期的版本适用于本文件。凡是不注日期的引用文件，其最新版本(包括所有的修改单)适用于本文件。

GB 4285 农药安全使用标准

GB 4404.1 粮食作物种子——禾谷类

GB 5084 农田灌溉水质标准

GB/T 8321 农药合理使用准则

NY/T 496 肥料合理使用准则 通则

3 术语和定义

下列术语和定义适用于本文件。

3.1 重度盐碱地 Heavy Saline - alkaline Lands

土壤含盐量在 0.4%～0.6%、pH 在 8.5 左右的盐渍化土壤。

4 土壤改造

4.1 土地平整、挖排水沟、修建条田

平整土地，土地坡度控制在 0.2%以下，去除石子、杂草等；间隔 30 m 挖排水沟，宽 2 m～3 m，深 1 m～1.5 m。

4.2 施用土壤调理剂，机械深耕

地表撒施 2 种土壤调理剂：一种为牛粪与醋渣混合物，比例为 2∶1，每 667 m^2 用量 10 m^3～15 m^3；一种为脱硫石膏，每 667 m^2 用量 200 kg～300 kg。机械深翻 30 cm 以上，旋耕耙匀。

4.3 浅层排盐

以整条地中心线为轴向两边挖沟，中心点为最高点，挖深 40 cm，宽 40 cm。两边依次加深，坡度 0.3%～0.5%，形成倒 V 形，一直通到排水沟。沟内铺设草把(芦苇、秸秆、树枝等)厚度 10 cm，挖出的土掺拌调理剂回填。草把沟间隔为 10 m。

天津市市场和质量监督管理委员会 2018 - 09 - 25 发布 2018 - 10 - 25 实施

4.4 灌水洗盐

有淡水灌溉条件地区，每 667 m^2 灌水量 120 m^3，连续灌溉 2 次，使耕层（0～20 cm）土壤含盐量下降到 3 g/kg 以下。灌溉时期宜在播种前 2 周。

无淡水地区，可采用冬季咸水结冰灌溉方式，即在冬季气温－10 ℃左右时，抽取地表或浅井中微咸水或咸水，连续灌溉 2 次，使冰层厚度达到 15 cm 以上，天气变暖，冰层逐渐融化，待完全融化后覆膜、压土，减少地表蒸发。

5 播种与放苗

5.1 品种选择

选用生育期适宜、抗旱、耐瘠薄、抗盐碱（土壤含盐量 3 g/kg 情况下，发芽率保持在 80%以上）、抗病、稳产品种，种子质量符合 GB 4404.1 相关规定。

5.2 适时覆膜晚播

6 月中下旬适时播种，播种密度每 667 $m^2$4 500 株～5 500 株。采用施肥、播种、覆膜一体化种植，也可采用先覆膜，再在膜上扎孔的方式播种。膜上覆土或秸秆，占覆膜面积的 1/2～2/3。

5.3 放苗

出苗后，当幼苗第一片叶展开时，应及时挑破薄膜放苗，并在苗周围覆土压膜。

6 合理施肥

6.1 基肥

每 667 m^2 施用氮肥（以纯 N 计）6 kg～8 kg，磷肥（以纯 P_2O_5 计）6 kg～7 kg，地表均匀撒施后旋耕，也可采用种肥同播方式。

6.2 追肥

结合降雨或灌溉，在拔节期至小喇叭口期每 667 m^2 追施氮肥（以纯 N 计）7 kg～9 kg。

7 关键期灌溉

玉米生长关键时期遇旱及时浇水，灌溉水应符合 GB 5084 的要求。灌溉关键期为拔节期、大喇叭口期至籽粒形成期。

8 病虫害防治

病虫害防治贯彻预防为主、综合防治的方针，以农业防治、物理防治、生物防治为主，化学防治为辅。

8.1 农业防治

通过选用抗病虫品种，轮作倒茬，培育壮苗，精耕细作，间、混、套种等农业措施。

8.2 物理防治

利用灯光、颜色诱杀、机械人工捕捉害虫等物理措施。如利用高压汞灯或频振式杀虫灯诱杀玉米螟成虫。

8.3 生物防治

保护利用自然天敌，推广使用生物农业防治病虫害。如培养和释放玉米螟的主要天敌赤眼蜂，减轻玉米螟的危害。

8.4 化学防治

农药品种的选择和使用应符合 GB 4285、GB/T 8321 的规定。

9 收获

适当晚收，待苞叶干枯、籽粒胚乳线消失、籽粒尖冠处出现黑色层时收获。

本标准按照 GB/T 1.1—2009《标准化工作导则　第 1 部分:标准的结构和编写》给出的规则起草。

本标准由天津市农业科学院提出并归口。

本标准起草单位:天津市农业资源与环境研究所。

本标准主要起草人:肖辉、程文娟、潘洁、王立艳、赵杰、肖茜。

玫瑰香葡萄质量安全风险控制技术规范

Cultivation technical practice for muscat hamburg grape in whole production process

1 范围

本标准规定了玫瑰香葡萄种植质量安全控制的控制要点，包括园地选择、苗木选择、肥料使用、病虫草害防治、栽培管理、贮藏包装等。

本标准适用于玫瑰香葡萄的安全生产控制。

2 规范性引用文件

下列文件对于本文件的应用是必不可少的。凡是注日期的引用文件，仅所注日期的版本适用于本文件。凡是不注日期的引用文件，其最新版本(包括所有的修改单)适用于本文件。

GB 2761 食品安全国家标准 食品中真菌毒素限量

GB 2762 食品安全国家标准 食品中污染物限量

GB 2763 食品安全国家标准 食品中农药最大残留限量

GB 3095 环境空气质量标准

GB 5084 农田灌溉水质标准

GB/T 8321 农药合理施用准则

GB 15618 土壤环境质量标准

GB/T 19341 育果纸袋

GB/T 23349 肥料中砷、镉、铅、铬、汞生态指标

NY 469 葡萄苗木

NY 525 有机肥料

NY/T 1199 葡萄保鲜技术规范

NY/T 1276 农药安全使用规范 总则

NY/T 1998 水果套袋技术规程 鲜食葡萄

NY 5087 无公害食品 鲜食葡萄产地环境条件

DB12/T 515 地理标志产品 玫瑰香葡萄

DB12/T 516 地理标志产品 玫瑰香葡萄栽培技术规范

3 风险控制要点

3.1 园地选择

种植园地是玫瑰香葡萄果实中污染物的主要来源，包括果园所在及周边的土壤、灌溉水和空气等，主要风险因子有重金属、农药残留和大气污染物等，其风险控制要点满足表1要求。

天津市市场和质量监督管理委员会 2018-12-26 发布 2019-02-01 实施

表1　园地选择

序号	关键点	主要风险因子	控制措施
1	土壤、空气、灌溉水	重金属、农药残留、大气污染物	a)远离工矿企业和交通干线； b)土壤和空气质量应符合 GB 15618、NY 5087、GB 3095 和 GB 5084 的要求

3.2　苗木选择

在玫瑰香葡萄质量安全控制中主要关注苗木质量环节。其主要风险因子及控制要点满足表2要求。

表2　苗木选择

序号	关键点	主要风险因子	控制措施
1	品种与砧木	病虫害	选用对病、虫害具有抗性或耐性的品种和砧木。
2	苗木	检疫性害虫	a)不从疫区购买苗木。优先选用无病毒苗木； b)苗木质量应符合 NY 469 的要求

3.3　肥料施用

肥料是玫瑰香葡萄生产中重要的投入品，不合格的肥料或不合理的施用，都会对玫瑰香葡萄生长及果实品质造成危害，包括重金属、病原微生物等污染物。肥料施用满足表3要求。

表3　肥料施用

序号	关键点	主要风险因子	控制措施
1	肥料施用	重金属、病原微生物等污染物	a)不施用含氯肥料； b)使用已登记的肥料产品(可从农业部种植业管理司网站查询，网址：http://202.127.42.157/moazzys/feiliao.aspx)； c)肥料的重金属含量符合 NY 525、GB/T 23349 的规定； d)有机肥应充分腐熟或经过无害化处理，杀灭病原菌、病毒、寄生虫卵、杂草种子等，消除异味； e)根据土壤状况和树体营养需求，确定施肥种类和施肥量，进行配方施肥，确保树体强健、果实品质优良，基肥以有机肥为主，追肥应以速效肥为主，符合 DB12/T 516 的规定； f)保留施肥记录，包括所施肥料的产品名称、有效成分含量、生产企业名称、登记证号以及施肥地点、施肥日期、施肥量、施肥方法、施肥人员等信息

3.4　病虫害防治

病虫害的防治主要采用物理措施、生物防治、化学药剂等，其中化学农药的使用是最常用的措施，也是质量安全控制的关键因素，其主要风险因子及控制要点满足表4要求。

表4　病虫草害防治

序号	关键点	主要风险因子	控制措施
1	农药使用	农药残留	a)使用已登记的高效、低毒、低残留农药(可从中国农药信息网查询)； b)施药器械状态良好，施药人员有良好防护； c)按照农药标签注明的防治对象、使用浓度、使用方法、安全间隔期等信息使用，符合 DB12/T 516 的规定，GB/T 8321 有规定的农药可参照该标准执行； d)保留农药使用记录，包括使用农药的生产企业名称、产品名称、有效成分及含量、登记证号、安全间隔期以及施药时间、施药地点、施药方法、稀释倍数、施药人员等信息； e)按照 NY/T 1276 的规定，对剩余药液、施药器械清洗液、农药包装容器等进行妥善处置

3.5 栽培管理

栽培管理是玫瑰香葡萄生产过程中的最关键环节，主要包括果园灭菌、整形修剪、果实套袋、果实采收、清园等措施，其主要风险因子及控制要点满足表 5 要求。

表 5 栽培管理

序号	关键点	主要风险因子	控制措施
1	春季果园灭菌	病虫源	使用矿物质农药在葡萄萌芽前喷洒全园，消灭果园越冬病虫
2	整形修剪		根据品种特性，选择适宜树形，通过整形修剪，使树体结构合理、树冠通风透光，符合 DB12/T 516 的规定
3	果实套袋		a)选用符合品种特性和 GB/T 19341 要求的专用育果袋； b)套袋操作参见 NY/T 1998； c)废弃果袋应集中清出果园，并进行无害化处理
4	果实采收	生物毒素、农药残留	采收避开下雨、有雾或露水未干时段，采用清洁卫生的采果容器
5	清园	病虫源	采果后，及时清除园内枯枝、落叶、病果、僵果，深埋或带出园外集中销毁

3.6 贮藏包装

采后贮藏包装是玫瑰香葡萄质量控制中非常重要的环节，主要风险关键点是贮藏保鲜和包装，其主要风险因子及控制要点满足表 6 要求。

表 6 采后处理

序号	关键点	主要风险因子	控制措施
1	贮藏保鲜	农药残留、致病微生物、真菌毒素、重金属	a)贮藏保鲜参照 NY/T 1199 葡萄保鲜技术规范； b)污染物含量应符合 GB 2762 的规定； c)农药残留量应符合 GB 2763 的规定； d)真菌毒素限量应符合 GB 2761 的规定
2	包装标识	致病微生物、生物毒素、物理污染、化学污染	a)符合 DB12/T 515 中的相关规定； b)污染物含量应符合 GB 2762 的规定； c)农药残留量应符合 GB 2763 的规定； d)真菌毒素限量应符合 GB 2761 的规定

本标准依据 GB/T 1.1—2009《标准化工作导则　第 1 部分：标准的结构和编写》的要求编写。

本标准由天津市农业科学院提出并归口。

本标准起草单位：天津市农业质量标准与检测技术研究所、天津市设施农业研究所、北京农业质量标准与检测技术研究中心。

本标准主要起草人：陈秋生、张强、黄健全、李安、商佳胤、刘烨潼、殷萍、张玉婷、刘磊、张国庆。

设施葡萄质量安全风险控制技术规范

Production technical practice for grape in greenhouse

1 范围

本标准规定了设施葡萄种植质量安全控制的控制要点，以及监控管理措施等。

本标准适用于天津市范围内设施葡萄生产。

2 规范性引用文件

下列文件对于本文件的应用是必不可少的。凡是注日期的引用文件，仅所注日期的版本适用于本文件。凡是不注日期的引用文件，其最新版本(包括所有的修改单)适用于本文件。

GB 2762 食品安全国家标准食品中污染物限量

GB 2763 食品安全国家标准食品中农药最大残留限量

GB 3095 环境空气质量标准

GB 4455 农业用聚乙烯吹塑棚膜

GB 5084 农田灌溉水质标准

GB/T 8321 农药合理施用准则

GB 15618 土壤环境质量标准

GB/T 19165 日光温室和塑料大棚结构与性能要求

GB/T 19341 育果纸袋

GB/T 20202 农业用乙烯-乙酸乙烯酯共聚物(EVA)吹塑棚膜

GB/T 23349 肥料中砷、镉、铅、铬、汞生态指标

NY 469 葡萄苗木

NY 525 有机肥料

NY/T 1199 葡萄保鲜技术规范

NY/T 1276 农药安全使用规范总则

NY/T 1998 水果套袋技术规程鲜食葡萄

NY 5087 无公害食品鲜食葡萄产地环境条件

SB/T 10894 预包装鲜食葡萄流通规范

3 风险控制要点

3.1 园地选择

种植园地是设施葡萄果实中污染物的主要来源，包括果园所在及周边的土壤、灌溉水和空气以及设施的性能等，主要风险因子有重金属、农药残留和大气污染物等，其风险控制要点满足表1要求。

天津市市场和质量监督管理委员会 2018-12-26 发布　　2019-02-01 实施

表 1 园地选择

序号	关键点	主要风险因子	控制措施
1	土壤、空气、灌溉水	重金属、农药残留、大气污染物	a)远离工矿企业和交通干线； b)土壤和空气质量应符合 GB 15618、NY 5087、GB 3095 和 GB 5084 的要求
2	设施性能	空气污染	a)日光温室、塑料大棚设计建设，设施光照、温度性能应符合 GB/T 19165； b)塑料棚膜符合国家标准 GB/T 20202 和 GB 4455 的要求

3.2 品种和苗木选择

苗木的品质关系到葡萄的生长及果实品质等，在设施葡萄质量安全控制中主要关注品种与砧木以及苗木质量环节。其主要风险因子及控制要点满足表 2 要求。

表 2 品种和苗木选择

序号	关键点	主要风险因子	控制措施
1	品种与砧木	病虫害	a)选择适宜设施栽培的品种； b)选用抗病虫害及抗逆性强的砧木品种
2	苗木	检疫性害虫	a)不从疫区购买苗木。优先选用无病毒苗木； b)苗木质量应符合 NY 469 的要求

3.3 肥料施用

肥料是葡萄生产中重要的投入品，不合格的肥料或不合理的施用，都会对葡萄生长及果实品质造成危害，包括重金属、病原微生物等污染物。肥料施用满足表 3 要求。

表 3 肥料施用

序号	关键点	主要风险因子	控制措施
1	肥料施用	重金属、病原微生物等污染物	a)不施用含氯肥料； b)使用已登记的肥料产品(可从农业部种植业管理司网站查询，网址：http://202.127.42.157/moazzys/feiliao.aspx)； c)肥料的重金属含量符合 NY 525、GB/T 23349 的规定； d)有机肥应充分腐熟或经过无害化处理，杀灭病原菌、病毒、寄生虫卵、杂草种子等，消除异味； e)根据土壤状况和树体营养需求，确定施肥种类和施肥量，进行配方施肥，确保树体强健、果实品质优良，基肥以有机肥为主，追肥应以速效肥为主； f)保留施肥记录，包括所施肥料的产品名称、有效成分含量、生产企业名称、登记证号以及施肥地点、施肥日期、施肥量、施肥方法、施肥人员等信息

3.4 病虫害防治

病虫害的防治主要采用物理措施、生物防治、化学药剂等，其中化学农药的使用是最常用的措施，也是质量安全控制的关键因素，其主要风险因子及控制要点满足表 4 要求。

表 4 病虫害防治

序号	关键点	主要风险因子	控制措施
1	农药使用	农药残留	a)使用已登记的高效、低毒、低残留农药(可从中国农药信息网查询)； b)施药器械状态良好。施药人员有良好防护； c)按照农药标签注明的防治对象、使用浓度、使用方法、安全间隔期等信息使用。GB/T 8321 有规定的农药可参照该标准执行； d)保留农药使用记录，包括使用农药的生产企业名称、产品名称、有效成分及含量、登记证号、安全间隔期以及施药时间、施药地点、施药方法、稀释倍数、施药人员等信息； e)按照 NY/T 1276 的规定，对剩余药液、施药器械清洗液、农药包装容器等进行妥善处置

3.5 栽培管理

栽培管理是葡萄生产过程中的最关键环节，主要包括果园灭菌、整形修剪、果实套袋、生长调节剂使用、果实采收、清园等措施，其主要风险因子及控制要点满足表5要求。

表5 栽培管理

序号	关键点	主要风险因子	控制措施
1	春季果园灭菌	病虫源	使用矿物质农药在葡萄萌芽前喷洒全园，消灭果园越冬病虫
2	整形修剪		根据品种特性，选择适宜树形，通过整形修剪，使树体结构合理、树势健壮、架面通风透光
3	果实套袋		a)选用符合品种特性和GB/T 19341要求的专用育果袋； b)套袋操作参见NY/T 1998； c)废弃果袋应集中清出果园，并进行无害化处理
4	生长调节剂使用	农药残留	在破眠、保花、保果、膨大等时期使用植物生长调节剂，按照产品标签规定的使用范围、时期、浓度和次数执行
5	果实采收	生物毒素、农药残留	a)果实达到该品种生理成熟标准； b)采收避开下雨、有雾或露水未干时段，采用清洁卫生的采果容器
6	采后清园	病虫源	采果后，及时清除园内枯枝、落叶、病果、僵果，深埋或带出园外集中销毁
7	生产废弃物处理	物理污染、化学污染	果实采收后应及时捡拾、除去田间农业固体废物，集中处理，防止土壤污染

3.6 采后处理

采后贮藏包装是葡萄质量控制中非常重要的环节，主要风险关键点是贮藏保鲜和包装，其主要风险因子及控制要点满足表6要求。

表6 采后处理

序号	关键点	主要风险因子	控制措施
1	贮藏保鲜	农药残留、致病微生物、真菌病害、重金属	a)贮藏保鲜参照NY/T 1199葡萄保鲜技术规范； b)污染物含量应符合GB 2762的规定； c)农药残留量应符合GB 2763的规定； d)真菌毒素限量应符合GB 2761的规定
2	包装标识	致病微生物、生物毒素、物理污染、化学污染	a)包装材料应符合SB/T 10894的规定； b)污染物含量应符合GB 2762的规定； c)农药残留量应符合GB 2763的规定； d)真菌毒素限量应符合GB 2761的规定

附 录 A
（资料性附录）
渤海湾地区葡萄生产主要病虫害防治方案

防治对象	防治时期	农药名称	使用剂量	施药方法	安全间隔期天数(d)
霜霉病	谢花后 20 d	80%波尔多液可湿性粉剂	300～400 倍液	喷雾	—
	病害发生初期	40%烯酰吗啉悬浮剂	1 500～2 000 倍液	喷雾	7
	病害发生初期	80%代森锰锌可湿性粉剂	500～800 倍液	喷雾	28
白粉病	葡萄病菌侵染初期	29%石硫合剂水剂	6～9 倍液	喷雾	15
	发病初期	30%氟菌唑可湿性粉剂	每 667 m² 15～18 g	喷雾	7
	发病初期	30%氟环唑悬浮剂	1 600～2 300 倍液	喷雾	30
炭疽病	发病初期	40%腈菌唑可湿性粉剂	4 000～6 000 倍液	喷雾	21
	发病初期	0.3%苦参碱水剂	500～800 倍液	喷雾	—
	发病前或发病初期	16%多抗霉素可溶粒剂	2 500～3 000 倍液	喷雾	14
灰霉病	病害发病前或初期	400 g/升嘧霉胺悬浮剂	1 000～1 500 倍液	喷雾	7
	发病初期	20%腐霉利悬浮剂	400～500 倍液	喷雾	14
	发病初期	500 g/升异菌脲悬浮剂	750～1 000 倍液	喷雾	14
白腐病	发病初期	70%代森锰锌可湿性粉剂	438～700 倍液	喷雾	14
	病害发生前或初见零星病斑时	250 g/升嘧菌酯悬浮剂	833～1 250 倍液	喷雾	14
	发病初期	250 g/升戊唑醇水乳剂	2 000～3 300 倍液	喷雾	28
葡萄黑痘病	发病初期	70%代森锰锌可湿性粉剂	438～700 倍液	喷雾	14
	病害发生前或初见零星病斑时	250 g/升嘧菌酯悬浮剂	833～1 250 倍液	喷雾	10
介壳虫	虫害发生初期	25%噻虫嗪水分散粒剂	4 000～5 000 倍液	喷雾	7
蚜虫	虫害发生初期	1.5%苦参碱可溶液剂	3 000～4 000 倍液	喷雾	10

注：农药使用以最新版本 NY/T 393 的规定为准。

本标准依据 GB/T 1.1—2009《标准化工作导则　第 1 部分：标准的结构和编写》的要求编写。

本标准由天津市农业科学院提出并归口。

本标准起草单位：天津市农业质量标准与检测技术研究所、天津市设施农业研究所、北京农业质量标准与检测技术研究中心。

本标准主要起草人：陈秋生、商佳胤、张强、李安、张玉婷、刘烨潼、殷萍、李辉、陈宝忠。

设施黄瓜高温闷棚消毒技术规程

Heat suffocation sterilization technology regulations for grape in greenhouse

1 范围

本标准规定了设施黄瓜高温闷棚消毒的基础条件、时期选择、操作方法。

本标准适用于设施黄瓜灰霉病、霜霉病、白粉病、蚜虫等及土传病虫害的防治。

2 规范性引用文件

下列文件对于本文件的应用是必不可少的。凡是注日期的引用文件,仅所注日期的版本适用于本文件。凡是不注日期的引用文件,其最新版本(包括所有修改单)适用于本文件。

NY/T 798 复合微生物肥料

DB13/T 454 无公害蔬菜生产肥料施用准则

3 基础条件

3.1 棚室类型

包括日光温室、塑料拱棚等。

3.2 设施条件

便于大型或小型翻耕设备进出;具有良好的灌溉条件。

3.3 透光条件

透光性良好的覆盖物,如塑料薄膜或阳光板等,无破损或漏洞。

4 时期选择

选择夏季温度较高的时期,6 月中旬至 8 月中旬。

5 操作方法

5.1 洁净棚室

在 6 月～7 月上茬作物收获后,清除作物的残体、杂草,运出棚外集中处理。

5.2 铺施闷棚填充物

5.2.1 铺施有机物料

5.2.1.1 铺撒作物秸秆及农作物废弃物

将作物秸秆及农作物废弃物,如玉米秸、麦秸、稻秸等利用器械截成 3 cm～5 cm 的寸段,玉米芯、废菇料等粉碎后,以每 667 m^2 1 000 kg～3 000 kg 的用料量均匀地铺撒在棚室内的土壤表面。

5.2.1.2 铺施有机肥

将鸡粪、猪粪、牛粪等腐熟或半腐熟的有机肥以每 667 m^2 3 000 kg～5 000 kg,均匀铺撒在有机物料

天津市市场和质量监督管理委员会 2018－12－26 发布　　2019－02－01 实施

表面，也可与作物秸秆充分混合后铺撒。有机肥选择和处理应符合 DB13/T 454《无公害蔬菜生产 肥料施用准则》要求。

5.2.2 撒施有机物料速腐剂

有机物料速腐剂以每 667 $m^2$6 kg～8 kg 均匀撒施在有机物料表面，有机物料速腐剂中有效活菌的数量应符合 NY/T 798《复合微生物肥料》标准要求，使用时应严格按照使用说明书的要求操作。

5.3 整地

深翻 25 cm～40 cm，整地做成利于灌溉的平畦。

5.4 灌水

加施有机物料速腐剂进行高温闷棚操作时，对棚室内土壤或基质进行灌水至充分湿润，相对湿度达到 70%左右，地表无明水，用手攥土团不散即可。

不添加有机物料速腐剂进行高温闷棚操作时，对棚室内土壤或基质进行大水漫灌至地表见明水，相对湿度达到 85%。

5.5 双层覆盖

5.5.1 地面覆盖

选用地膜或整块塑料薄膜进行地面覆盖，搭接严密无漏缝。

5.5.2 棚室覆盖

封闭棚室并检查棚膜，修补破口漏洞，并保持清洁和良好的透光性。

5.6 高温闷棚

密闭后的棚室，保持棚内高温高湿状态 25 d～30 d。其中至少有累计 15 d 以上的晴热天气。高温闷棚期间应防止雨水灌入棚室内。闷棚可以持续到下茬作物定植前 5 d～10 d。

5.7 揭膜晾棚

打开通风口，揭去地膜，进行晾棚。待地表干湿合适后，可整地作畦为下茬作物栽培做准备。

5.8 闷棚周期

每年同期进行高温闷棚处理一次，巩固棚室消毒效果。

本标准依据 GB/T 1.1—2009《标准化工作导则 第 1 部分：标准的结构和编写》的要求编写。

本标准由天津市农业科学院提出并归口。

本标准起草单位：天津市农业质量标准与检测技术研究所、天津市植物保护研究所。

本标准主要起草人：陈秋生、张强、张玉婷、郝永娟、刘烨潼、殷萍、李辉、刘磊。

天津小站稻 栽培技术

Cultivation techniques of Tianjin - Xiaozhan rice

1 范围

本标准规定了天津小站稻产地环境、品种、栽培及收获的技术要求。

本标准适用于天津市地域内的一季春稻生产。

2 规范性引用文件

下列文件对于本文件的应用是必不可少的。凡是注日期的引用文件，仅所注日期的版本适用于本文件。凡是不注日期的引用文件，其最新版本(包括所有的修改单)适用于本文件。

GB 4401.1—2008 粮食作物种子 第1部分：禾谷类

GB/T 8321 农药合理使用准则

NY/T 496—2010 肥料合理使用准则 通则

NY/T 847—2004 水稻产地环境技术条件

3 要求

3.1 产地环境

水稻产地选择、产地环境空气质量要求、产地灌溉水质量要求、产地土壤环境质量要求符合NY/T 847—2004的规定。

3.2 品种

选择经过国家农作物品种审定(适宜区域包括天津)、天津市农作物品种审定、天津市引种备案的优质、抗逆性强的水稻品种。

种子质量符合GB 4401.1—2008的规定。

3.3 肥料

使用的肥料符合NY/T 496—2010的规定。

3.4 农药

使用的农药符合GB/T 8321中1～10的规定。

4 栽培技术

4.1 插秧

4.1.1 插秧期

5月10日～5月25日。

4.1.2 栽插密度

根据品种特性，行株距为：30 cm×(16～20) cm，每穴插(4～6)苗。

天津市市场监督管理委员会 2019-03-25 发布 2019-05-01 实施

4.2 施肥

4.2.1 施肥量

施优质有机肥每 667 m^2 1 m^3～1.5 m^3。除有机肥外，施肥总量每 667 m^2 控制在纯氮(N)17 kg～19 kg，磷(P_2O_5)3 kg～6 kg，钾(K_2O)0～3 kg。

4.2.2 施肥方法

耕地前泡田后结合整地，底肥施水稻缓释肥每 667 m^2 40 kg(总含量%≥45)。插秧后10 d～15 d 每 667 m^2 追施尿素 5 kg～7.5 kg；第一次追肥后 15 d 根据品种和苗情每 667 m^2 再追施尿素 5 kg～7.5 kg；7 月 20 日前每 667 m^2 追施尿素 5 kg。

4.3 灌溉

缓苗期水层深度为 3 cm～5 cm；分蘖期水层深度为 10 cm～15 cm；总茎数达到有效穗数的 80%时，落干晾田 7 d 左右控制无效分蘖；穗分化期至抽穗期水层深度 10 cm；灌浆期到成熟期间歇灌溉，每 3 d～4 d浇一次水，收获前 10 d 停水。

4.4 病虫草害综合防治

4.4.1 稻瘟病

在水稻破口前 3 d～5 d(8 月 10 日前后)用 20%三环唑可湿性粉剂每 667 m^2 100 g、或 40%稻瘟灵乳油每 667 m^2 100 mL 兑水喷雾；齐穗期(8 月 20 日前后)喷施 1 000 亿芽孢/克枯草芽孢杆菌可湿性粉剂每 667 m^2 20 g 兑水喷雾。

4.4.2 稻曲病 纹枯病 胡麻叶斑病

7 月中下旬用 40%井冈・蜡芽菌粉剂每 667 m^2 40 g 兑水喷雾；在水稻破口前 5 d～7 d(8 月 10 日前后)和齐穗期(8 月 20 日前后)用 30%苯醚甲环唑・丙环唑乳油每 667 m^2 20 mL 兑水各喷雾一次。

4.4.3 条纹叶枯病

选用抗病品种。

4.4.4 二化螟

采用性诱剂、生物农药及化学农药相结合的防治技术。

4.4.4.1 性诱剂防治

4 月底至 5 月初，将安装二化螟性诱剂诱芯的诱捕器安插于田埂及地头，每 667 m^2 放置1 个；水稻拔节期(7 月初)更换性诱剂诱芯。

4.4.4.2 生物农药防治

水稻分蘖期(6 月 15 日前后)喷施 8 000 IU/mL 苏云金杆菌悬浮剂每 667 m^2 300 mL。

4.4.4.3 化学农药防治

水稻破口前(8 月上旬)用 20%氯虫苯甲酰胺悬浮剂每 667 m^2 10 mL 兑水喷施。

4.4.5 稻水象甲

耙地至插秧前，用 10%醚菊酯悬浮剂 40 mL～50 mL 兑水在秧田和本田沟埝、田埂喷雾。

4.4.6 稻飞虱

百穴虫量 800 头～1 200 头时，用 25%吡蚜酮可湿性粉剂每 667 m^2 30 g 兑水喷雾。

4.4.7 杂草防治

耙地后 5 d 内，每 667 m^2 用 60%丁草胺乳油 150 mL+30%苄嘧磺隆可湿性粉剂 30 g，间隔 20 d 再施用 30%苄嘧磺隆可湿性粉剂 30 g。

5 收获

水稻成熟后，10 月 25 日前，稻谷水分含量≤15%进行收获；具备烘干条件的，可于 15%<稻谷水分含量≤20%收获。

本标准依据 GB/T 1.1—2009《标准化工作导则　第 1 部分：标准的结构和编写》给出的规则起草。
本标准由天津市农业农村委员会提出并归口。
本标准起草单位：天津市农业技术推广站。
本标准主要起草人：郑爱军、于福安、王凤行、邓永卓、卢东琪、徐建坡、顾红艳、田猛。

DB12/T 510—2014

地理标志产品　黄花山核桃

Product of geographical indication—Huanghuashan walnut

1　范围

本标准规定了地理标志产品黄花山核桃的产地范围、地域环境、栽培技术、果实质量要求、试验方法、检验规则、包装、运输及贮藏。

本标准适用于天津市蓟县孙各庄满族乡、下营镇2个乡镇现辖行政区域。

2　规范性引用文件

下列文件对于本文件的应用是必不可少的。凡是注日期的引用文件，仅所注日期的版本适用于本文件。凡是不注日期的引用文件，其最新版本(包括所有的修改单)适用于本文件。

GB/T 191　包装储运图示标志

GB/T 731　黄麻布和麻袋

GB 2761　食品安全国家标准　食品中真菌毒素限量

GB 2762　食品安全国家标准　食品中污染物限量

GB 2763　食品安全国家标准　食品中农药最大残留限量

GB 5009.3　食品安全国家标准　食品中水分的测定

GB/T 5009.6　食品中脂肪的测定

GB/T 6543　运输包装用单瓦楞纸箱和双瓦楞纸箱

GB 7718　食品安全国家标准　预包装食品标签通则

GB/T 19909　地理标志产品　建瓯锥栗

GB/T 24904　粮食包装　麻袋

3　产地

3.1　产地范围

黄花山核桃产区位于北纬40°6′13″～40°15′5.49″，东经117°22′13″～117°39′4″。见附录A。

3.2　产地环境

产地范围属于暖温带半湿润大陆性季风气候，四季分明。年平均气温11.5℃，≥5℃积温4 464℃，全年无霜期195 d，年平均降水量665.1 mm左右，年平均日照时数2 616.7 h。

种植区域为海拔200 m以下，地势坡度<15°，土壤类型为石灰岩类淋溶褐土。土壤pH6.2～8.0，平均有机质含量14.2 g/kg，富含氮、磷、钾、铁、锰、铜、锌、硼、硫等元素。

4　要求

4.1　感官要求

4.1.1　果形　坚果圆形，壳面光滑，色浅，壳较薄。

4.1.2　果仁　饱满、黄白色、口感圆润清香、涩味淡。

天津市质量技术监督局 2014-04-22 发布　　2014-07-20 实施

4.2 生产技术要求

生产技术要求见附录B。

4.3 理化指标

理化指标见表1。

表1 理化指标

项 目	指 标
含水率(%)	≤6.0
脂肪(%)	58.5～64.5
出仁率(%)	≥50
单果重(g)	≥12
横径(mm)	≥34
壳厚(mm)	≤1.5

4.4 卫生指标

卫生指标按GB 2761、GB 2762、GB 2763执行。

5 试验方法

5.1 感官检测

目测、口尝。

5.2 理化检验

5.2.1 含水率

按GB 5009.3中规定方法执行。

5.2.2 脂肪

按GB/T 5009.6中规定方法执行。

5.2.3 出仁率、单果重

5.2.3.1 出仁率(%)

随机取100个坚果,用精度0.1 g的电子秤测出质量M_1,用铁锤敲开果壳,取出全部果仁,测出质量M_2,计算公式:出仁率$=M_2/M_1\times100\%$

5.2.3.2 单果重(M_1)

随机取100个坚果,用精度0.1 g的电子秤测出质量M,计算公式:单果重$M_1=M/100$

5.2.4 横径、壳厚

以精度0.1 mm的游标卡尺测量。

5.3 卫生指标

按GB 2761、GB 2762、GB 2763的规定执行。

6 检验规则

6.1 组批

同一批采收的核桃为一个检验批次。

6.2 抽样

按GB/T 19909中9.3规定执行。

6.3 判定规则

当检验结果全部符合本标准要求时,即判该批产品合格;在整批样品中,感官要求、理化指标有不合格项目时,允许加倍抽样复检,若复验结果为不合格,即该批产品不合格,卫生指标不符合本标准要求时，即判定为该批产品不合格，不得复检。

7 标签、标志

7.1 标签

产品标签按 GB 7718 执行，产品必须加注地理标志产品标识。

7.2 标志

包装标志应符合 GB/T 191 的规定。

8 包装、运输及贮藏

8.1 包装

产品应按同一规格进行包装。包装材料应干燥、洁净、无异味，能保护果品不受挤压。包装麻袋应符合 GB/T 731 的规定、瓦楞纸箱应符合 GB/T 6543 的规定。

8.2 运输

运输工具应洁净、干燥、无污染、无异味，应防雨、防晒、防挤压，堆码整齐。不应与有毒、有害和有异味的物品混装混运。

8.3 贮藏

坚果经过检验、分级和包装后，应及时入库贮藏。冷库贮藏温度－1 ℃～3 ℃，短期存放最高温度不超过 25 ℃，相对湿度 60％。

附　录　A

（规范性附录）

（略）

附 录 B

（规范性附录）

黄花山核桃生产技术规范

B.1 建园

B.1.1 园址选择

建园要求地势较平整，有灌排条件、土层较厚、富含有机质、光照充足的地块。

B.1.2 品种选择

选用经国家审定的优良品种辽核 1 号、辽核 4 号、中林 1 号和当地传统品种优系。

B.1.3 定植时间

3 月下旬至 4 月上旬。

B.2 栽培管理

B.2.1 土壤管理

山地和和坡地园，注意梯田、撩壕、鱼鳞坑的养护。在夏初气温迅速升高时，覆草上面压土，覆草以半腐烂秸草为好。

核桃园逐年进行深翻扩穴，加厚土层，修整树盘，以利保墒。每年生长季节进行 3 次～5 次中耕锄草。

B.2.2 肥水管理

B.2.2.1 基肥

基肥在采果后秋施。幼树每年施肥 15 kg/株～25 kg/株，进入结果期或盛果期树，施有机肥不少于 40 kg/株～50 kg/株。采用环状沟、放射状、穴状施肥法，施用深度≥40 cm。

B.2.2.2 追肥

前期以氮肥为主，后期以磷钾肥为主。分 3 个时期追肥：即发芽后至花前每 667 m^2 施速效氮肥 10 kg；开花后叶面喷肥 0.3%磷酸二氢钾。6 月每 667 m^2 施速效磷钾肥 10 kg，或叶面喷肥 0.3%磷酸二氢钾 3 次。

B.2.2.3 灌水

有水源条件的核桃园，于 3 月底和 11 月中旬各浇水一次。没有灌溉条件的核桃园，在雨季前结合追肥施入保水剂，保水剂使用量幼龄树 10 kg/株～50 kg/株，成龄树 50 kg/株～100 kg/株。应用树下覆草技术，覆草厚度 15 cm～20 cm。雨季注意排水，地势低洼的核桃园必须及时排水，防止沥涝。

B.2.3 整形修剪

B.2.3.1 整形

依品种特性采用主干疏层形和自然开心形。主干疏层形适宜土质条件较好、株行距稍大的果园和树势较强的品种。自然开心形适宜土质和肥力较差、土层较薄、密植的地区及树性开张的品种。

B.2.3.2 修剪

结果树秋季修剪，幼树秋季修剪或春季修剪。

B.2.3.2.1 初结果期树修剪

培养主侧枝，均衡树势，利用先放后缩的方法，培养结果枝组，及时疏除干枯枝、病虫枝、过密枝、重叠枝和细弱枝。

B.2.3.2.2 盛果期树修剪

调节生长与结果的关系，协调营养物质的分配，调整光照。抑前促后，抬高角度，去老留新，培养新的结果枝组，防止结果部位外移。

B.2.4 **病虫害防治**

B.2.4.1 核桃腐烂病

发生腐烂病时，要立即采取措施。防治方法：在发病部位，用刀尖纵向划多个划痕，划痕间隔 3 mm，长 5 mm～10 mm，深达木质部，然后用 1∶100 的百菌清溶液或 70%甲基硫菌灵 100 倍液涂抹或 843 康复剂。

B.2.4.2 核桃黑斑病

加强管理，增施有机肥，增强抗病性；减少树体和果实上的各类伤口；及时处理病叶及病果；核桃发芽前，喷洒一次 3 波美度～5 波美度石硫合剂，展叶时喷洒 1∶1∶200 倍波尔多液，或 70%甲基硫菌灵可湿性粉剂 1 000 倍液，或 70%多菌灵 800 倍液，于雌花开花前、开花后和幼果期各喷一次。发病时用 70%甲基硫菌灵 800 倍～1 000 倍液，或 75%百菌清可湿性粉剂 800 倍液，或 10%苯醚甲环唑 2 000 倍～3 000倍液，或 43%戊唑醇 3 000 倍～4 000 倍液，或 60%百泰 2 000 倍～3 000 倍液喷雾。

B.2.4.3 核桃炭疽病

发芽前，喷洒 3 波美度～5 波美度石硫合剂，消灭越冬病菌。展叶期和 6 月～7 月各喷洒 1∶1∶200 波尔多液一次。发病严重的核桃园，于 5 月～6 月发病期间，喷洒 70%甲基硫菌灵可湿性粉剂 1 000 倍液，并与 1∶1∶200 倍波尔多液交替使用。40%氟硅唑乳油 5 000 倍～6 000 倍液，25%咪鲜胺乳油 1 500 倍～2 000 倍液。

B.2.4.4 核桃举肢蛾

土壤结冻前清除树冠下的枯枝落叶和杂草，刮掉树干基部的老皮，集中烧毁，并对树下土壤进行耕翻，可消灭部分越冬幼虫；成虫进入产卵盛期开始每隔 10 d～15 d 喷一次 10%的氯氰菊酯乳油 1 500 倍～2 500倍液，或 15%吡虫啉 3 000 倍～4 000 倍液；幼虫脱果前，采摘被害果，收集落地虫果，集中深埋，减少翌年的虫口密度。

B.2.5 **采收**

黄花山核桃成熟期多在 9 月中旬左右，具体时间依品种而定(以树上核桃青皮达到 10%自然开裂并有少量落果时采收)。

B.3 果实处理

核桃青果采收后，随采收随脱皮和干燥，脱青皮后清水漂洗晾干至含水量低于 6%。

本标准依据 GB/T 1.1—2009《标准化工作导则　第 1 部分：标准的结构和编写》的要求编写。

本标准由天津市蓟县绿色食品发展中心提出并起草。

本标准附录 A、附录 B 为规范性附录。

本标准主要起草人：丁河、贾爱军、陈宝东、胡忠惠、张亚东。

本标准于 2014 年 4 月首次发布。

地理标志产品　茶淀玫瑰香葡萄

Product of geographical indication—Chadian muscat hamburg grape

1　范围

本标准规定了地理标志产品茶淀玫瑰香葡萄的术语和定义、产地范围、栽培品种、立地条件、栽培技术、质量要求、试验方法、检验规则、标志、包装、运输、贮存。

本标准适用于国家质量监督检验检疫行政主管部门根据《地理标志产品保护规定》批准保护的茶淀玫瑰香葡萄。

2　规范性引用文件

下列文件对于本文件的应用是必不可少的。凡是注日期的引用文件，仅所注日期的版本适用于本文件。凡是不注日期的引用文件，其最新版本(包括所有的修改单)适用于本文件。

GB/T 5009.188　蔬菜、水果中甲基硫菌灵、多菌灵的测定

SN0499　出口水果蔬菜中百菌清残留量检验方法

DB12/T 516　地理标志产品　茶淀玫瑰香葡萄栽培技术规范

国家质量监督检验检疫总局公告 2005 年第 78 号

3　术语和定义

下列术语和定义适用于本标准。

3.1　茶淀玫瑰香葡萄 Chadian Muscat Hamburg grape

在本标准规定的产地范围内，按本标准进行生产并符合 2007 年 181 号公告“关于批准对茶淀玫瑰香葡萄实施地理标志产品保护的公告”及达到本标准质量要求的产品。

3.2　果实完整 completefruit

果实无任何足以损害形态完整的破坏和损伤。

3.3　果横径 fruit horizontaldiameter

果实最大横切面直径是测量果实大小的依据，以 mm 计。

3.4　刺伤 stabbed

果实在采摘时或采后处理过程中果皮被刺破或划伤、伤及果肉而造成的损伤。

3.5　磨伤 galling

由于果皮表面受枝叶磨擦或机械伤害而形成的褐色或黑色伤痕。

3.6　碰压伤 bruising

果实因受碰击或外界压力而对果皮造成的人为损伤。

3.7　药害 pesticideinjury

指因喷洒农药在果面上残留的药斑或伤害。

天津市质量技术监督局 2014 - 04 - 22 发布　　2014 - 07 - 20 实施

3.8 **裂果 cracking fruit**

指果实表皮上的自然裂痕或机械损伤。

3.9 **容许度 the limitsallowed**

低于本等级质量允许的限度。

4 产地范围

茶淀玫瑰香葡萄的产地范围限于国家质量监督检验检疫行政主管部门根据《地理标志产品保护规定》批准的范围，为茶淀镇、大田镇、杨家泊镇，涉及天津市汉沽区现辖行政区域，为“茶淀玫瑰香葡萄”地理标志产区。产地范围图见附录A。

5 栽培品种

茶淀玫瑰香葡萄的品种限于国家质量监督检验检疫行政主管部门根据《地理标志产品保护规定》批准的品种，为玫瑰香葡萄。

6 立地条件

6.1 地理环境要求

6.1.1 地形特征：土层厚度1 m，地下水位1.2 m以下。

6.1.2 海拔范围：海拔−0.2 m～−0.5 m。

6.2 土壤

6.2.1 土壤pH：8.41～8.66。

6.2.2 土壤类型：海滨盐碱土，土壤有机质大于2%，土壤含盐量1%以下。

7 栽培技术

按DB12/T 516规定进行。

8 质量要求

8.1 一般要求

果穗完整良好，果粒均匀一致，新鲜洁净，充分发育，具有适应市场或贮存、加工要求的成熟度。

8.2 果品等级、果面缺陷、感官特征

8.2.1 等级划分：分为优等果、一等果和二等果。

8.2.2 等级要求、果面缺陷、感官特征见表1。

表1 等级要求、果面缺陷、感官特征

项目	要求		
	优等果	一等果	二等果
色泽	紫红	紫红	紫红
穗梗	完整	允许损伤1处	允许损伤<3处
单穗质量(g)	350～450	200～350或450～550	>550或<200
碰压伤	无	无	轻微
刺伤	无	无	轻微
磨伤	无	允许1处	允许3处
虫伤	无	无	无
烂果	无	无	无
药害	无	无	无
病果	无	无	无
鸟害鼠害	无	无	无

8.3 理化指标

理化指标见表2。

表2 理化指标

项　目	指　标
可溶性固形物(%)	≥17
可滴定酸(%)	<0.5
单粒重(g)	≥5.0
含糖量(%)	≥15.8

8.4 卫生指标

卫生指标见表3。

表3 卫生指标

项　目	指　标
百菌清最大残留量(mg/kg)	0
多菌灵最大残留量(mg/kg)	≤0.5

9 试验方法

9.1 果面缺陷、感官特征的检验

9.1.1 检验用具

9.1.1.1 检验台。

9.1.1.2 低倍放大镜(5倍～10倍)。

9.1.1.3 专用剪刀。

9.1.1.4 台秤:最小精度1 g。

9.1.1.5 天平:最小精度0.1 g。

9.1.2 检验程序

将抽取样品用天平称量后,铺放在检验台上按规定标准项目检出不合格果和腐烂果,以千克为单位分项记录,每批样果检验完毕后,计算检验结果,核定该批葡萄的等级品质。

9.1.3 操作和评定

9.1.3.1 抽取样品,以台秤称量质量。

9.1.3.2 果实的外观、色泽和成熟度由感官鉴定。

9.1.3.3 果实的单穗质量、百粒质量,以天平测定。

9.1.3.4 果实果面损伤由目测或用放大镜测定。

9.1.3.5 同一果实上兼有二项或二项以上的不同缺陷与损伤的,可只记录其中对品质影响较重的一项。

9.1.3.6 检出不合格果,按记录分项以果重为基准,计算其百分率,按式1计算:

单项不合格果百分率=(单项不合格果质量/检验样品总质量)×100%…………… (1)

9.1.3.7 各单项不合格果百分率的总和,即该批葡萄不合格果总数的百分率。

9.2 理化检验

9.2.1 试样制备

于每批大样中,抽取中等大小、成熟度一致且具有代表性的果穗5个,作为测定样品,洗净晾干后,挤压取汁液放入洁净的磨口玻璃广口瓶中,作为测试可滴定酸含量、含糖量和可溶性固形物的试样,制备的样品应在采摘后当天进行测试。

9.2.2 可溶性固形物的测定

按附录 B 执行。

9.2.3 可滴定酸的测定

按附录 C 执行。

9.2.4 含糖量测定

按附录 D 执行。

9.3 卫生指标的检验

9.3.1 百菌清残留量的测定

按 SN 0499 规定进行测定。

9.3.2 多菌灵残留量的测定

按 GB/T 5009.188 规定进行测定。

10 检验规则

10.1 检验批次

生产单位或生产户销售葡萄时按本标准进行检验，同等级，一次收购或销售的葡萄为一个检验批次。

10.2 抽样方法

10.2.1 抽取样品应具有代表性，应在全批货物不同部位随机抽取样品，其检验结果适用于整批产品。

10.2.2 抽样数量 50 件以内抽取两件，每增加 50 件增抽 1 件，不足 50 件以 50 件计。

10.2.3 在检验中如发现葡萄质量问题，可增加抽样数量。

10.2.4 抽样人员在抽样同时进行检重，每件包装内的果重应符合规定净含量，否则重新按技术要求进行包装检查。

10.3 交收验收

10.3.1 验收分为交收检验和型式检验。在所有检验项目中，第 9.1 条的检测项目为交收检验项目，第 9.2 条和第 9.3 条为型式检验中的抽检项目。当双方对果品质量发生争议时必须进行型式检验。

10.3.2 生产单位或生产户交收产品时必须分清等级，自行包装写明质量，凡货单不符、等级混淆不清、件数错乱、包装不符合规定者，应由生产单位或生产户重新整理，再由收购单位验收。

10.3.3 不符合标准要求的不得接收。

10.3.4 经检验不符合本等级品质标准并超出容许度范围的葡萄果品，按本标准的规定定级验收。

10.4 容许度

10.4.1 各等级葡萄果品不完全符合本规定的质量标准，对果品质量指标要求有一定的容许度。

10.4.2 各等级葡萄果品容许度规定的不合格果只能是邻级果，不允许有隔级果，不允许有明显腐烂和严重的碰压伤。

10.4.3 容许度的计算以抽检全部样品的平均数计算。

10.4.4 容许度的规定的百分率以质量计算。优等果允许 3%的果实不符合本级要求；一等果允许 5%的果实不符合本级要求；二等果允许 7%的果实不符合本级要求。

11 标志、包装、运输与贮存

11.1 标志

标志内容应包括：品名、商标、等级、净含量、产地、包装日期。

11.2 包装

11.2.1 包装必须坚实牢固、清洁卫生、无异味，内外无钉头尖刺且对产品具有很好的保护性能。

11.2.2 包装可采用木箱、纸箱、塑料箱等容器可根据不同需要采取合适的包装。

11.2.3 包装应注意，勿使树叶、枝条、尘土、石块等杂物混入其中，影响产品质量。

11.2.4 纸箱、木箱、塑料箱应在箱外同一部位，印刷或贴上不易抹掉的文字和标记，字迹清晰、容易辨认，果筐可在筐内挂牌或卡片。

11.3 运输与贮存

11.3.1 葡萄果品采收后应立即按本标准进行分级包装尽快装运交售。

11.3.2 葡萄果品包装后在运输过程中要轻搬轻放避免伤耗。

11.3.3 葡萄果品贮存时不得直接着地或靠墙存放，堆垛不得超过 2.0 m，垛间应留通道，果库内要加强管理定期抽查。

附　录　A

（规范性附录）

茶淀玫瑰香葡萄产地范围图

（略）

附 录 B

（规范性附录）

可溶性固形物的测定折射仪法

B.1 范围

本附录规定了果蔬制品可溶性固形物的折射仪测定方法。

本附录适用于测定果蔬制品及新鲜果蔬可溶性固形物的含量，测定结果以蔗糖质量百分浓度表示，若制品中含有非蔗糖物质，其测定结果为近似值。

B.2 原理

在 20 ℃用折射仪测定试样溶液的折射率，从仪器的刻度尺上直接读出可溶性固形物的含量。

B.3 仪器设备

B.3.1 折射仪：刻度尺上的最小分度值，折射率（n_0）为 0.001，读数可估计至 0.000 3；糖量浓度最小分度值为 0.5%，读数可估计至 0.25%。

B.3.2 恒温水浴。

B.3.3 高速组织捣碎机：10 000 r/min～12 000 r/min。

B.3.4 架盘天平：感量 0.01 g。

B.3.5 烧杯：250 mL。

B.4 测定步骤

B.4.1 样液制备

注：需加水稀释的试样，应适当减少加水量，以避免扩大测定误差。

B.4.1.1 液体制品：如澄清果汁、糖液等，试样混匀后直接用于测定，混浊制品用双层擦镜纸或纱布挤出汁液测定。

B.4.1.2 新鲜果蔬、罐藏和冷冻制品：取试样的可食部分切碎、混匀（冷冻制品应预先解冻），称取 250 g，准确至 0.1 g，放入高速组织捣碎机捣碎，用两层擦镜纸或纱布挤出匀浆汁液测定。

B.4.1.3 酱体制品。如果酱、果冻等，称取 25 g～50 g，准确至 0.01 g，放入预先称量的烧杯中，加入 100 mL～150 mL 蒸馏水，用玻璃棒搅匀，在电热板上加热至沸腾，轻沸 2 min～3 min，放置冷却至室温，再次称量，准确至 0.01 g，然后通过滤纸或布氏漏斗过滤，滤液供测定用。

B.4.1.4 干制品。把试样可食部分切碎，混匀，称取 10 g～20 g，准确至 0.01 g，放入称量过的烧杯，加入 5 倍～10 倍蒸馏水，置沸水浴上浸提 30 min，不时用玻璃棒搅动。取下烧杯，待冷却至室温，称量，准确至 0.01 g，过滤。

B.4.2 测定

B.4.2.1 调节恒温水浴循环水温度在 20 ℃±0.5 ℃，使水流通过折射仪的恒温器。循环水也可在 15 ℃～25 ℃范围内调节，温度恒定不超过±0.5 ℃。

B.4.2.2 用蒸馏水校准折射仪读数，在 20 ℃时将可溶性固形物调整至 0%；温度不在 20 ℃时，按表 B.1 的校正值进行校准。

表 B.1　折射仪测定可溶性固形物温度校正

温度(℃)	可溶性固形物读数(%)										
	0	5	10	15	20	25	30	40	50	60	70
应减去的校正值											
15	0.27	0.29	0.31	0.33	0.34	0.34	0.35	0.37	0.38	0.39	0.40
16	0.22	0.24	0.25	0.26	0.27	0.28	0.28	0.3	0.3	0.31	0.32
17	0.17	0.18	0.19	0.2	0.21	0.21	0.21	0.22	0.22	0.23	0.24
18	0.12	0.13	0.13	0.14	0.14	0.14	0.14	0.15	0.15	0.16	0.16
19	0.06	0.06	0.06	0.07	0.07	0.07	0.07	0.08	0.08	0.08	0.08
应加上的校正值											
19	0.06	0.07	0.07	0.07	0.07	0.08	0.08	0.08	0.08	0.08	0.08
21	0.13	0.13	0.14	0.14	0.15	0.15	0.15	0.15	0.16	0.16	0.16
22	0.19	0.20	0.21	0.22	0.22	0.23	0.23	0.23	0.24	0.24	0.24
23	0.26	0.27	0.28	0.29	0.30	0.30	0.31	0.31	0.31	0.32	0.32
24	0.33	0.35	0.36	0.37	0.38	0.38	0.39	0.40	0.40	0.40	0.40
25	0.06	0.07	0.07	0.07	0.07	0.08	0.08	0.08	0.08	0.08	0.08

B.4.2.3　将棱镜表面擦干后，滴加2滴～3滴待测样液于棱镜中央，立即闭合上下两块棱镜，对准光源，转动消色调节旋钮，使视野分成明暗两部分，再转动棱镜旋钮，使明暗分界线适在物镜的十字交叉点上，读取刻度尺上所示百分数，并记录测定时的温度。

B.5　测定结果计算

B.5.1　温度校正

测定温度不在20℃时，查表B.1将检测读数校正为20℃标准温度下的可溶性固形物含量。

B.5.2　计算公式

未经稀释的试样，温度校正后的读数即为试样的可溶性固形物含量。稀释过的试样，可溶性固形物的含量按式(B.1)计算：

$$\text{可溶性固形物含量}(\%)=p\times\frac{m_1}{m_0} \qquad \text{(B.1)}$$

式中，p——测定液可溶性固形物含量(质量分数)，单位为%；

m_0——稀释前试样质量，单位为克(g)；

m_1——稀释后试样质量，单位为克(g)。

B.5.3　结果表示

同一试样取两个平行样测定，以其算术平均值作为测定结果，保留一位小数。

B.5.4　允许差

两个平行样的测定结果最大允许绝对差，未经稀释的试样为0.5%，稀释过的试样为0.5%乘以稀释倍数(即稀释后试样克数与稀释前试样克数的比值)。

B.6　折射率的温度校正及换算为可溶性固形物含量

如采用的折射仪不带有可溶性固形物百分数刻度，仪器校准和样液测定时，折射率的温度校正及换算为可溶性固形物含量的方法如下。

B.6.1　用蒸馏水校准折射仪读数，在20℃时，折射率调至1.3330。温度在15℃～25℃时，按表B.2中的折射率进行校准。

表 B.2 纯水的折射率

温度(℃)	折射率	温度(℃)	折射率
15	1.333 39	21	1.332 90
16	1.333 32	22	1.332 81
17	1.333 24	23	1.332 72
18	1.333 16	24	1.332 63
19	1.333 07	25	1.332 53
20	1.332 99	—	—

B.6.2 根据在20 ℃时检测的样液折射率读数，由表B.3查得可溶性固形物百分数。测定时温度不在20 ℃，需按式(B.2)先校正为20 ℃时的折射率：

$$n_D^{20}=n_D^t+0.000\,13(t-20) \quad \text{(B.2)}$$

式中，t——测定时的温度，单位为℃。

表 B.3 20 ℃折射率与可溶性固形物换算表

遮光率	可溶性固形物(%)	遮光率	可溶性固形物(%)	遮光率	可溶性固形物(%)	遮光率	可溶性固形物(%)	遮光率	可溶性固形物(%)	遮光率	可溶性固形物(%)
1.333 0	0.0	1.354 9	14.5	1.379 3	29.0	1.406 6	43.5	1.437 3	58.0	1.471 3	72.5
1.333 7	0.5	1.355 7	15.0	1.380 2	29.5	1.407 6	44.0	1.438 5	58.5	1.472 7	73.0
1.334 4	1.0	1.356 5	15.5	1.381 1	30.0	1.408 6	44.5	1.439 6	59.0	1.473 5	73.5
1.335 1	1.5	1.357 3	16.0	1.382 0	30.5	1.409 6	45.0	1.440 7	59.5	1.474 9	74.0
1.335 9	2.0	1.358 2	16.5	1.382 9	31.0	1.410 7	45.5	1.441 8	60.0	1.476 2	74.5
1.336 7	2.5	1.359 0	17.0	1.383 8	31.5	1.411 7	46.0	1.442 9	60.5	1.477 4	75.0
1.337 3	3.0	1.359 8	17.5	1.384 7	32.0	1.412 7	46.5	1.444 1	61.0	1.478 7	75.5
1.338 1	3.5	1.360 6	18.0	1.385 6	32.5	1.413 7	47.0	1.445 3	61.5	1.479 9	76.0
1.338 8	4.0	1.361 4	18.5	1.386 5	33.0	1.414 7	47.5	1.446 4	62.0	1.481 2	76.5
1.339 5	4.5	1.362 2	19.0	1.387 4	33.5	1.415 8	48.0	1.447 5	62.5	1.482 5	77.0
1.340 3	5.0	1.363 1	19.5	1.388 3	34.0	1.416 9	48.5	1.448 6	63.0	1.483 8	77.5
1.341 1	5.5	1.363 9	20.0	1.389 3	34.5	1.417 9	49.0	1.449 7	63.5	1.485 0	78.0
1.341 8	6.0	1.364 7	20.5	1.390 2	35.0	1.418 9	49.5	1.450 9	64.0	1.486 3	78.5
1.342 5	6.5	1.365 5	21.0	1.391 1	35.5	1.420 0	50.0	1.452 1	64.5	1.487 6	79.0
1.343 3	7.0	1.366 3	21.5	1.392 0	36.0	1.421 1	50.5	1.453 2	65.0	1.488 8	79.5
1.344 1	7.5	1.367 2	22.0	1.392 9	36.5	1.422 1	51.0	1.454 4	65.5	1.490 1	80.0
1.344 8	8.0	1.368 1	22.5	1.393 9	37.0	1.423 1	51.5	1.455 5	66.0	1.491 4	80.5
1.345 6	8.5	1.368 9	23.0	1.394 9	37.5	1.424 2	52.0	1.457 0	66.5	1.492 7	81.0
1.346 4	9.0	1.369 8	23.5	1.395 8	38.0	1.425 3	52.5	1.458 1	67.0	1.494 1	81.5
1.347 1	9.5	1.370 6	24.0	1.396 8	38.5	1.426 4	53.0	1.459 3	67.5	1.495 4	82.0
1.347 9	10.0	1.371 5	24.5	1.397 8	39.0	1.427 5	53.5	1.460 5	68.0	1.496 7	82.5
1.348 7	10.5	1.372 3	25.0	1.398 7	39.5	1.428 5	54.0	1.461 6	68.5	1.498 0	83.0
1.349 4	11.0	1.373 1	25.5	1.399 7	40.0	1.429 6	54.5	1.462 8	69.0	1.499 3	83.5
1.350 2	11.5	1.374 0	26.0	1.400 7	40.5	1.430 7	55.0	1.463 9	69.5	1.500 7	84.0
1.351 0	12.0	1.374 9	26.5	1.401 6	41.0	1.431 8	55.5	1.465 1	70.0	1.502 0	84.5

表 B.3（续）

遮光率	可溶性固形物(%)	遮光率	可溶性固形物(%)	遮光率	可溶性固形物(%)	遮光率	可溶性固形物(%)	遮光率	可溶性固形物(%)	遮光率	可溶性固形物(%)
1.351 8	12.5	1.375 8	27.0	1.402 6	41.5	1.432 9	56.0	1.466 3	70.5	1.503 3	85.0
1.352 6	13.0	1.376 7	27.5	1.403 6	42.0	1.434 0	56.5	1.467 6	71.0		
1.353 3	13.5	1.377 5	28.0	1.404 6	42.5	1.435 1	57.0	1.468 8	71.5		
1.354 1	14.0	1.378 4	28.5	1.405 6	43.0	1.436 2	57.5	1.470 0	72.0		

附 录 C
(规范性附录)
总 酸 的 测 定

C.1 范围

本附录规定了果蔬制品可滴定酸度的两种测定方法,即电位滴定法和指示剂滴定法。

本附录适用于测定果蔬制品及新鲜果蔬的可滴定酸度。电位滴定法为仲裁法。指示剂滴定法为常规法。

指示剂滴定法不适用于浸出液颜色较深的试样。

C.2 样液制备

C.2.1 仪器

C.2.1.1 高速组织捣碎机:10 000 r/min~12 000 r/min。

C.2.1.2 架盘天平:感量 0.01 g。

C.2.1.3 电热恒温水浴锅。

C.2.1.4 移液管:50 mL。

C.2.1.5 烧杯:100 mL、600 mL。

C.2.1.6 容量瓶:250 mL。

C.2.1.7 漏斗:直径 7 cm。

C.2.1.8 锥形瓶:250 mL。

C.2.1.9 快速滤纸:直径 12.5 cm。

C.2.2 制备方法

本试验用水应是不含二氧化碳的或中性蒸馏水,可在使用前将蒸馏水煮沸、放冷,或加入酚酞指示剂,用 0.1 mL/L 氢氧化钠溶液中和至出现微红色。

C.2.2.1 液体制品(如果汁、罐藏水果糖液、腌渍液、发酵液等):将试样充分摇匀,用移液管吸取 50 mL,放入 250 mL 容量瓶中,加水稀释至刻度,摇匀待测。如溶液浑浊可通过滤纸过滤。

注 1:含碳酸的液体制品需减压摇动 3 min~4 min,以除去二氧化碳。

注 2:液体试样也可称取 50 g,准确至 0.01 g。

C.2.2.2 新鲜果蔬、整果或切块罐藏、冷冻制品:剔除试样的非可食部分(冷冻制品预先在加盖的容器中解冻),用四分法分取可食部分切碎混匀,称取 250 g,准确至 0.1 g,放入高速组织捣碎机内,加入等量水,捣碎 1 min~2 min。每 2 g 匀浆折算为 1 g 试样,称取匀浆 50 g~100 g,准确至 0.1 g,用 100 mL 水洗入 250 mL 容器瓶,置 75 ℃~80 ℃水浴上加热 30 min,其间摇动数次,取出冷却,加水至刻度,摇匀过滤。

C.3 测定方法

C.3.1 电位滴定法

C.3.1.1 原理

试样浸出液用 0.1 mL/L 氢氧化钠标准溶液进行电位滴定,以 pH 8.1 为滴定终点。

C.3.1.2 试剂

C.3.1.2.1 pH 4.01 标准缓冲液(25 ℃)。

C.3.1.2.2 pH 9.18 标准缓冲液(25 ℃)。

C.3.1.2.3 氢氧化钠(GB 629)标准溶液:$c(NaOH)=0.1$ mol/L,参照 GB/T 601 准确标定。

C.3.1.3 仪器

C.3.1.3.1 酸度计:用 pH 4.01 标准缓冲液校正后,测定 pH9.18 标准缓冲液,测定误差不大于 0.05。

C.3.1.3.2 玻璃电极和甘汞电极。

C.3.1.3.3 磁力搅拌器。

C.3.1.3.4 搅拌棒。

C.3.1.3.5 移液管:50 mL、100 mL。

C.3.1.3.6 烧杯:100 mL、250 mL。

C.3.1.3.7 滴定管:碱式,10 mL、25 mL。

C.3.1.4 测定步骤

C.3.1.4.1 用 pH4.01 和 pH9.18 标准缓冲液按仪器说明书校正酸度计。

C.3.1.4.2 根据预测酸度,用移液管吸取 50 mL 或 100 mL 试样浸出液(见 C.2.2),放入适当大小的烧杯中,使氢氧化钠标准溶液的滴定体积不小于 5 mL。

C.3.1.4.3 将盛样液的烧杯置于磁力搅拌器上,放入搅拌棒,插入玻璃电极和甘汞电极,滴定管尖端插入样液内 0.5 cm~1 cm,在不断搅拌下用氢氧化钠溶液迅速滴定至 pH 6,而后减慢滴定速度。当接近 pH 7.5 时,每次加入 0.1 mL~0.2 mL,并于每次加入后记录 pH 读数和氢氧化钠溶液的总体积,继续滴定至少 pH 8.3,在 pH 8.1 ± 0.2 的范围内,用内插法求出滴定至 pH 8.1 所消耗的氢氧化钠溶液体积。

C.3.2 指示剂滴定法

C.3.2.1 原理

试样浸出液以酚酞为指示剂,用 0.1 mol/L 氢氧化钠标准溶液滴定。

C.3.2.2 试剂

C.3.2.2.1 氢氧化钠标准溶液:0.1 mol/L(见 C.3.1.2.3)。

C.3.2.2.2 酚酞指示剂:10 g/L 的 95%(体积分数)乙醇(GB697)溶液。

C.3.2.3 仪器

C.3.2.3.1 移液管:50 mL、100 mL。

C.3.2.3.2 锥形瓶:150 mL、250 mL。

C.3.2.3.3 滴定管:碱式,10 mL、25 mL。

C.3.2.4 测定步骤

根据预测酸度,用移液管吸取 50 mL 或 100 mL 样液(见 C.2.2),加入酚酞指示剂5 滴~10 滴,用氢氧化钠标准溶液滴定,至出现微红色 30 s 内不褪色为终点,记下所消耗的体积。

注:有些果蔬样液滴定至接近终点时出现黄褐色,这时可加入样液体积的 1 倍~2 倍的热水稀释,加入酚酞指示剂 0.5 mL~1 mL,再继续滴定,使酚酞变色易于观察。

C.4 测定结果的计算

C.4.1 计算公式

C.4.1.1 试样的可滴定酸度以每 100 g 或 100 mL 中氢离子毫摩尔数表示,按式(C.1)计算:

$$可滴定酸[mmol/100\ g(mL)]=\frac{C\times V_1}{V}\times\frac{250}{m(V)}\times100 \quad\cdots\cdots\cdots\cdots\cdots\ (C.1)$$

式中,c——氢氧化钠标准溶液浓度,单位为毫摩尔每克或毫摩尔每毫升(mmol/g 或 mmol/mL);

V_1——滴定时所消耗的氢氧化钠标准溶液体积,单位为毫升(mL);

V——吸取滴定用的样液体积,单位为毫升(mL);

$m(V)$——试样质量或体积,单位为克(g)或毫升(mL);

250——试样浸提后定容体积,单位为毫升(mL)。

C.4.1.2 试样的可滴定酸度以某种酸的百分含量表示，按式(C.2)计算：

$$可滴定酸度=\frac{c\times V\times k}{V_0}\times\frac{250}{m(V)}\times 100\% \quad\cdots\cdots\cdots\cdots\cdots\cdots\cdots\cdots (C.2)$$

式中，k——换算为某种酸克数的系数(表C.1)。

注：其余字母符号同式(C.1)。

表C.1 换算系数

酸的名称	换算系数	习惯用以表示的果蔬制品
苹果酸	0.067	仁果类、核果类水果
结晶柠檬酸(一结晶水)	0.070	柑橘类、浆果类水果
酒石酸	0.075	葡萄
草酸	0.045	菠菜
乳酸	0.090	盐渍、发酵制品
乙酸	0.060	醋渍制品

C.4.2 **结果表示**

同一试样取两个平行样测定，以其算术平均值作为测定结果。用每100 g或100 mL中氢离子毫摩尔数表示的，保留一位小数；用酸的百分含量表示的保留两位小数。

C.4.3 **允许差**

两个平行样的测定值相差不得大于平均值的2%。

注：报告检验结果应注明所用的测定方法。

附 录 D

（规范性附录）

含糖量的测定

D.1 范围

本附录规定了葡萄含糖量的测定方法。

D.2 试剂

除非另有说明，在分析中仅使用确认为分析纯的试剂和符合 GD/T 6682 规定的三级水。

D.2.1 浓盐酸：ρ=1.18 g/mL。

D.2.2 浓硫酸：ρ=1.84 g/mL。

D.2.3 50 g/L 苯酚溶液：称取 5 g 苯酚（C_6H_6O，重蒸），用水溶解于 100 mL 容量瓶中，定容后摇匀。转至棕色瓶，置 4 ℃冰箱中避光贮存。

D.2.4 100 mg/L 葡萄糖标准溶液：将葡萄糖于 105 ℃恒温烘干至恒重，称取葡萄糖约 0.1 g（精确至 0.000 1 g），用水溶解于 1 000 mL 容量瓶中，定容至刻度后摇匀。置 4 ℃冰箱中避光贮存，两周内有效。

D.3 仪器和设备

D.3.1 电热鼓风干燥箱：温度精度±2 ℃。

D.3.2 粉碎机：备有 1 mm 孔径的金属筛网。

D.3.3 可见分光光度计。

D.3.4 涡旋振荡器。

D.3.5 分析天平：感量 0.000 1 g。

D.3.6 恒温水浴：温度精度±1 ℃。

D.3.7 实验室常用玻璃器具。

D.4 试样制备

D.4.1 取样方法和数量

将样品混匀后平铺成方形，用四分法取样，干样取样量不应少于 200 g；鲜样取样量不应少于 1 000 g；子实体单个质量大于 200 g 的样品，取样个数不应少于 5 个。

D.4.2 试样的制备

D.4.2.1 干样直接用剪刀剪成小块，在 80 ℃干燥箱中烘至发脆后置于干燥器内冷却，立即粉碎。粉碎样品过孔径为 0.9 mm 的筛。未能过筛部分再次粉碎或经钵内研磨后再次过筛，直至全部样品过筛为止。过筛后的样品装入清洁的广口瓶内密封保存，备用。

D.4.2.2 鲜样用手撕或刀切成小块，50 ℃鼓风干燥 6 h 以上，待样品半干后再逐步提高温度至 80 ℃，烘至发脆后在干燥器内冷却，立即粉碎。

D.5 分析步骤

D.5.1 称样

称取约 0.25 g 试样，准确到 0.001 g。同时按照 GD/T 5009.3 规定方法（第一法）测定试样含水率。

D.5.2 水解

将试样小心倒入 250 mL 锥形瓶中，加 50 mL 水和 15 mL 浓盐酸（4.1）。装上冷凝回流装置，置 100 ℃水浴中水解 3 h。冷却至室温后过滤，再用蒸馏水洗涤滤渣，合并滤液及洗液，用水定容至 250 mL。此溶液为试样测试液。

D.5.3 标准曲线的制订

分别吸取 0、0.2 mL、0.4 mL、0.6 mL、0.8 mL、1.0 mL 的葡萄糖标准溶液至 10 mL 具塞试管,用蒸馏水补至 1.0 mL。向试液中加入 1.0 mL 5%苯酚溶液,然后快速加入 5.0 mL 浓硫酸(D.2)(与液面垂直加入,勿接触试管壁,以便于反应液充分混合),反应液静止放置10 min。使用涡旋振荡器使反应液混合,然后将试管放置于 30 ℃水浴锅中反应 20 min。取适量反应液在 490 nm 处测吸光度。以葡萄糖质量浓度为横坐标,吸光度值为纵坐标,制定标准曲线。

D.5.4 测定

准确吸取试样测试液(D.2)0.2 mL 于 10 mL 具塞试管,用蒸馏水补至 1.0 mL,按 D.3.3 步骤操作,以空白溶液调零,测得吸光度,以标准曲线计算总糖含量。

D.5.5 空白试验

空白试验需与测定平行进行,用同样的方法和试剂,但不加试料。

D.6 结果计算

总糖含量以质量分数 w 计,数值以百分率(%)表示,按式(D.1)计算。

$$w=\frac{m_1\times V_1\times 10^{-6}}{m_2\times V_2\times(1-w)}\times 100\% \quad\cdots\cdots\cdots\cdots (D.1)$$

式中,V_1——样品定容体积,单位为毫升(mL);

V_2——比色测定时所移取样品测定液的体积,单位为毫升(mL);

m_1——从标准曲线上查得样品测定液中的含糖量,单位为微克(μg);

m_2——样品质量,单位为克(g);

w——样品含水量,%。

计算结果以葡萄糖计,表示到小数点后一位。

D.7 精密度

在重复性条件下获得的两次独立测试结果的绝对差值不大于这两个测定值的算术平均值的 10%,以大于这两个测定值的算术平均值的 10%的情况不超过 5%为前提。

本标准根据国家质量监督检验检疫总局公告 2005 年第 78 号《关于批准对茶淀玫瑰香葡萄实施地理标志产品保护的公告》的相关要求制定。

本标准由天津市滨海新区汉沽葡萄种植业协会提出并归口。

本标准由天津市滨海新区汉沽葡萄种植业协会起草。

本标准主要起草人:唐宗成、商佳胤、王峰、鲍明辉、高永。

标准于 2014 年 4 月首次发布。

地理标志产品　茶淀玫瑰香葡萄栽培技术规范

Product of geographical indication—Chadian Muscat Hamburg grape cultivation technical specifications

1　范围

本标准规定了茶淀玫瑰香葡萄园建立、土壤管理、施肥、水分、整形修剪及病虫害防治。

本标准适用于国家质量监督检验检疫行政主管部门根据《地理标志产品保护规定》批准保护的茶淀玫瑰香葡萄。

2　果园建立

2.1　道路与沟渠

主干路贯穿全园，路宽 4 m～6 m，园内作业道 3 m～4 m，上水渠设在作业道一侧。果园四周排水沟渠上宽 6 m～8 m，沟底宽 1.5 m～2 m，深 2 m～2.5 m，田面两侧排水沟宽 2.5 m～3 m、深 1.5 m，通过构筑台田，使地下水位雨季控制在 0.6 m 以下。

2.2　小区面积

小区面积 2.0 hm^2～3.3 hm^2，挖沟筑台，台面呈南北方向，长度 50 m～80 m、宽度 8 m～12 m。

2.3　防护林

果园排水沟外侧设防护林，采取乔灌木结合，植树 3～5 行。

2.4　建园整地

定植的前一年秋季对台田进行翻耕，深度 15 cm～20 cm，翻后灌足冻水，翌年春季按规划的行距挖定植沟，沟深 0.5 m、宽 0.8 m，表土与有机肥混匀，每 667 m^2 施腐熟有机肥 3 000 kg～5 000 kg。定植前每 667 m^2 施磷酸二铵 15 kg～25 kg。

2.5　架式

单臂篱架：架高 2.0 m，行内每隔 6 m～8 m 立一支柱（一般为水泥柱、木柱等），架面上牵引 4 道 12 号（直径：2.769 mm）镀锌铁丝，第一道镀锌铁丝离地面高 0.5 m，其他间距为 0.45 m。双臂篱架：架高 2.0 m，窄行两侧支柱，架面上牵引 4 道镀锌铁丝，第一道镀锌铁丝离地面高 0.5 m，其他间距为 0.45 m。Y 形架：架高 2.0 m，架上端开口宽度 1.2 m，架面牵引镀锌铁丝7 道，第一道镀锌铁丝离地面高 0.8 m，其他间距为各 0.4 m。

2.6　栽植密度

单臂篱架：株距 0.8 m，行距 2.0 m，每 667 m^2 定植 416 株。双臂篱架：株距 1.0 m，宽行行距 2.0 m，窄行行距 0.3 m，每 667 m^2 定植 333 株。Y 形架：株距 1.0 m，行距 2.8 m，每 667 m^2 定植 238 株。

2.7　直插建园

2.7.1　种条的选择

采穗圃母树上生长健壮的穗条。要求枝条粗壮、充实、芽眼饱满、节间长度一致、粗度在 0.75 cm 以

天津市质量技术监督局 2014－04－22 发布　　2014－07－20 实施

上，髓部不超过直径的1/3，无病虫害、充分成熟并具有该品种特征的一年生枝条。

2.7.2 种条的贮藏

硬枝种条采集后妥善贮藏以防失水。贮藏前需要杀菌消毒。一般先用5波美度石硫合剂浸1 min～3 min，取出晾干后即可贮藏，采用沟藏或窖藏。地点要选择避风干燥并有排水条件的地方。贮藏沟宽1.0 m～1.5 m，深0.8 m～1.5 m，长度随枝条数目而定。沟间距2 m～3 m。

2.7.3 扦插时间

硬枝扦插一般从解冻到4月中下旬均可，最好在气温8 ℃～10 ℃时进行。

2.7.4 扦插前处理

将种条按一定长度截成插穗。单芽插穗5 cm～10 cm，双芽插穗8 cm～15 cm。上端剪口距芽0.5 cm～1.0 cm平剪，下端尽量留长，剪口斜剪。然后再清水中浸泡12 h～24 h，使插条充分吸水，可用50 mg/L的ABT生根粉浸根5 cm～8 cm，2 h～3 h后扦插。可利用电热温床、塑料棚等加温办法催根，催根时可将插条插于沙床中，待其愈伤组织形成后移入大田。催根期间应适当遮阴，使上部芽不萌发或少萌发，保存插条的养分。

2.7.5 扦插方法

在建园整地的基础上，4月上旬沿定植行做0.5 m宽、稍低于台面的畦，耙细，覆塑料薄膜后灌水。4月中旬选用经催根处理后的种条，按规划株距斜插入定植孔内，第一芽高于畦面1 cm～2 cm，方向朝南。

2.8 苗木定植

一年生苗4月下旬定植。苗木的覆土深度与育苗深度一致，栽后踩实，浇透水。

2.9 苗期管理

当新梢生长到20 cm左右时，每667 m^2施尿素10 kg～15 kg，新梢达0.8 m～1 m进行摘心。6月上旬立架，将枝蔓绑缚。6月中旬以后喷2次～3次波尔多液，主要预防霜霉病、黑痘病。

3 土壤管理

3.1 生长期间每次灌水后、雨后进行中耕除草，行间不可间种其他作物。

3.2 11月中旬将冬剪后的植株下架，顺主蔓方向压倒埋土，枝蔓上土层厚度20 cm以上，埋实后上冻前灌足冻水。

4 施肥

4.1 基肥

落叶后，结合灌水果实采收后距栽植行0.5 m，开深0.3 m～0.4 m的沟埋施腐熟有机肥(主要有机肥料三要素含量参见附录A中表A.1)，每667 m^2施肥量3 000 kg～4 000 kg。

4.2 追肥

4.2.1 果树常用根外追肥的种类和稀释浓度参见附录A中表A.2。

4.2.2 催芽肥

4月上中旬，芽眼膨大之前进行，每667 m^2施尿素15 kg～20 kg，磷酸二铵20 kg～30 kg。

4.2.3 催条肥

开花前10 d左右，每667 m^2施尿素10 kg～15 kg，磷酸二铵15 kg～25 kg。

4.2.4 催果肥

葡萄浆果膨大期，每667 m^2施复合肥20 kg～30 kg。

4.2.5 催熟肥

葡萄浆果开始着色初期进行叶面喷肥，每隔7 d～10 d，喷0.2%～0.3%磷酸二氢钾2次～3次，穴施含钾复合肥20 kg～25 kg一次。

5 水分

5.1 灌水

结合催芽肥、催条肥、催果肥、果实采收后施肥各灌一次水，土壤封冻前灌冻水，浆果生长期视土壤含水量情况灵活掌握。

5.2 排水

视地下水位高度排水，平时控制在 0.8 m 以下，雨季控制在 0.6 m 下。

6 整形修剪

6.1 篱架双蔓的成形

株距 0.8 m，行距 2 m。于定植当年培养 2 个主蔓，冬剪剪口粗度 1 cm 左右，第二年每蔓培养 2 个～3 个结果枝，延长头剪留 5 个～6 个芽，每 667 m^2 产量控制在 800 kg～1 000 kg，第三年每蔓培养 3 个～4 个结果枝，每 667 m^2 产量控制在 1 000 kg～1 500 kg，第四年进入盛果期，每 667 m^2 产量控制在 2 000 kg。

6.2 篱架多主蔓的成形

株距 1.2 m～1.5 m，行距 2 m～2.4 m。可用单、双臂篱架。主蔓间距 40 cm～50 cm，单臂篱架需 3 个～4 个主蔓，双臂篱架 6 个～8 个主蔓，每个主蔓培养 4 个～5 个结果枝。多主蔓（视株距而定主蔓）从地表直接发出，按一定角度规则地在架面上呈扇开排列。结果母枝以短梢修剪为主。整形方法是第一年从地面附近培养新梢作所需主蔓，冬剪时粗壮的主蔓留 40 cm～60 cm 短截，细弱的留 1 芽～2 芽短截。第一年主蔓数量不够时，第二年选基部萌发的枝条培养主蔓。多余枝条全部剪除，第三年萌芽后按双蔓标准选留结果枝组。

6.3 冬季修剪

延长枝剪留 5 个～7 个芽，结果枝剪留 2 个～3 个芽，每 667 m^2 留结果枝 4 500 个～5 000 个。

6.4 夏季修剪

4 月下旬芽眼萌动时进行抹芽，定枝在新梢长 10 cm 上时进行，始花期 5 d 开始进行果枝摘心，花序以上留 5 片～7 片叶，同时去除全部副梢。另外在花序伸展后到花期进行花穗修整，疏除花器发育不好、花穗小等劣质花穗，对大而散的果穗去除 1/5。

7 病虫害防治

7.1 病虫害防治的原则

预防为主，综合防治。

7.2 病源的消灭

7.2.1 冬季埋土防寒前，刮掉老皮，并集中深埋，春季出土后萌芽前，喷 3 波美度～5 波美度石硫合剂，消灭越冬病原菌和虫源。

7.2.2 定期中耕除草，消灭病源和害虫的中间寄生。

7.2.3 发现病穗、病果及病叶及时摘除，远离葡萄园深埋，避免二次侵染。

7.2.4 秋季落叶修剪后，及时清除落叶、枝蔓，并集中加工制作有机肥。

7.2.5 采用果穗套袋，避免果穗受到侵染。

7.3 病害的种类及防治

7.3.1 病害的种类

7.3.1.1 侵染性病害主要是真菌侵染，病部表面着生霉状物和粉状物，主要病状有病斑、腐烂、变色、坏死、萎蔫。

7.3.1.2 生理病害病部无菌核、菌丝及霉状物和粉状物，一般表现为病部变色、坏死、萎蔫、生长势弱、枝叶生长畸形等症状。

7.3.2　常见病害的症状、发病规律及防治

常见病害的防治参见附录 B。

7.4　虫害的种类及防治

7.4.1　虫害的种类

葡萄虫害主要有螨类、介壳类及金龟子类。

7.4.2　葡萄虫害的防治原则

7.4.2.1　葡萄虫害的防治应和病害防治结合进行。

7.4.2.2　葡萄虫害的防治主要使用杀虫剂。

7.4.2.3　杀虫剂和杀菌剂混合使用时，要注意不能降低药效。

7.4.3　常见虫害的危害及防治

常见虫害的危害及防治参见附录 C。

7.5　化学防治的注意事项

7.5.1　遵循农业安全使用标准及农药合理使用准则。

7.5.2　合理选择农药品种，做到对症下药。

7.5.3　注意喷药时期，做到及时、适时。

7.5.4　注意喷药时间和气温、风速，一般选择晴天的下午 4 时以后，气温不超过 30 ℃，风速不超过 3 级的天气进行喷药。

7.5.5　注意农药的交替使用，尽量避免连续使用一种农药或同剂型农药以免出现抗药性。

7.5.6　两种或两种以上农药混合使用，要即混即用。混合要合理，如出现气泡、变色、沉淀等现象，应立即停止。酸性和碱性农药不能混用。

7.5.7　采前 60 d 禁止使用有毒和有残留的农药。

附 录 A
（规范性附录）
主要有机肥料三要素含量、果树常用根外追肥的种类和稀释浓度

A.1 主要有机肥料三要素含量见表A.1。

表 A.1 主要有机肥料三要素含量

肥料种类	氮(%)	磷(%)	钾(%)
人粪尿(腐熟)	0.5	0.1	0.2
粪干	1.02	1.34	1.11
猪圈肥	0.6	0.4	0.4
牛圈肥	0.32	0.25	0.15
羊圈肥	0.7	0.5	0.3
堆肥	0.4～0.5	0.18～0.26	0.45～0.7
鸡粪	1.6	1.5	0.9
鸭粪	1.1	1.4	0.6

A.2 果树常用根外追肥的种类和稀释浓度见表A.2。

表 A.2 果树常用根外追肥的种类和稀释浓度表

名　称	使用浓度(%)	喷布时间	备　注
尿素	0.3～0.5	生长期	不能与草木灰、石灰混用
磷酸二氢钾	0.2～0.5	生长期	
硼酸、硼砂	0.2～0.3	花期	
硫酸锌	3～5	萌芽期	防治小叶病
硫酸锌	0.15	生长期	防治小叶病
硫酸亚铁	0.3	生长期	防治黄叶病
硫酸锰	0.2～0.3	生长期	防治缺锰症
硫酸钙	0.3～0.4	生长期	防治苦痘病和水心病
过磷酸钙(侵出液)	2～3	生长期	不能与草木灰、石灰混用
草木灰(浸出液)	3～5	果实膨大期	不能与氮肥、过磷酸钙混用
氯化钾、硫酸钾、硝酸钾	0.3～0.5	生长期	

附 录 B
（规范性附录）
常见病害的症状、发病规律及防治

B.1 葡萄霜霉病

B.1.1 症状：主要危害叶片，得病后叶面出现半透明油浸状的淡黄病斑，叶背面长出许多白色粉状物，严重时整个叶片枯黄死亡。

B.1.2 发病规律：以一般 6 月、7 月开始发病，8 月、9 月为发病盛期。高温多雨天气有利于病害发生蔓延较快。

B.1.3 药剂防治：保护药剂为主，发病前用石灰半量式波尔多液 200 倍液或 78%科博 600 倍液或大生 M－45(80%可湿性粉剂)800 倍液进行防治，每隔 7 d～10 d 喷一次，直至采收。发病期可喷 58%甲霜灵锰锌 400 倍液，50%瑞毒铜 600 倍～800 倍液或 25%甲霜灵 500 倍～600 倍液。

B.2 葡萄白粉病

B.2.1 症状：可危害叶片、新梢、果实。叶片受害时，表面出现灰色霉斑，上生白粉；果粒受害时与叶片相似，将灰白色霉毛抹掉，果皮上有褐色丝状纹，受害果实，色变深，粒发硬，长大时遇雨裂果，严重影响产量。

B.2.2 发病规律：5 月中下旬一次性降雨超过 20 mm，6 月、7 月高温闷热发病率高。

B.2.3 药剂防治：发芽前喷 5 波美度石硫合剂，保护药剂可用百菌清。发病时喷 0.2 波美度～0.3 波美度石硫合剂 2 次～3 次，也可喷 50%硫悬浮剂 200 倍～500 倍液，62.25%仙生可湿性粉剂 600 倍～800 倍液。

B.3 葡萄炭蛆病

B.3.1 症状：主要危害果实，初发病时，果实上发生水渍状褐色斑纹，病部凹陷，逐步产生黑色小粒点，并有粉红色胶状物，此病在果实近成熟时发展迅速。

B.3.2 发病规律：一般从 6 月下旬至 7 月上旬开始感病，接近成熟期，遇高温多雨天气导致病害流行。

B.3.3 药剂防治：前期采用科博、退菌特、福美双等药剂保护剂中后期用炭蛆福美 500 倍～800 倍液，硫悬浮剂 800 倍～1 000 倍液均有很好的效果。葡萄果穗早期套袋是防治炭疽病的最有效的方法之一。

B.4 葡萄白腐病

B.4.1 症状：果穗发病时，先从穗轴或梗轴上产生淡褐色水渍状，3 d～5 d 就可蔓延到果粒，使果粒变色，软腐脱落。叶片发病时，先从叶尖、叶边发病，像开水烫伤，严重时叶片枯死。

B.4.2 发病规律：病菌在土壤中越冬借雨水带土向上飞溅，果实上色前后是发病高峰期，多雨年份发病重，严重时减产幅度非常大。

B.4.3 药剂防治：潜伏期始于 6 月，要注意防治。坐果后如发现有病穗应立即喷药，隔 10 d～15 d 喷一次，共 3 次～5 次。药剂可采用 50%多菌灵 800 倍液，70%甲基硫菌灵 1 000 倍液，62.25%仙生可湿性粉剂 800 倍液或 78%科博 500 倍～600 倍液。

B.5 葡萄黑痘病

B.5.1 症状：在叶片上发生圆形淡红色斑点；在果实上发生的病斑可扩至 3 mm～5 mm，病斑凹陷，使果实硬化，畸形，不能成熟。

B.5.2　发病规律：6月开始发病，7月上、中旬最重，雨多，病也多，发展快。

B.5.3　药剂防治：春季出土后喷5波美度石硫合剂，花前或花后喷200倍石灰半量式波尔多液或大生M-45，发病初期也可喷50%多菌灵800倍液、62.25%仙生可湿性粉剂800倍液、78%科博500倍～600倍液。

B.6　葡萄毛毯病

B.6.1　症状：毛毯病是一种极小肉眼看不见的小虫子（壁虱），寄生在叶子背面。受害叶片背面有许多深1毫米，凹陷的浅窝，内有毛绒虫，随病情加重，茸毛变成褐色，好像一层毛毯。

B.6.2　发病规律：从葡萄展叶到叶落均可发生，但以前期发病率较高。

B.6.3　药剂防治：葡萄出土后，在芽膨大期茸球状时喷3波美度～5波美度石硫合剂，生长期发病喷0.2波美度～0.3波美度石硫合剂，防治效果较好。

B.7　葡萄灰霉病

B.7.1　症状：主要表现在果实感病后先发生褐色凹陷病斑，扩展后整个果实腐烂，先在果皮裂缝处产生灰色孢子堆，后蔓延到整个果面，使整个果穗产生绒毛状鼠灰色霉层。果梗受害时出现褐色凹陷病斑，果实软腐，长出鼠灰色霉层，果穗采摘同时果粒脱落。发生严重园造成毁灭性危害。

B.7.2　发病规律：病菌在病穗上越冬，病菌孢子在条件适宜时靠风雨传播。花前花后为该病害初侵染期，果实成熟期遇高湿适于此病菌流行。果穗紧密侵染重，果穗稀疏发病较轻。

B.7.3　药剂防治：结合防治其他病害在埋土前、萌芽前喷3波美度～5波美度石硫合剂，花前、果实着色前、成熟期喷50%多菌灵600倍～800倍液或用甲基硫菌灵、腐霉剂、戴措霉等药剂。

附 录 C
（规范性附录）
常见虫害的危害及防治

C.1 葡萄二黄斑叶蝉与葡萄斑叶蝉（别名：浮尘子）

同翅目，叶蝉科。

C.1.1 危害

以成虫、幼虫聚集在叶的背面吸食汁液，先从枝蔓基部老叶开始，逐渐向上部叶片蔓延危害。一般不危害嫩叶，叶片出现失绿小白点，严重时全叶失绿，早期叶落。每年发生3代～4代，葡萄整个生长季节可能造成危害。成虫在枯叶，杂草等处越冬。

C.1.2 防治

C.1.2.1 加强管理：改善通风透光条件，秋后清扫园内落叶及杂草，减少越冬虫源。

C.1.2.2 药剂防治：在幼出期喷洒触杀性杀虫剂，如4 000倍敌杀死、10%歼灭4 000倍～5 000倍液等。

C.2 葡萄短须螨（别名：葡萄红蜘蛛）

属叶螨总科，细须螨科，短须螨属。

C.2.1 危害

以幼虫、成虫先后危害嫩梢、叶片、果实及副梢等，被害处呈现黑褐色斑处，严重时叶片焦枯脱落。果粒受害后，果皮粗糙呈铁锈色，每年可发生6代，以雌成虫在老皮裂缝内，以松散的芽鲮绒毛内群集越冬。每年越冬雌虫于4月中下旬出蛰，可一直危害至11月上旬，发生危害是从散生到密集，以7月、8月危害最重。

C.2.2 防治

C.2.2.1 刮老皮：春季葡萄出土后，刮除树皮，消灭越冬虫。

C.2.2.2 化学防治：春季葡萄上架后展叶前，喷布3波美度石硫合剂，生长季喷0.2波美度～0.3波美度石硫合剂。

C.3 远东盔蚧（别名：东方盔蚧）

属蚧总科，坚蚧科，坚蚧亚科，坚蚧族。

C.3.1 危害

以幼虫和成虫危害枝叶和果实。每年发生2代，以二龄幼虫在枝蔓的开裂缝、老皮下及叶痕处覆盖在蜡层下越冬。3月中下旬开始活动，8月危害最重，10月开始越冬。在危害期间，经常排泄出五色黏液，落于叶面和果实上，阻碍了叶的生理作用，同时还招致蝇类吸食和霉菌发生，在表面呈现煤烟状，影响外观和生食，严重时，枝条枯死，树势衰弱。

C.3.2 防治

春季出土上架后，以5波美度石硫合剂消灭越冬幼虫，或人工刮治。

C.4 金龟子类（别名：金壳郎，铜壳郎）

C.4.1 危害

此虫种类很多，食性杂，幼虫统称蛴螬，食害根部，是苗期的主要地下害虫。成虫食害嫩芽、叶、花、果实。活动时间成，食量大，危害严重。一年发生一代，以成虫或幼虫越冬。

C.4.2 **防治**

C.4.2.1 秋季深耕，春季浅耕，破坏越冬场所。

C.4.2.2 人工扑杀。

C.4.2.3 利用黑光灯、电灯诱杀。

C.4.2.4 在成虫危害盛期用杀虫剂防治（菊酯类药剂，可用10%歼灭4 000倍～5 000倍液）。

本标准根据国家质量监督检验检疫总局公告2005年第78号“关于批准对茶淀葡萄实施地理标志产品保护的公告”的相关要求制定。

本标准由天津市滨海新区汉沽葡萄种植业协会提出并归口。

本标准由天津市滨海新区汉沽葡萄种植业协会起草。

本标准主要起草人：田淑芬、唐宗成、商佳胤、王峰、侯少华。

本标准于2014年4月首次发布。

地理标志产品　红花峪桑葚

Product of geographical indication—Honghuayu mulberry fruit

1　范围

本标准规定了地理标志产品红花峪桑葚的产地范围、环境、果实质量要求、检验方法、检验规则、包装、运输、贮藏及栽培技术。

本标准适用于天津市蓟县别山镇行政区域所产红花峪桑葚。

2　规范性引用文件

下列文件对于本文件的应用是必不可少的。凡是注日期的引用文件，仅所注日期的版本适用于本文件。凡是不注日期的引用文件，其最新版本（包括所有的修改单）适用于本文件。

GB/T 191　包装储运图示标志

GB 2761　食品安全国家标准　食品中真菌毒素限量

GB 2762　食品安全国家标准　食品中污染物限量

GB 2763　食品安全国家标准　食品中农药最大残留限量

GB 5009.3　食品安全国家标准　食品中水分的测定

GB 5009.5　食品安全国家标准　食品中蛋白质的测定

GB 5009.93　食品安全国家标准　食品中硒的测定

GB/T 5009.157　食品中有机酸的测定

GB/T 6195　水果、蔬菜维生素C含量测定法（2,6-二氯靛酚滴定法）

GB/T 6543　运输包装用单瓦楞纸箱和双瓦楞纸箱

GB 7718　食品安全国家标准　预包装食品标签通则

GB 9687　食品包装用聚乙烯成型品卫生标准

NY/T 839　鲜李

NY/T 2640　植物源性食品中花青素的测定　高效液相色谱法

3　产地

3.1　产地范围

红花峪桑葚产区范围在天津市蓟县别山镇现辖行政区域。见附录A。

3.2　产地环境

产地范围属于暖温带半湿润大陆性季风气候，四季分明。年平均气温12.6 ℃，≥0 ℃积温4 855.5 ℃，全年无霜期197 d，年平均降水量615.3 mm，年平均日照时数2 396.5 h。

种植区域为海拔在80 m～150 m的低山，地势坡度较小（7°～15°），土壤类型为褐土类淋溶褐土亚类。土壤pH7.61，平均有机质含量16.0 g/kg～19.0 g/kg，全氮0.93 g/kg～0.97 g/kg，速效磷

天津市市场和质量监督管理委员会 2015-06-18 发布　　2015-07-01 实施

20 mg/kg～45 mg/kg，速效钾 154 mg/kg～230 mg/kg。

4 要求

4.1 感官要求

4.1.1 果形

果实饱满，颗粒大而紧。

4.1.2 颜色

颜色分紫黑色和乳白色，有光泽。

4.1.3 口感

甜软清香多汁。

4.2 生产技术要求

生产技术要求见附录 B。

4.3 理化指标

理化指标见表 1。

表 1 理化指标

项 目	指 标
每 100 g 含水率(g)	85～88
每 100 g 可溶性固形物(以 20 ℃折光计，g)	12～15
每 100 g 酸(以柠檬酸计，g)	≤0.23
每 100 g 蛋白质(以 N 计，g)	≥2.00
每 100 g 维生素 C(mg)	≥12.00
原花青素(mg/g)	≥10.00
硒(mg/kg)	$\geqslant 2.5\times10^{-3}$
单果重(g)	≥2.50

4.4 卫生指标

4.4.1 食品中真菌毒素限量应符合 GB2761 规定。

4.4.2 食品中污染物限量应符合 GB2762 规定。

4.4.3 食品中农药最大残留限量符合表 2 规定。

表 2 农药最大残留限量

农药名称	最大残留限量(mg/kg)
敌敌畏	0.2

5 检验方法

5.1 感官检测

目测、口尝、鼻嗅。

5.2 理化检验

5.2.1 含水率

按 GB 5009.3 中规定的第一法直接干燥法执行。

5.2.2 可溶性固形物

按 NY/T 839 中规定的附录 B.1 方法执行。

5.2.3 有机酸

按 GB/T 5009.157 中规定的方法执行。

5.2.4 蛋白质

按 GB 5009.5 中规定的方法执行。

5.2.5 维生素 C

按 GB/T 6195 中规定的方法执行。

5.2.6 原花青素

按 NY/T 2640 中规定的方法执行。

5.2.7 硒

按 GB 5009.93 中规定的第一法氰化物原子荧光光谱法执行。

5.2.8 单果重

随机取 100 个果实,用计量器具称重,取平均值(精度 0.1 g)。

5.3 卫生指标

5.3.1 食品中真菌毒素限量按 GB 2761 执行。

5.3.2 食品中污染物限量按 GB 2762 执行。

5.3.3 食品中农药最大残留限量按表 3 执行。

表 3 农药最大残留限量

农药名称	检测方法
敌敌畏	按照 NY/T 761 规定的方法执行

6 检验规则

6.1 组批

同一批次同一品种采收的桑葚为一个检验批次。

6.2 抽样

抽取样品必须有代表性,每批产品随机抽取样品 1 kg(不少于 3 个包装)。

6.3 判定规则

当检验结果全部符合本标准要求时,即判该批产品合格;在整批样品中,感官要求、理化指标有不合格项目时,允许加倍抽样复检,若复验结果为不合格,即该批产品不合格,卫生指标不符合本标准要求时,即判定为该批产品不合格,不得复检。

7 标签、标志

7.1 标签

产品标签按 GB 7 718 执行,产品必须加注地理标志产品标识。

7.2 标志

包装标志应符合 GB/T 191 的规定。

8 包装、运输及贮藏

8.1 包装

内包装用符合 GB 9687 规定的食具、容器,外包装用符合 GB/T 6543 规定的瓦楞纸箱。包装内鲜食桑葚的可视部分应具有整个包装产品的代表性。

8.2 运输

使用冷藏车运输。

8.3 贮藏

贮藏在−18 ℃的冷库中,场所应清洁卫生,不得与有毒、有异味的物品一起贮存。

附　录　A

（规范性附录）

（略）

附录B
（规范性附录）
红花峪桑葚生产技术规范

B.1 建园

B.1.1 园址选择

种植区域为海拔在80 m～150 m的低山，地势坡度较小(7°～15°)，土壤类型为褐土土类淋溶褐土亚类。土壤pH7.61，平均有机质含量16.0 g/kg～19.0 g/kg，全氮0.93 g/kg～0.97 g/kg，有效磷20 mg/kg～45 mg/kg，速效钾154 mg/kg～230 mg/kg。年平均气温12.6 ℃，≥0 ℃积温4 855.5 ℃，全年无霜期197 d，年平均降水量615.3 mm，年平均日照时数2 396.5 h。

B.1.2 品种选择

红花峪黑桑葚、白桑葚。

B.1.3 定植时间

3月20日至4月15日。

B.2 栽培管理

B.2.1 土壤管理

幼园可间作，成龄园采用生草、覆草、深翻改土及中耕除草等措施。

B.2.2 肥水管理

B.2.2.1 基肥

基肥在秋季至封冻前施入腐熟农家肥。幼树施肥15 kg/株～25 kg/株，进入盛果期后，施肥40 kg/株～50 kg/株。采用穴施或沟施，施用深度20 kg/株～40 cm。施肥后及时浇水。

B.2.2.2 追肥

早春萌芽前1周～2周追施氮肥，每亩施用氮肥30 kg(以尿素计)；坐果后，追施磷钾复合肥，每亩施用量20 kg(磷钾比例15：15)。展叶后喷施0.3%磷酸二氢钾2次～3次，间隔15 d左右。

B.2.2.3 灌水

每年灌水3次，包括春季萌芽期、果实生长期和封冻水。有条件的地区可采用节水灌溉。依据果园地势排涝。

B.2.3 整形修剪

B.2.3.1 整形

采用株行距4 m×4 m，采用疏散分层形。

B.2.3.2 修剪

B.2.3.2.1 初结果期修剪

培养主侧枝，均衡树势，利用先放后缩的方法，培养结果枝组，及时疏除干枯枝、病虫枝、过密枝、重叠枝和细弱枝。

B.2.3.2.2 盛果期修剪

调节生长与结果的关系，调整光照。抑前促后，抬高角度，去老留新，培养新的结果枝组，防止结果部位外移。

B.2.4 病虫害防治

B.2.4.1 美国白蛾

挖虫蛹结合人工剪网。

B.2.4.2 桑天牛

7 月～9 月捕杀成虫或刮除枝干上的虫卵。用铁丝刺入虫道，杀死幼虫，进行敌敌畏虫道熏杀幼虫。成虫震落捕捉。

B.2.5 采收

6 月采收，随果实成熟及时采收。

B.3 果实处理

桑葚采收后－30 ℃速冻 2 h，再转入－18 ℃冷库中贮藏。

本标准依据 GB/T 1.1—2009《标准化工作导则　第 1 部分：标准的结构和编写》的要求编写。

本标准由天津市蓟县绿色食品发展中心提出并起草。

本标准主要起草人：丁河、贾爱军、高扬、王建东、张亚东、王占文、苗博瑛。

本标准于 2015 年 6 月首次发布。

畜牧养殖篇

优质原料奶　奶牛饲养管理技术规范

High quality milk—standards for dairy raising

1　范围

本标准规定了优质原料奶生产术语、水源、兽药、饲料、奶牛饲养管理、奶牛日粮配制、生鲜牛奶要求、检测方法和挤奶、贮存及运输。

本标准适用于奶牛场以中国荷斯坦奶牛生产原料奶及饲养管理，其他品种奶牛可参照执行。

2　规范性引用文件

下列文件对于本文件的应用是必不可少的。凡是注日期的引用文件，仅所注日期的版本适用于本文件。凡是不注日期的引用文件，其最新版本(包括所有的修改单)适用于本文件。

GB 2761　食品中真菌毒素限量

GB 2762　食品中污染物限量

GB 2763　食品中农药最大残留限量

GB/T 3157—2008　中国荷斯坦牛

GB/T 4789.18—2005　食品卫生微生物学检验乳与乳制品检验

GB 5009.5　食品安全国家标准食品中蛋白质的测定

GB 5413.3　食品安全国家标准婴幼儿食品和乳品中脂肪的测定

GB 5413.30　食品安全国家标准乳和乳制品杂质度的测定

GB 5413.33　食品安全国家标准生乳相对密度的测定

GB 5413.34　食品安全国家标准乳和乳制品酸度的测定

GB 5413.38　食品安全国家标准生乳冰点的测定

GB 5413.39　食品安全国家标准乳和乳制品中非脂乳固体的测定

GB 5749　生活饮用水卫生标准

GB 13078　饲料卫生标准

3　术语

3.1　优质原料奶 high quality milk

按本技术规范要求生产的牛奶营养指标和微生物指标优于国家标准的自然乳。

3.2　分群饲养 group feeding

根据奶牛不同的生理、生产阶段对群体进行划分，把生理、生产阶段相近的奶牛作为一个群体单独进行饲养管理的一种方式。

3.3　体况评分 body condition score

针对个体奶牛的膘情状况按一定的评分规则进行评定，以1分～5分数字化描述其膘情状况的一

天津市质量技术监督局 2010-05-17 发布　　2010-09-01 实施

种评分方法。1 分:体况很瘦;2 分:体况瘦;3 分:体况一般,营养中等;4 分:体况肥胖;5 分:体况过度肥胖。

3.4 全混合日粮 total mixed ration

全混合日粮是根据奶牛营养需要,把粗饲料、精饲料及添加剂等按合理的比例及要求,利用专用饲料搅拌机械进行切割、搅拌,使之混合均匀、营养均衡的一种日粮。

3.5 酒精阳性乳 alcohol positive milk

指与 68%～70%等量酒精混合,发生凝结现象的牛奶。

3.6 体细胞 somatic cell counts

牛奶中的体细胞是指来源于牛身体的白细胞和上皮细胞。主要包括巨噬细胞、淋巴细胞、中性粒细胞或多核中性粒细胞,其余为上皮细胞。

3.7 过度挤奶 over milking

机械挤奶结束后,由于人为因素,下压挤奶机杯组继续挤奶或没有及时摘杯而对乳房进行空挤,总称为过度挤奶。

4 水源

场内必须有充足的水源,以保证生产生活及人畜饮水。水质良好,不含毒物,确保人畜安全和健康。水质应符合 GB 5749 的规定。

5 兽药

生产优质原料奶应使用下列要求的兽药:

5.1 兽药应是经国家行政管理部门批准使用的药物。

5.2 兽药应是在有效使用期内的药物。

5.3 兽药质量应符合中国兽药典。

6 饲料

6.1 饲料中有害物质及微生物允许量应符合 GB 13078 的要求。

6.2 根据牛群规模,制定年度饲料计划,保证饲料稳定供应。

6.3 对饲料来源、品质、安全性应有记录并可以追溯。

6.4 逐批检测饲料营养成分,每半年进行一次安全性指标检测。

6.5 季节性饲料如苜蓿、干草、青贮、全棉籽等应有计划地集中储备,以保证常年均衡供应。

7 奶牛饲养管理

7.1 哺乳期犊牛(0～60 d)饲养管理

7.1.1 犊牛出生后立即清除口、鼻、耳内的黏液,挤出脐内污物,在距腹部 6 cm～8 cm 处断脐,并用 5%碘酒消毒,擦干牛体;填写奶牛谱系、放入犊牛岛。

7.1.2 新生犊牛在出生后 1 h 内必须喂给初乳,饲喂量为 2 kg～2.5 kg,温度 39 ℃±1 ℃,持续饲喂 3 d 初乳,3 d 后饲喂常奶或犊牛代乳粉。

7.1.3 犊牛出生 1 周后训练吃犊牛用颗粒料,自由采食,断奶时,犊牛必须连续 3 d 采食颗粒料 1.25 kg 才能进行断奶。

7.1.4 哺乳期为 60 d,全期喂奶量 380 kg～420 kg,每天喂 3 次。

7.1.5 哺乳期犊牛喂奶量见表 1。

表1 哺乳期犊牛喂奶量

日龄(d)	喂奶量(kg/d)	总量(kg)
0～7	6	42
8～15	7	56
16～35	9	180
36～50	5	75
51～60	3	30
合计	—	383

7.1.6 犊牛出生10 d内,打号、照相、登记谱系。

7.1.7 去角:犊牛出生后,20 d～30 d去角(用电烙铁或药物去角)。

7.1.8 去副乳头:在犊牛出生后14 d～21 d进行。

7.1.9 犊牛饲喂应做到"五定":定人、定质、定量、定时、定温,每次喂完奶后擦干嘴部。同时应做到"四勤":勤打扫、勤换垫草、勤观察、勤消毒。

7.1.10 犊牛的生活环境要求清洁、干燥、宽敞、阳光充足、冬暖夏凉。哺乳期犊牛应做到一牛一栏单独饲养,犊牛转出后应对犊牛栏更换褥草、彻底消毒。犊牛用具、饲槽保持清洁卫生。

7.1.11 根据饲养方案,到60日龄时,结束哺乳期。测量体重后转入断奶群,并做好断奶阶段的过渡饲养。

7.2 犊牛期(断奶至6月龄)饲养管理

7.2.1 随着月龄的增长,逐渐增加优质粗饲料的喂量,选择优质干草、苜蓿供犊牛自由采食,4月龄前禁止饲喂青贮等发酵饲料。

7.2.2 做好断奶牛过渡期的饲养管理,减少过渡期的应激影响。

7.2.3 6月龄时干物质采食量达到4.5 kg。

7.3 育成牛饲养管理

7.3.1 育成牛根据生长发育及生理特点可分为第一阶段(7月龄～12月龄)和第二阶段(13月龄～15月龄)。

7.3.2 日粮以粗饲料为主,精料补充料每头每天2 kg～2.5 kg,干物质采食量达到7.8 kg。

7.3.3 注意观察发情,做好发情记录,以便适时配种。

7.3.4 及时配种:当奶牛(荷斯坦奶牛)达到14月龄～15月龄时可参加配种,参配标准:体重375 kg以上,体高1.3 m以上,膘情适宜(2.75分～3分)。

7.4 青年牛饲养管理

7.4.1 分群管理,青年牛饲养应划分为以下4个阶段:16月龄～18月龄、19月龄至预产前60 d、预产前60 d至预产前21 d、预产前21 d转入待产区等待分娩。

7.4.2 日粮要求

7.4.2.1 16月龄～18月龄。日粮应为全株玉米青贮、优质干草和精料补充料配制而成的全混合日粮,日粮蛋白水平达到12%。

7.4.2.2 19月龄至预产前60 d。日粮干物质进食量应达到11 kg～12 kg,饲料应为全株玉米青贮、优质干草和精料补充料配制而成的全混合日粮,日粮粗蛋白质水平12%～13%。

7.4.2.3 预产前60 d至预产前21 d。日粮干物质进食量应达到10 kg～11 kg,以全株玉米青、优质干草和精料补充料配制而成的全混合日粮,日粮粗蛋白质水平14%,精料补充料每头每日3 kg。该阶段奶牛的饲养水平近似于成母牛干奶前期。

7.4.2.4 预产前21 d至分娩。采用过渡期饲养方式,供给低钙日粮,日粮干物质进食量10 kg～11 kg,日粮粗蛋白质水平占干物质14.5%。精料补充料每头每日4.5 kg左右。

7.4.2.5 应进行配种、妊检、产犊记录。

7.4.2.6 根据体膘状况、胎儿发育阶段，按营养需要掌握精料供给量，防止过肥。

7.4.2.7 观察牛只临产症状，做好分娩前的准备工作。

7.5 成母牛各阶段饲养管理

7.5.1 按泌乳日龄和产奶量及妊娠情况进行分群管理，成母牛饲养应划分为以下 6 个阶段：干奶前期、干奶后期、泌乳早期、泌乳高峰期、泌乳中期、泌乳后期。

7.5.2 干奶前期(停奶至产前 21 d)

7.5.2.1 停奶前 10 d，应进行妊检和隐性乳房炎检测，确定怀孕和乳房正常后方可进行停奶。配合停奶应调整日粮，逐渐减少精料供给量。

7.5.2.2 停奶采用快速停奶法，最后一次将奶挤净，用酒精将乳头消毒后，注入专用干奶药，转入干奶牛群，并注意观察乳房变化。

7.5.2.3 奶牛体况应处于 3.5 分～3.75 分，可根据个体不同体况，增减精料进食量。

7.5.2.4 控制饲喂食盐、苜蓿，运动场不设补盐槽。

7.5.3 干奶后期(产前 21 d 至分娩)

7.5.3.1 此段时间为围产前期，应保持体况 3.5 分～3.75 分。

7.5.3.2 日粮应以优质干草为主，日粮干物质占体重的 2.5%～3%，日粮含粗蛋白质 13%、钙 0.2%～0.3%。

7.5.3.3 管理应做好产前的一切准备工作。床位产间保持清洁、干燥，每天消毒，随时注意牛只状况。

7.5.3.4 产前第 7 天开始药浴乳头，每天 2 次，不能试挤。

7.5.4 泌乳早期(分娩至产后 21 d)

7.5.4.1 此阶段也称为围产后期，应把握产前、产后日粮转换，让牛只尽快提高采食量，适应泌乳牛日粮；排出恶露，尽快恢复繁殖机能。

7.5.4.2 每日可增加 0.5 kg 精饲料，自由采食干草。日粮含钙 0.6%、磷 0.3%，精粗比为40：60，粗纤维含量不少于 23%。

7.5.5 泌乳高峰期饲养管理(产后 21 d～100 d)

7.5.5.1 日粮干物质应由占体重的 2.5%～3.0%，逐渐增加到 3.5%以上。日粮含粗蛋白质 16%～18%、钙 0.7%、磷 0.45%。精粗比由 40：60 逐渐过渡至 65：35，粗纤维含量不少于 15%。

7.5.5.2 应饲喂优质干草；对体重偏瘦的牛可在全混合日粮中添加脂肪、过瘤胃蛋白质饲料和维生素 A、维生素 D 和维生素 E 及碳酸氢钠瘤胃缓冲剂。

7.5.5.3 产后 60 d 开始进行发情检查，及时配种。

7.5.6 泌乳中期饲养管理(产后 101 d～200 d)

7.5.6.1 日粮干物质应占体重 3.0%～3.2%，日粮含粗蛋白质 13%、钙 0.45%、磷 0.35%，精粗比为 40：60，粗纤维不少于 17%。

7.5.6.2 在日粮中适当降低能量、蛋白质含量，增加青粗饲料。

7.5.7 泌乳后期饲养管理(产后 201 d 至停奶)

7.5.7.1 日粮干物质应占体重的 3.0%～3.2%，日粮含粗蛋白质 12%、钙 0.45%、磷 0.35%，精粗比例 30：70，粗纤维含量不少于 20%。

7.5.7.2 调控精料进食量，体况应保持 3.0 分～3.5 分，停奶时应达 3.5 分。

7.5.8 产房管理

7.5.8.1 产房应保持安静，环境卫生干净；产房昼夜设专人值班。

7.5.8.2 产房设置专用的绳、盆、毛巾、消毒液(新洁尔灭、来苏儿、碘等)，根据预产期做好产房、产间和助产器械工具的清洗消毒和产前准备工作。

7.5.8.3 母牛产前 1 h～6 h 进入产间，消毒后躯。如需助产时，要严格消毒手臂和器械。

7.5.8.4 母牛产后喂麸皮盐水，清理消毒产间，更换褥草，检查牛体。

7.5.8.5 母牛产后 30 min 至 1 h 内挤第 1 次奶，挤 2 kg～3 kg。如果没有乳房炎，从第 2 班开始，可以上机挤奶。

7.5.8.6 产后 24 h 内观察胎衣排出及是否完整正常，如脱落不全或胎衣不下，进行治疗。

7.5.8.7 奶牛产后在产房饲养 15 d。出产房前，由配种员、兽医、产房组长、挤奶员和成牛组长对其检查、评定并记录，正常牛转入成母牛舍；异常牛转入观察区。

7.5.8.8 奶牛离开产房时，可视情况修正牛蹄。

7.5.9 夏季饲养管理

7.5.9.1 修建凉棚或搭建简易凉棚，采用风扇和微喷进行降温；定期灭蝇，至少每月 1 次。

7.5.9.2 提高日粮精料比例，最大比例不超过 60%，中性洗涤纤维不低于 28%～30%；增加日粮营养浓度，可在日粮中添加过瘤胃脂肪；在日粮干物质中添加 0.75%～1.5%的碳酸氢钠或 0.35%～0.4%的氧化镁；补充钠、钾、镁。日粮干物质中钾占 1.5%；钠占 0.5%；镁占 0.3%。

8 奶牛日粮配制

8.1 奶牛日粮采用混合日粮，混合均匀，水分合适(40%～50%)。

8.2 日粮配制关键点

8.2.1 全混合日粮中粗饲料应以全株玉米青贮或玉米青贮饲料为主，还应使用适量的优质苜蓿干草、东北羊草和小黑麦干草等干草类饲料。

8.2.2 全混合日粮中精饲料应使用配制的奶牛精料补充饲料，可适量使用过瘤胃蛋白和过瘤胃脂肪。

8.2.3 全混合日粮中的钙磷比为(1.5～2.0)：1。

8.2.4 全混合日粮中长度大于 35 mm 的粗饲料应不低于 15%。

9 生鲜牛奶要求

9.1 感官要求及检验：应符合表 2 的规定。

表 2 感官要求及检验

项 目	要 求	检验方法
色泽	呈乳白色或微黄色	取适量试样置于 50 mL 烧杯中，在自然光下观察色泽和组织状态，闻其气味，用温开水漱口，品尝滋味
滋味、气味	具有乳固有的香味，无异味	
组织状态	呈均匀一致液体，无凝块、无沉淀、无正常视力可见异物	

9.2 理化指标：应符合表 3 要求。

表 3 理化指标

项 目	指 标	检测方法
冰点(℃)	−0.500～−0.560	GB 5413.38
相对密度(20 ℃/40 ℃)	≥1.028	GB 5413.33
每 100 g 蛋白质(g)	≥3.1	GB 5009.5
每 100 g 脂肪(g)	≥3.7	GB 5413.3
杂质度(mg/kg)	≤4.0	GB 5413.30
每 100 g 非脂固形物(g)	≥8.1	GB 5413.39
酸度(°T)	≤12～18	GB 5413.34

9.3 污染物限量及测定：应符合 GB 2762 的规定。

9.4 真菌毒素限量及测定：应 GB 2761 的规定。

9.5 微生物指标:应符合表4要求。

表4 微生物指标

项 目	限量[CFU/g(mL)]	检测方法
菌落总数	$\leqslant 2\times10^4$	GB/T 4789.18—2005

9.6 农药残留限量和兽药残留限量

9.6.1 农药残留量应符合GB 2763及国家有关规定和公告。

9.6.2 兽药残留量应符合国家有关规定和公告。

10 挤奶、贮存和运输

10.1 挤奶要求

10.1.1 挤奶前先观察或触摸乳房外表是否有红、肿、热、痛症状或创伤。

10.1.2 乳头的清洗消毒,先药浴乳头,药浴液应选用专用的乳头药浴液,药液作用时间应保持在20 s~30 s。

10.1.3 用一次性纸巾在药浴后擦干乳头及基部。

10.1.4 应将头几把奶挤到专用容器中,检查牛奶状态是否有凝块、絮状物或血乳,正常牛方可上机挤奶;异常牛及时报告兽医治疗,单独挤奶杯组,严禁混入正常牛奶中。

10.1.5 准备工作结束后,及时套上挤奶杯组,时间是从刺激乳头开始45 s~60 s。挤奶过程中观察真空稳定情况,挤奶杯组奶流情况,适当调整奶杯组的位置,牛奶挤完后,先关闭真空,再移走挤奶杯组,避免过度挤奶。

10.1.6 挤奶结束后,应立刻进行乳头药浴,停留时间为3 s~5 s。

10.2 牛奶贮存、运输

10.2.1 贮存

生鲜乳应贮存于密闭、洁净、经消毒的容器中。储存温度为2 ℃~6 ℃。

10.2.2 运输

运输产品时必须使用密闭、洁净、经消毒的保温奶槽车或奶桶。

本标准依照GB/T 1.1—2009《标准化工作导则 第1部分:标准的结构和编写》的规定编写。

本标准起草单位:天津梦得集团有限公司、中国农业科学院北京畜牧兽医研究所、天津市畜牧兽医研究所、天津农学院。

本标准主要起草人:于静、王加启、张学炜、于清、张国伟、卜登攀、栾广春、王志明、王巍。

本标准于2010年5月17日首次发布。

DB12/T 137—2012 代替 DB12/T 137—2002

肉用绵羊饲养管理技术规范

Technical standard of feeding and management of sheep

1 范围

本标准规定了肉用绵羊的术语和定义、要求、疫病防治、环境与卫生消毒、病、死羊和废弃物无害化处理。

本标准适用于以舍饲方式饲养的肉用绵羊。

2 规范性引用文件

下列文件对于本文件的应用是必不可少的。凡是注日期的引用文件，仅所注日期的版本适用于本文件。凡是不注日期的引用文件，其最新版本(包括所有的修改单)适用于本文件。

GB 13078 饲料卫生标准

GB 16548 病害动物及病害动物产品生物安全处理规程

GB 16567 种畜禽调运检疫技术规范

GB/T 20014.7—2008 良好农业规范 第7部分：牛羊控制点与符合性规范

NY/T 388 畜禽场环境质量标准

NY/T 816—2004 肉羊饲养标准

NY 5027—2008 无公害食品 畜禽饮用水水质

NY 5030 无公害食品 畜禽饲养兽药使用准则

NY 5032 无公害食品 畜禽饲料和饲料添加剂使用准则

NY/T 5151—2002 无公害食品 肉羊饲养管理准则

NY/T 5339—2006 无公害食品 畜禽饲养兽医防疫准则

DB12/T 270—2006 天津市肉羊饲养小区建设规范

3 术语和定义

3.1 舍饲育肥 Feed - lot fattening

在舍内养羊，按营养需要提供配合日粮，在较短时期内育肥的一种饲养方式。

4 要求

4.1 品种要求

符合肉用羊品种特征。

4.2 羊场的选址及羊舍建筑要求

符合 DB12/T 270—2006 第7章的规定。

天津市质量技术监督局 2012 - 03 - 06 发布

2012 - 06 - 01 实施

4.3 水质要求

符合 NY 5027—2008 第 3 章的规定。

4.4 饲料要求

4.4.1 饲料使用符合 NY 5032 的规定。

4.4.2 发霉、腐败变质或被污染的饲料、饲草不得用于饲喂肉用绵羊，饲料应符合 GB 13078 的规定。

4.4.3 含有毒成分或含抗营养因子的天然植物饲料应限量或加工后使用。

4.4.4 加工饲料前应用磁铁或专用设备除去铁屑、铁丝，禁止将碎玻璃、塑料混入饲料。

4.4.5 饲料营养标准符合 NY/T 816—2004 第 4 章的规定。

4.5 饲养管理要求

4.5.1 羔羊的饲养管理。

4.5.1.1 羔羊出生后，立即把其口腔、鼻腔里的黏液掏出擦净。

4.5.1.2 断脐带。人工断脐带，在离羔羊肚皮 3 cm～4 cm 处剪断脐带并用碘酒消毒。

4.5.1.3 出生后 1 h 内让羔羊吃上初乳。

4.5.1.4 3 日龄～7 日龄进行断尾。

4.5.1.5 去势。凡是不能留作种用的公羔，均在出生后 7 d～15 d 内去势。

4.5.1.6 补饲。出生后 7 d～10 d 开始给羔羊喂干草，15 d～20 d 开始喂精料，让羔羊自由采食。

4.5.1.7 断乳。出生后 1 月龄断乳。

4.5.1.8 卫生管理。母子羊舍保持干燥、清洁、温暖。羊舍温度要求，冬季应不低于 5 ℃，夏季应不高于 30 ℃。

4.5.1.9 人工哺乳。对弱羔、初产及母性差的母羊所产的羔羊，应实行人工哺乳。应进行3 次～5 次训练，使其认奶。人工哺乳要求清洁卫生、定时、定量、定温。哺乳温度应在 35 ℃～39 ℃。对孤羊或多羔以及缺奶母羊所生的羔羊，应找保姆羊代哺或人工哺乳。

4.5.2 育肥羊饲养管理

应符合 GB/T 20014.7—2008 中 4.3.1、4.3.11、4.3.12、4.3.16、4.3.17、4.3.18、4.3.19 的规定。

4.5.3 种公羊的饲养管理

要求种公羊体质结实、性欲旺盛、精子活力强、精液品质好、常年保持中等以上的膘情。

4.5.4 母羊的饲养管理

按空怀期、妊娠前期、妊娠后期、哺乳期分阶段饲养管理。

4.6 剪毛管理

4.6.1 剪毛时间

每年 5 月、10 月各剪 1 次。

4.6.2 剪毛方法

按先剪腹部及四肢，先左后右、先后再前、先上后下的顺序进行剪毛。

5 疫病防治

5.1 疫病预防

应符合 NY/T 5339—2006 第 3 章的规定。

5.2 疫病控制

应符合 NY/T 5339—2006 第 4 章的规定。

5.3 需要引进种羊，应从具有种羊经营许可证的种羊场引进，并按照 GB 16567 的规定进行检疫。

5.4 进场后，应隔离半个月，注射疫苗和驱虫后，确认无传染性疾病后再混群饲养。

5.5 免疫

5.5.1 在免疫前要彻底消毒免疫用具。

5.5.2 免疫程序

推荐的免疫程序见附录A。

5.5.3 剩余或废弃的疫苗以及使用过的疫苗包装物不得乱扔，要进行无害化处理。

5.6 驱虫

驱虫药物选择符合NY 5030的规定。驱虫程序见附录B。

5.7 药浴

5.7.1 药浴的时间

春、秋两季，或剪毛后7 d～10 d进行药浴。

5.7.2 药浴的方法

药浴方法有喷淋法、药浴池法和水锅药浴法。药浴前8 h停喂料，但一定要让羊饮足水，药浴水温保持在35 ℃～40 ℃。

5.7.3 药浴的药物

药物的选择符合NY 5030的规定。按使用说明配制，现用现配。

6 环境与卫生消毒制度

6.1 环境质量

应符合NY/T 388的规定。

6.2 清扫

羊舍及周围环境每天要清扫。

6.3 消毒

羊舍及地面每半月消毒1次，周围环境每月消毒1次，用10%～20%石灰乳或10%次氯酸钙或0.5%过氧乙酸消毒；地面可用3%～5%氢氧化钠消毒。

6.4 食槽、水槽及用具

用2%～3%氢氧化钠或其他高效消毒剂每周清洗、消毒1次。

6.5 兽医器械

用完后清洗、消毒。

7 病、死羊和废弃物无害化处理

7.1 病、死羊处理

应符合GB 16548的规定。

7.2 废弃物处理

应符合NY/T 5151—2002第11章的规定。

附 录 A
（资料性附录）
免 疫 程 序

日 龄	疫苗种类	方 法	备 注
20	羊痘鸡胚化弱毒疫苗	皮下或肌肉注射	0.5 mL/只
40	羊三联四防疫苗	皮下或肌肉注射	1 mL/只
	口蹄疫O型-亚洲Ⅰ型疫苗	肌肉注射	1 mL/只(每年春、秋季各1次)

附 录 B
（资料性附录）
驱 虫 程 序

项 目	时 间	药 物	使用方法、剂量	备 注
线虫	3 月～4 月、11 月～12 月	丙硫苯咪唑	10 mg/kg ～ 15 mg/kg 体重、内服	8 月龄内羔羊1个～1.5个月
线虫	3 月～4 月、11 月～12 月	左旋咪唑	5 mg/kg～10 mg/kg 体重、内服	驱虫 1 次
绦虫、吸虫	3 月～4 月、11 月～12 月 3 月～4 月、11 月～12 月	吡喹酮	5 mg/kg～10 mg/kg 体重、内服 20 mg/kg ～ 50 mg/kg 体重、内服	
绦虫	6 月、11 月～12 月	灭绦灵	0.02 mg/kg 体重、注射	
体内外寄生虫	随时可用	伊弗米丁	0.2 mg/kg 体重、注射	每 60 d 1 次
体内外寄生虫		阿维菌素(或伊维菌素)		用药 1 周后，再按同样剂量重复 1 次

注：1. 驱虫后 3 d～5 d 内圈舍必须彻底清扫，粪便要堆积，封存发酵或烧毁。

2. 饲养场户控制养犬或严禁羊与犬混养。

本标准的编写符合 GB/T 1.1—2009《标准化工作导则　第 1 部分：标准的结构和编写》的要求。

本标准新增及修订内容：

——将范围改为本标准规定了肉用绵羊的术语和定义、要求、疫病防治、环境与卫生消毒、病、死羊和废弃物无害化处理。本标准适用于以舍饲方式饲养的肉用绵羊。

——减掉混合育肥、饲养规模、品种及杂交组合、性能指标、饲料加工与调制技术。

——增加“要求”一章内容。

——育肥羊饲养管理改为符合 GB/T 20014.7—2005　4.3.1、4.3.10、4.3.11、4.3.12、4.3.15、4.3.18 的要求。

——种公羊的饲养管理改为要求种公羊体质结实、性欲旺盛、精子活力强、精液品质好、常年保持中等以上的膘情。

——母羊的饲养管理改为按空怀期、妊娠前期、妊娠后期、哺乳期分阶段饲养管理。

——免疫程序和驱虫程序改为附录内容。

——增加病、死羊和废弃物无害化处理内容。

本标准由天津市畜牧兽医局提出。

本标准起草单位：天津市畜牧总站。

本标准主要起草人：杜淑清、李智红、殷茵、王金颖、王玉舜、戈成、隋茁。

本标准代替 DB12/T 137—2002。

本标准于 2002 年首次发布，2012 年 2 月第一次修订。

示范奶牛场生产管理规范

Demonstration dairy farm production management standard

1 范围

本标准规定了示范奶牛场的建设与布局、投入品管理、牛群管理、繁殖管理、生鲜乳质量安全控制、人员管理、疫病防控、环境控制、生产记录。

本标准适用于规模化奶牛场，奶牛养殖小区可参照执行。

2 规范性引用文件

下列文件对于本文件的应用是必不可少的。凡是注日期的引用文件，仅所注日期的版本适用于本文件。凡是不注日期的引用文件，其最新版本(包括所有的修改单)适用于本文件。

GB 4143 牛冷冻精液标准

GB 5749 生活饮用水卫生标准

GB 7959 粪便无害化卫生标准

GB 8978 污水综合排放标准

GB 14554 恶臭污染物排放标准

GB 16548 病害动物和病害动物产品生物安全处理规程

GB 18596 畜禽养殖业污染物排放标准

NY/T 34 奶牛饲养标准

NY 5045 无公害食品 生鲜牛乳

NY 5047 无公害食品 奶牛饲养管理兽医防疫准则

NY 5048 无公害食品 奶牛饲养饲料使用准则

NY/T 5050 无公害食品 牛奶加工技术规范

DB12/356—2008 污水综合排放标准

3 奶牛场建设与布局

3.1 选址

3.1.1 应具备就地无害化处理粪尿、污水的足够场地和排污条件，并通过当地有关部门环境评价。

3.1.2 应满足卫生防疫要求，场区距铁路、高速公路、交通干线不小于 1 000 m；距一般道路不小于 500 m；距其他畜牧场、兽医机构、畜禽屠宰场不小于 2 000 m；距居民区不小于 3 000 m，并且应位于居民区及公共建筑群常年主导风向的下风向处。

3.1.3 场址应水源充足，饮用水水质应符合 GB 5749 的要求，排水畅通，供电可靠、交通便利，地质条件能满足建设要求。

3.1.4 选址周边应有丰富的粗饲料资源，譬如玉米、苜蓿等种植基地。

天津市质量技术监督局 2012 - 11 - 14 发布　　2013 - 02 - 15 实施

3.1.5 选址时奶牛场面积宜按饲养 120 头/hm^2～150 头/hm^2 标准估算。

3.2 场区布局

3.2.1 奶牛场应划分为生活管理区、辅助生产区、生产区、隔离区和粪污处理区。

3.2.2 奶牛场的生活管理区应位于场区全年主导风向的上风处或侧风处，地势高于其他各区域。并在场区入口处设置外来人员或车辆强制性消毒设施。

3.2.3 辅助生产区主要布置供水、供电、供热、设备维修、物资仓库、饲料贮存等设施。

3.2.4 生产区与其他区之间应用围墙或绿化隔离带严格分开，在生产区入口处设置第二次人员更衣消毒室和车辆消毒设施。生产区布置成母牛舍、后备牛舍、犊牛舍、挤奶厅及附属设施。奶牛场生产区应设两条通道即净物通道和污物通道，人员、车辆、饲料等进出场走净道，牛粪等污物进出场走污道。所有通道都设置消毒池，配备消毒用具。外来车辆进出大门，应对车体四周实施喷雾消毒。随车人员应洗手消毒。

3.2.5 隔离区主要布置兽医室、隔离舍和牛场废弃物的处理设施，该区应位于场区全年主导风向的下风处和场区地势最低处。隔离区与生产区有专用道路相通，与场外有专用大门相通。

3.2.6 粪污处理区主要布置牛场粪污等废弃物的处理设施，该区应位于场区全年主导风向的下风处和场区地势最低处。

3.2.7 各类建筑物布局要遵守卫生防疫及防火要求，生活管理区与生产区牛舍之间距离应不小于 50 m，各排牛舍之间相距要在 30 m 以上，每排犊牛舍之间相距不小于 5 m。

3.2.8 饲喂通道要与饲料搅拌设备相匹配，清粪通道要与清粪机械相匹配，挤奶厅挤奶能力及贮奶设施要与泌乳牛总数相匹配。牛舍功能与奶牛生理阶段和头数相匹配。

4 牛群管理

4.1 后备牛管理

犊牛(出生至 6 月龄)、育成牛(7 月龄～14 月龄)、青年牛(15 月龄至产犊前)。

4.1.1 犊牛饲养工艺

出生至 50 d 断奶在犊牛岛进行人工哺乳，断奶后饲养至 4 月龄饲喂专用犊牛颗粒料和少量优质干草，5 月龄～6 月龄分群饲养，按营养标准投放日粮。

4.1.2 育成牛饲养工艺

7 月龄～14 月龄按体格大小分群饲养，按营养标准投放日粮，13.5 月龄或 14 月龄体重达370 kg即可配种。

4.1.3 青年牛饲养工艺

15 月龄至转群前 21 d 按体格大小和怀孕情况分 3 群以上，按营养标准投放日粮。

4.2 成母牛管理

新产牛期(围产后期:分娩～产后 21 天)、泌乳前期(产后 22～100 d)、泌乳中期(产后101 d～200 d)、泌乳后期(产后 201 d 至产前 60 d)、干乳前期(产前 60 d～产前 22 d)和干乳后期(围产前期:产前 21 d 至分娩)。

4.2.1 成母牛饲养工艺

宜采用散栏式饲养工艺，按奶牛年龄、体况、生理阶段进行分群饲养。满足奶牛自由采食、休息、挤奶的要求。

4.2.2 奶牛生产性能测定

有条件的牛场应参加奶牛生产性能测定，以奶牛生产性能测定记录科学指导繁育和饲养管理工作。

4.3 繁殖管理

4.3.1 母牛的发情、配种、妊娠、产犊、流产等情况应做相关记录。

4.3.2 冷冻精液应符合 GB 4143 牛冷冻精液标准的规定。

4.3.3 母牛产后应进行观察、检查，并做相关记录。

4.4　饲喂管理

4.4.1　采食位有料时间每天不低于 22 h。

4.4.2　每天剩料量以添加量的 3%～5%为宜。

5　全混合日粮配制

5.1　全混合日粮配制要求

5.1.1　各种饲料原料应符合 NY 5048 的要求。

5.1.2　各牛群每天营养需要按 NY/T 34 的要求配制。

5.1.3　全混合日粮中精料比例(以干物质为基础)应小于 65%;水分要求泌乳牛 45%～55%,育成牛 50%～60%。

5.2　原料投放顺序

5.2.1　卧式 TMR 搅拌车的原料投放顺序为:精料、干草、青贮、糟渣类、水,边加料边混合。

5.2.2　立式 TMR 搅拌车的原料投放顺序为:干草、精料、青贮、糟渣类、水,边加料边混合。

6　投入品管理

6.1　饲料及饲料添加剂管理

6.1.1　各种饲料和饲料添加剂的使用应符合《中华人民共和国饲料和饲料添加剂管理条例》的有关规定,并按规定执行休药期。

6.1.2　在饲料和奶牛饮用水中不得添加《禁止在饲料和动物饮用水中使用的药物品种目录》中所列的药物。

6.1.3　在奶牛饲料中不得添加和使用除乳以外的动物源性饲料。

6.2　兽药管理

6.2.1　应使用经国家相关部门批准、获得 GMP 认证的生产厂家的兽药。

6.2.2　每批兽药应由供应商提供产品出厂合格证、检验报告单。

6.2.3　兽药应按说明书在有效使用期内使用。

6.2.4　泌乳牛在正常情况下不得使用任何药物,必须用药治疗时,应准确计算停药时间和弃乳期,在药物残留期间的生鲜乳不得销售。

7　生鲜乳质量安全控制

7.1　挤奶管理

7.1.1　挤奶工艺。

7.1.2　采用机械化挤奶,条件允许时安装智能化管理软件。

7.1.3　挤奶顺序。清洁检查——挤奶前药浴——挤头三把奶——擦干乳头——上机挤奶——挤奶后药浴。

7.1.4　挤奶结束后,应立即清洗挤奶设备。清洗顺序:预冲洗——碱洗——酸洗——后冲洗。

7.1.5　奶牛上厅顺序:新产泌乳牛——泌乳前期牛——泌乳中后期牛——难挤牛——参与治疗奶牛。

7.1.6　药浴液每班挤奶前现用现配,并保证有效的药液浓度。每班药浴杯使用完毕应清洗干净。

7.1.7　奶牛分娩后头 3 d 的牛奶单独存放以备饲喂犊牛使用。初乳不能混入商品奶中。

7.2　生鲜乳冷却、贮存、运输

7.2.1　冷却

生鲜乳应先进入冷热交换器,预冷后再进入奶罐,2 h 以内冷却到 4 ℃以下保存。

7.2.2　贮存

生鲜乳运至加工厂前,应贮存在直冷罐中,并定时搅拌,温度保持 4 ℃,贮存时间不超过 48 h。

7.2.3 运输

用专用的奶罐车将生鲜乳运到加工厂。出场前生鲜乳温度应为 4 ℃,酒精试验阴性。运输过程中不得停留。运输过程中应随车携带生鲜乳运输准运证和生鲜乳交接单。运输后及时清洗奶罐。

7.2.4 生鲜乳质量应符合《乳品质量安全管理条例》和国家生鲜乳收购标准的规定。生鲜乳出厂前对生鲜乳进行感官、密度、酸度、含碱等常规检验。

8 人员管理

8.1 奶牛场员工

应无结核病、布氏杆菌病及其他传染病,并持有健康合格证。员工每年应进行一次健康检查。

8.2 奶厅场员工

应接受食品安全、乳品质量安全法律、法规培训,培训合格后方可上岗。

8.3 挤奶厅员工

应接受挤奶操作规程培训,按操作规程操作。

9 疫病防控

9.1 防疫

9.1.1 防疫要求

9.1.1.1 奶牛场所有出入口应设立消毒池,门口应配备高压消毒枪,对进场车辆进行消毒。

9.1.1.2 建立出入登记制度,奶牛场生产区谢绝参观,非生产人员不得进入生产区。

9.1.1.3 生产区与生活区间设立隔离带,并设立更衣室,更衣室应清洁、无尘埃,具有紫外线灯及衣物消毒设施。员工进入生产区,应穿戴工作服穿过消毒间,洗手消毒方可入场。

9.1.1.4 奶牛场设专门供粪车等污染车辆通行的道路。

9.1.1.5 奶牛场不准私养偶蹄动物,奶牛场不准饲养其他畜种。

9.1.1.6 死亡牛只应做无害化处理,尸体接触过的器具及其所处的环境做好清洁消毒工作。

9.1.1.7 运牛车辆经过严格消毒后方可进入指定区域装牛。

9.1.1.8 奶牛发生疑似传染病或附近奶牛场出现传染病时,按照天津市重大动物疫病控制应急预案采取措施。

9.1.1.9 不准在疫区购置草料及生物制品。

9.2 免疫

9.2.1 免疫要求

9.2.1.1 疫苗应按规定保存,注射时如遇瓶盖松动、破裂、瓶内有异物或凝块应弃用。

9.2.1.2 注射所用的针头、针管等器具应事先进行消毒。注射部位经剪毛消毒后注射疫苗,严禁“飞针”方式注射,注射时针头逐头更换,不得用一个针头注射两头牛。

9.2.1.3 注射剂量严格按照疫苗说明进行。

9.2.1.4 注射疫苗时,应备足肾上腺素等抗过敏药;凡患病、瘦弱及临产牛(产前 10 d～15 d)暂缓注射疫苗,待病牛康复、体况恢复及产后再按规定补注。

9.2.1.5 疫苗包装容器使用后应焚烧或深埋。

9.2.2 免疫项目

9.2.2.1 口蹄疫。根据农业部《口蹄疫防治技术规范》规定,全群范围内免疫口蹄疫 A 型和口蹄疫 O 型-亚洲 Ⅰ 型双价灭活疫苗。

9.2.2.2 布氏杆菌病。奶牛场应配合检疫部门每年秋季进行 1 次免疫。

9.2.2.3 炭疽。每年春季一次全群免疫。

9.3 **检疫**

9.3.1 结核检疫

9.3.1.1 奶牛场要配合检疫部门安排好每年春、秋两次全群牛的结核检疫。

9.3.1.2 结核检疫出现的阳性牛只，应在 3 d 内扑杀。初次检疫可疑的牛只，应隔离饲养，一个月后复检；两次检疫均可疑的按阳性处理。

9.3.1.3 对阳性牛所在牛舍增加消毒频率，暂停牛只调动。该群牛每隔 45 d 复检一次，连续二次不出现阳性反应牛为止。

9.3.2 副结核检疫

每年对 3 月龄以上的牛进行 1 次副结核检疫，检疫规定与结核检疫相同。

9.3.3 其他疫病检疫按上级防疫主管部门安排进行。

9.3.4 外调牛按规定隔离。

9.4 **消毒**

9.4.1 消毒计划应由兽医拟定，由有关人员执行。

9.4.2 运动场经阳光暴晒或喷洒消毒液后方可铺垫。运动场应定期消毒。消毒药应用过氧乙酸和氢氧化钠交替使用。

9.4.3 奶牛场水源为清洁饮用水，饮水槽夏季每天刷洗 1 次，冬季每周刷洗 1 次。饮水槽夏季每半月应消毒 1 次，冬季每月消毒 1 次。

9.4.4 饲喂走廊应保持干净，定时送料推料，每天饲喂结束清理 1 次，每月至少消毒 1 次。

9.4.5 奶牛舍在屋顶墙壁四周设通风口、通风窗。牛舍宜 1 周消毒 1 次。

9.4.6 产房用具每次用过后应清除污物并用消毒药液浸泡消毒，产房每天清理消毒。

9.4.7 每批犊牛转出后，对犊牛岛进行彻底消毒。经常保持干燥。

9.4.8 道路、饲料间及办公区和员工宿舍应每季度消毒 1 次。粪场每半月消毒 1 次。

9.4.9 每季度进行 1 次全场的灭鼠工作。

9.4.10 定期进行全场的灭蝇。蚊蝇滋生季节，每周 1 次。

10 环境控制

10.1 **奶牛场环境要求**

10.1.1 新建奶牛场应进行环境评估。牛场建设相应的污水和粪便处理设施。

10.1.2 奶牛场绿化面积，除建筑物之外的剩余面积生活区不低于 40%，生产区不低于 20%。

10.1.3 场区空气质量符合 GB 14554 的规定。

10.1.4 粪污处理后符合 GB 7959 的规定。

10.1.5 处理后的污水符合 GB 8979 的规定。

10.2 **无害化处理**

10.2.1 粪污处理

10.2.1.1 厌氧堆肥处理方式。牛粪经自然堆积发酵后返还于农田，或经无害化处理后生产有机肥。

10.2.1.2 固液分离和分级氧化塘处理方式。采用“粪污经输粪管道＋氧化塘处理的水＋固液分离＋再生垫料制备＋废水深度处理及回冲牛舍粪污”的工艺。

10.2.1.3 固液分离和沼气发电方式。厌氧发酵，生产沼气，沼气可作燃料，也可发电作绿色能源，沼渣和沼液可作有机肥。

10.2.1.4 污染物的排放应符合 GB 18596 的规定。

10.2.2 污水处理

10.2.2.1 生活区的污水不能流向生产区。

10.2.2.2 各种污水经污水管道收集厌氧发酵后综合利用。

10.2.2.3 污水的排放应符合 DB12/356 2008 的规定。

10.2.3 病、死牛处理

对病死或死因不明的牛只应做无害化处理，符合 GB 16548 的规定。

10.2.4 其他废弃物处理

免疫、检疫过程中产生的废弃物处理，符合 GB 16548 的规定。

11 生产记录

11.1 养殖记录

11.1.1 牛群变动表，记录泌乳牛、干奶牛、18 月龄至转群青年牛、7 月龄～17 月龄育成牛、0～6 月龄母犊牛的月初头数、本月增加数、本月减少数、月末头数、平均头数、总饲日数。牛场牛群变动记录，格式见附录 A 表 A.1。

11.1.2 奶牛场应具有牛群状况统计表，记录奶牛的品种、结构、数量、标识情况、来源和进出场日期等信息。个体奶牛应具备完整的系谱登记记录。牛场牛群出入情况记录，格式见附录 A 表 A.2。

11.1.3 繁殖记录、精液来源和配种日期。牛场奶牛配种流水账记录，格式见附录 A 表 A.3。

11.2 投入品记录

11.2.1 饲料、饲料添加剂、兽药等投入品的来源、名称、数量和进、出库时间。牛场饲料、饲料添加剂购入记录，格式见附录 A 表 A.4；牛场饲料、饲料添加剂使用记录，格式见附录 A 表 A.5；牛场兽药购入记录，格式见附录 A 表 A.6；牛场兽药使用记录，格式见附录 A 表 A.7。

11.2.2 使用对象、时间、用量、操作人员。

11.2.3 投入品记录应保存两年以上。

11.3 检疫、免疫、消毒记录

11.3.1 检疫时间、头数、耳号、检疫项目、操作人员。牛场检疫记录，格式见附录 A 表 A.8。

11.3.2 免疫使用疫苗生产厂家、批号、免疫牛群、操作人员、免疫时间。牛场免疫记录，格式见附录 A 表 A.9。

11.3.3 消毒时间、地点、用药品名、用药量、用药浓度、参加人员。牛场消毒记录，格式见附录 A 表 A.10。

11.4 发病、死亡和无害化处理记录

11.4.1 奶牛发病头数、发病原因、检查与诊断结果、处方、用药品名与用药量、检查与诊断的兽医人员。牛场奶牛疾病发病治疗记录，格式见附录 A 表 A.11。

11.4.2 奶牛死亡的原因、头数、处理情况、操作人员。牛场奶牛死亡记录，格式见附录 A 表 A.12。

11.4.3 无害化处理。病死或其他死亡的奶牛处理情况、免疫过程中的废弃物的处理情况、疫病检疫与诊断以及治疗过程中的废弃物处理情况、操作人员。牛场废弃物处理记录，格式见附录 A 表 A.13。

11.5 生鲜乳生产、检测、销售记录

11.5.1 生鲜乳生产。产奶牛耳号、挤奶时间、挤奶量、操作人员。牛场生鲜乳生产记录，格式见附录 A 表 A.14。

11.5.2 生鲜乳质量检测。检测内容、时间、检测人员。牛场生鲜乳乳质检测记录，格式见附录 A 表 A.15。

11.5.3 生鲜乳销售。销售量、时间、销售地、销售人员。牛场生鲜乳销售记录，格式见附录 A 表 A.16。

11.5.4 生鲜乳生产、检测、销售记录应保存两年以上。

11.6 其他

11.6.1 贮存时间、温度、人员。牛场生鲜乳贮存记录，格式见附录 A 中表 A.17。

11.6.2 运输时间、奶罐内温度、路途、中途是否停车或发生紧急情况等、司机及跟车人员。牛场生鲜乳运输记录，格式见附录 A 中表 A.18。

附 录 A
（规范性附录）
牛场生产管理记录表

表 A.1 （ ）年（ ）月（ ）牛场牛群变动表

牛群别	月初头数	本月增加					本月减少						月末头数	平均头数	总饲日数
		出生	转入	调入	购入	小计	淘汰	出售	死亡	转出	调出	小计			
母牛总头数															
泌乳牛															
干奶牛															
18月龄至转群青年牛															
7月龄～17月龄育成牛															
0～6月龄母犊牛															

表 A.2 （ ）牛场牛群出入情况记录表

品 种	数 量	来 源	进出场日期	备 注

表 A.3 （ ）牛场奶牛配种流水账

母牛号	公牛精液号	输精时间	配种员	备 注

表 A.4 （ ）牛场饲料、饲料添加剂购入记录表

饲料名称	来 源	入库时间	入库数量	收货人	备 注

表 A.5 （ ）牛场饲料、饲料添加剂使用记录表

饲料名称	使用时间	用 量	使用对象	使用人	备 注

表 A.6 （ ）牛场兽药购入记录表

兽药名称	来 源	入库时间	入库数量	收货人	备 注

表 A.7 （ ）牛场兽药使用记录表

兽药名称	使用时间	用 量	使用对象	使用人	备 注

表 A.8 （ ）牛场检疫记录表

检疫时间	检疫项目	检疫牛号	检疫结果	操作人员	备　注

表 A.9 （ ）牛场免疫记录表

疫苗名称	疫苗来源	疫苗批号	免疫时间	免疫牛群	用　量	操作人员	备　注

表 A.10 （ ）牛场消毒记录表

消毒时间	消毒地点	用药品名	用药量	用药浓度	参加人员	备　注

表 A.11 （ ）牛场奶牛疾病发病治疗记录表

牛　号	发病时间	检查与诊断结果	处　方	兽医人员	备　注

表 A.12 （ ）牛场奶牛死亡记录表

牛　号	死亡时间	死亡原因	处理情况	操作人员	备　注

表 A.13 （ ）牛场废弃物处理记录表

废弃物来源	名　称	处理情况	操作人员	备　注

表 A.14 （ ）牛场生鲜乳生产记录表

时　间	牛头数	挤奶时间	挤奶量	记录人	备　注

表 A.15 （ ）牛场生鲜乳乳质检测记录表

检测时间	检测内容	检测人员	备　注

表 A.16 （ ）牛场生鲜乳销售记录表

销售时间	销售数量	销售地	销售人员	备　注

表 A.17 （ ）牛场生鲜乳贮存记录表

贮存时间	贮存温度	检测人员	备　注

表 A.18 （　）牛场生鲜乳运输记录表

运输时间	奶罐内温度	路　途	司　机	中途是否停车或发生紧急情况	跟车人员	备　注

本标准的编写符合 GB/T 1.1—2009《标准化工作导则　第 1 部分：标准的结构和编写》的要求。

本标准由天津市畜牧兽医局提出。

本标准起草单位：天津市奶业发展服务中心、天津市畜牧兽医局。

本标准主要起草人：赵祥增、周娟、张盛南、曹学浩、赵坤云、李亚东、罗杰、王永颖、王煦、祁杰。

DB12/T 466—2012

猪瘟免疫技术规范

Technical rules of vaccination for swine fever

1 范围

本标准规定了猪瘟免疫技术中术语和定义、疫苗的贮存和运输、免疫接种、免疫程序和免疫效果监测。

本标准适用于猪瘟活疫苗(脾淋源和细胞源)的免疫接种活动。

2 规范性引用文件

下列文件对本文件的应用是必不可少的。凡是注日期的用文,仅所注日期的版本适用本文件。凡是不注日期的引用文件,其最新版本(包括所有的修改单)适用于本文件。

NY/T 5033—2001 无公害食品 生猪饲养管理准则

中华人民共和国农业部令(第 67 号)备禽标识和养殖档案管理办法

3 术语和定义

3.1 猪瘟活疫苗(脾淋源) **Swine Fever Vaccine, Live**(Spleen and lymph tissue origin)

系用猪瘟病毒兔化弱毒株接种健康家兔,收获感染家兔的脾脏及淋巴结(简称脾淋),制成乳剂,加适宜稳定剂,经冷冻真空干燥制成。

3.2 猪瘟活疫苗(细胞源)**Swine Fever Vaccine, Live**(Tissue culture origin)

系用猪瘟病毒兔化弱毒株接种易感细胞培养,收获细胞培养物,加适宜稳定剂,经冷冻真空干燥制成。

4 疫苗的贮存和运输

4.1 疫苗贮存

采用专用冷库、低温冰柜贮存。贮存温度应在－15 ℃以下,有效期为 18 个月。

4.2 疫苗运输

采用专用冷藏车、冷藏包、冷藏箱运输。温度应在 0～8 ℃,不得超过 8 h。

5 免疫接种

5.1 免疫猪群

5.1.1 免疫猪群临床表现应健康。

5.1.2 体质衰弱、发病、体温升高、食欲不振等非健康状态均不应接种。

5.2 疫苗选用

5.2.1 所用疫苗应是经国务院兽医主管部门批准使用的猪瘟疫苗。

天津市质量技术监督局 2012 - 11 - 14 发布 2013 - 02 - 15 实施

5.2.2　在兽医指导下正确选用猪瘟活疫苗(脾淋源)或猪瘟活疫苗(细胞源)。

5.2.3　每次免疫时,应选用同一厂家、同一批次的疫苗。

5.3　接种用具

5.3.1　免疫用具在免疫前后应彻底消毒。

5.3.2　接种时一猪一针头。

5.4　接种途径

耳根后3指、具背中线5指处的臂头肌肉内注射。

5.5　接种操作

5.5.1　疫苗检查

疫苗使用前要仔细检查外包装是否完好,标签内容是否完整。检查内容包括疫苗名称、生产批号、批准文号、保存期或失效日期、生产厂家等。出现瓶盖松动、疫苗瓶裂损、失真空、超过保存期、色泽与说明不符、瓶内有异物发霉的疫苗,不得使用。

5.5.2　疫苗稀释

5.5.2.1　按瓶签注明的头份用生理盐水或专用稀释液稀释疫苗。

5.5.2.2　猪瘟疫苗应随用随稀释,稀释后避免日光直射。

5.5.3　用注射器吸出的疫苗液不可再回注于瓶内,针筒排气溢出的疫苗液应吸积于酒精棉球上,并将其收集于专用瓶内。

5.5.4　注射剂量按疫苗说明书规定的剂量。

5.5.5　免疫结束后,剩余或废弃的疫苗、使用过的疫苗瓶处理符合NY/T 5033—2001 6.3.3规定。

5.6　免疫安全

5.6.1　防疫人员做好个人防护工作,确保人身安全。

5.6.2　防疫人员应携带肾上腺素等缓解应激药物,应对免疫应激反应。

5.7　免疫档案

免疫档案符合《畜禽标识和养殖档案管理办法》第2章第18条的规定。同时,免疫时还应记录存栏数量、实免数量、耳标号区间、未免疫原因等内容。防疫人员与畜主本人应当场签字。免疫记录参见附录A。

6　免疫程序

6.1　预防免疫

按照农业农村部当年发布的国家动物疫病强制免疫计划执行。

6.2　紧急免疫

对受威胁地区所有健康猪进行一次强化免疫。30 d内已免疫的猪可不进行强化免疫。

7　免疫效果监测

7.1　免疫21 d后,进行免疫效果监测。监测方法符合猪瘟防治技术规范中附件6的规定。

7.2　免疫猪群抗体合格率达到大于等于80%判定为合格。

附 录 A
（资料性附录）
免 疫 记 录

畜禽种类	存量数量	实免数量	疫苗名称	生产厂家	生产批号	免疫日期	耳标号区间	未免疫原因	防疫人员	畜主签字

本标准的编写符合 GB/T 1.1—2009《标准化工作导则　第 1 部分：标准的结构和编写》的要求。

本标准由天津市畜牧兽医局提出。

本标准起草单位：天津市动物疫病预防控制中心。

本标准主要起草人：赵树强、李智红、付永利、韩克元、杨晓伟、齐莹莹。

DB12/T 527—2014

奶牛结核病净化技术规范

The technical standard for cleaning of bovine tuberculosis in dairy cattle

1 范围

本规范规定了奶牛结核病净化的术语和定义、检测方法、净化措施、净化群(场)的认定、净化群(场)的维持。

本规范适用于从事奶牛饲养的单位和个人。

2 规范性引用文件

下列文件对于本文件的应用是必不可少的。凡是注日期的引用文件,仅所注日期的版本适用于本文件。凡是不注日期的引用文件,其最新版本(包括所有的修改单)适用于本文件。

GB 16548—2006 病害动物和病害动物产品生物安全处理规程

GB/T 18645—2002 动物结核病诊断技术

《牛结核病防治技术规范》(农业部,农医发[2007]12 号)

3 术语和定义

下列术语和定义适用于本文件。

3.1 牛结核病 Bovine Tuberculosis(BTB)

牛结核病是由牛分枝杆菌(*Mycobacterium bovis*)引起的一种人兽共患的慢性传染病。

3.2 净化 Cleaning

对某病发病地区采取一系列措施,达到消灭和清除传染源的目标。

3.3 变态反应 Allergy Reaction

变态反应也称为超敏反应,是指机体对某些抗原初次应答后,再次接受相同抗原刺激时,发生的一种以机体生理功能紊乱或组织细胞损伤为主的特异性免疫应答。

3.4 γ-干扰素 Interferon Gamma,IFN-γ

γ-干扰素是指主要由淋巴细胞(如自然杀伤细胞、自然杀伤 T 细胞、CD4 Th1 和 CD8 T 淋巴细胞、效应 T 细胞)分泌的促炎性细胞因子。

4 检测方法

4.1 牛型结核分枝杆菌 PPD(提纯蛋白衍生物)皮内变态反应试验(即牛提纯结核菌素皮内变态反应试验)按 GB/T 18645—2002 规定操作。

4.2 γ-干扰素 ELISA 试验作为牛型结核分枝杆菌 PPD 皮内变态反应试验的补充试验(见附录 A)。

天津市市场和质量监督管理委员会 2014-08-04 发布　　2014-09-01 实施

5 净化措施

5.1 检测

5.1.1 成年牛每年春秋两季各进行一次检测。

5.1.2 对奶牛群(场)存栏奶牛按100%比例进行检测。

5.1.3 初生犊牛应于20日龄时进行第一次检测,100日龄~120日龄时,进行第二次检测。

5.1.4 检测时,首先用牛型结核分枝杆菌PPD皮内变态反应试验进行检测。

5.1.5 凡牛型结核分枝杆菌PPD皮内变态反应试验阳性或疑似反应者,应3 d后进行γ-干扰素ELISA试验检测,如γ-干扰素ELISA试验为阳性,按照本规范5.3规定处理;如为阴性,间隔3个月进行复检。

5.1.6 连续两次检测均为阴性者视为阴性牛。

5.2 隔离

牛型结核分枝杆菌PPD皮内变态反应试验和γ-干扰素反应试验结果阳性或可疑牛须与受威胁的同群牛隔离,隔离场地周围应有自然屏障或人工栅栏。

5.3 阳性牛的处理

5.3.1 扑杀。对确认的结核病阳性牛全部扑杀。

5.3.2 无害化处理。扑杀的结核病阳性牛,应按照GB 16548—2006进行无害化处理。

5.4 消毒

5.4.1 紧急消毒。奶牛群中检出并剔出结核病阳性牛后,对污染的场所、用具、物品进行严格消毒。饲养场的金属设施、设备采取火焰、熏蒸等方式消毒;饲养场的圈舍、场地、车辆等,可选用2%烧碱等有效消毒药消毒;饲养场的饲料、垫料可采取深埋发酵处理或焚烧处理;粪便采取堆积密封发酵方式,以及其他相应的有效消毒方式。

5.4.2 日常消毒。饲养场及牛舍出入口处,应设置消毒池,内置有效消毒剂,如3%~5%来苏儿溶液或20%石灰乳等。消毒药要定期更换,以保证一定的药效。牛舍内的一切用具应定期消毒;产房每周进行一次大消毒,分娩室在临产牛生产前及分娩后各进行一次消毒。

5.5 引种

5.5.1 异地调运的奶牛,必须来自于非疫区,应当符合农业农村部规定的健康标准。

5.5.2 跨省(自治区、直辖市)引进奶牛及其胚胎和精液,应按《跨省调运乳用种用动物产地检疫规程》向输入地动物卫生监督机构申请办理审批手续。

5.5.3 检疫合格的奶牛经市人民政府指定通道进入,运输工具应接受防疫消毒。调入后应按农业部《动物检疫管理办法》相关规定隔离饲养30 d,经隔离检疫合格的方可混群饲养。

5.5.4 进口奶牛及其胚胎和精液,按照《进境动植物检疫审批管理办法》须向国家质检总局提出申请,办理审批手续,经检疫合格入境后,需隔离45 d,经检疫合格方能入关。

5.6 从业人员

从事奶牛饲养和管理的人员每年要进行健康检查,发现患有结核病的应调离岗位。

6 净化群(场)的认定

奶牛群(场)同时满足以下要求,认定为达到净化标准。

6.1 连续2年以上无临床病例。

6.2 按本规范5.1的规定连续2次以上全群检测结果均为阴性。

6.3 引进奶牛及其胚胎和精液的,符合本规范5.5的规定。

7 净化群(场)的维持

7.1 达到净化标准的奶牛群(场)每年进行检测。

7.2 发现阳性牛按照本规范 5.3 规定处理，同群牛按本规范 5.1.2 要求检测。

7.3 按本规范 5.5 规定对异地调运奶牛进行检疫。

7.4 按本规范 5.4.2 规定做好日常消毒。

7.5 按本规范 5.6 规定做好从业人员管理工作。

附　录　A

（资料性附录）

γ-干扰素 ELISA 试验

A.1　试验材料

A.1.1　牛结核分枝杆菌γ-干扰素 ELISA 试剂盒（内含酶标板、牛γ-干扰素阳性对照、牛γ-干扰素阴性对照、血浆稀释缓冲液、20 倍浓缩洗液、100 倍浓缩酶标结合物、5 倍浓缩酶标结合物稀释液、底物缓冲液、100 倍浓缩的显色剂溶液和终止液）

A.1.2　牛型提纯结核菌素（牛型 PPD）

A.1.3　禽型提纯结核菌素（禽型 PPD）

A.1.4　肝素钠真空管

A.1.5　孔组织培养板

A.1.6　单道可调移液器及配套吸头（20 μL～200 μL、100 μL～1 000 μL、1 mL～10 mL）

A.1.7　道移液器及配套吸头（50 μL～300 μL）

A.1.8　量筒（100 mL、1 L、2 L）

A.1.9　有盖离心管（1.5 mL）

A.1.10　恒温 CO_2 培养箱

A.1.11　酶标仪

A.1.12　洗板机

A.2　试剂配制

A.2.1　磷酸盐缓冲液（PBS，0.01 M pH7.2）取磷酸氢二钠 1.096 g、磷酸二氢钠 0.316 g、氯化钠 8.5 g，用蒸馏水定容至 1 000 mL，调 pH 至 7.2，灭菌后使用。

A.2.2　酶标结合物　用去离子水或蒸馏水重新溶解 100 倍浓缩的冻干酶标结合物。

A.2.3　酶标结合物稀释液　用去离子水或蒸馏水重新溶解 5 倍浓缩的酶标结合物稀释液。

A.2.4　牛γ-干扰素阳性对照　用 1 mL 去离子水或蒸馏水重新溶解。

A.2.5　牛γ-干扰素阴性对照　用 1 mL 去离子水或蒸馏水重新溶解。

A.2.6　洗液　用去离子水或蒸馏水重新溶解 20 倍浓缩的洗液。

A.2.7　显色剂溶液　将 100 倍浓缩的显色剂溶液用底物缓冲液做 100 倍稀释配制。

A.3　试验方法

A.3.1　临床样本采集及预处理

A.3.1.1　样本的采集。牛静脉无菌采血 5 mL，放入肝素钠真空管中，轻轻颠倒几次混合血液，形成肝素钠抗凝全血。出现凝血的全血样品不可用。

A.3.1.2　肝素钠抗凝全血的运送。肝素钠抗凝全血应在周围环境温度 22 ℃±5 ℃运送，并且最好在采血后 8 h（最长不超过 30 h）内用于检测。

A.3.1.3　定量吸取肝素钠抗凝全血。分装前轻轻颠倒试管，充分混匀血液样品。将抗凝血加入 24 孔组织培养板，每份抗凝血样品加 3 孔，每孔加 1.5 mL。

A.3.1.4　加入牛型 PPD、禽型 PPD 和 PBS 向 24 孔培养板中每份样品对应的 3 个孔分别无菌加入 100 μL牛型 PPD、禽型 PPD 和 PBS（阴性抗原对照），充分混匀。

A.3.1.5　全血孵育过夜。将全血培养板置 CO_2 培养箱内，37 ℃孵育 18 h（全血可接受培养时间为

16 h～24 h）。

A.3.1.6 收获血浆。经过 18 h 培养，用移液器小心吸取约 400 μL 的上层血浆，转入独立的 1.5 mL 离心管中，待测。吸取血浆时应尽量避免吸入细胞。待测样品可立即用于试验或－20 ℃冷冻贮存。

A.3.2 检测方法

A.3.2.1 试验前将酶标板和所有试剂恢复到室温，试剂充分混匀。

A.3.2.2 向酶标板中的 96 孔中分别加入 50 μL 血浆稀释缓冲液，再向相应孔中加入 50 μL 待测样品和牛 γ-干扰素阴、阳性对照样品。对照样品应最后加入。充分振荡 1 min，彻底混匀。封板，室温［(22±5) ℃］孵育［(60±5) min］。用洗板机洗涤 6 次，将酶标板放在干净的滤纸上拍打几次，尽量除去残留的洗液。

A.3.2.3 每孔加入 100 μL 稀释好的酶标结合物，充分振荡混匀。室温孵育(60±5) min，洗涤 6 次。

A.3.2.4 每孔加入 100 μL 新鲜配制的显色剂溶液，充分振荡混合。室温避光孵育 30 min。

A.3.2.5 迅速加入 50 μL 终止液，轻轻摇动混匀。

A.3.2.6 终止后 5 min 内读出 OD_{450} 值，然后用 OD_{450} 值计算结果。

A.3.3 结果判定

A.3.3.1 满足以下 2 个条件试验方能成立。牛 γ-干扰素阴性对照 OD_{450} 值＜0.13，且阴性对照重复孔 OD_{450} 值差≤0.04；牛 γ-干扰素阳性对照 OD_{450} 值＞0.7。

A.3.3.2 计算每头动物所有样品(包括加入牛型 PPD、禽型 PPD 和 PBS)的 OD_{450} 值。

阳性＝牛型 PPD 的 OD_{450} 值－禽型 PPD 的 OD_{450} 值≥0.1，且牛型 PPD 的 OD_{450} 值－PBS 对照的 OD_{450} 值≥0.1。

阴性＝牛型 PPD 的 OD_{450} 值－禽型 PPD 的 OD_{450} 值＜0.1，且牛型 PPD 的 OD_{450} 值－PBS 对照的 OD_{450} 值＜0.1。

本标准的编写符合 GB/T 1.1—2009《标准化工作导则　第 1 部分：标准的结构和编写》的要求。

本标准的附录 A 为资料性附录。

本标准由天津市畜牧兽医局提出。

本标准起草单位：天津市动物疫病预防控制中心。

本标准主要起草人：刘建文、任景江、徐继鹏、王志成、孙涛、李洁、刘莹、曹建新。

种猪场猪瘟净化技术规范

The technical standard for cleaning classical swine fever in breeding pig farm

1 范围

本标准规定了种猪场猪瘟净化的术语和定义、要求、检测方法与判定标准、净化群的建立、净化场的认定和净化群的维持。

本标准适用于种猪场猪瘟净化工作。

2 规范性引用文件

下列文件对于本文件的应用是必不可少的。凡是注日期的引用文件，仅注日期的版本适用于本文件。凡是不注日期的引用文件，其最新版本(包括所有的修改单)适用于本文件。

GB 16548—2006 病害动物和病害动物产品生物安全处理规程

GB/T 27540—2011 猪瘟病毒实时荧光 RT-PCR 检测方法

GB/T 16551—2008 猪瘟诊断技术

NY/T 1168—2006 畜禽粪便无害化处理技术规范

《猪瘟防治技术规范》(农业部，2007 年 4 月)

《跨省调运乳用、种用动物产地检疫规程》(农医发[2010]33 号)

3 术语和定义

下列术语和定义适用于本文件。

3.1 猪瘟 classical swine fever；CSF

由黄病毒科瘟病毒属猪瘟病毒(CSFV)引起的一种猪的高度接触性、出血性和致死性传染病。

3.2 净化 cleaning

对某病发病地区采取一系列措施，达到消灭和清除传染源的目标。

3.3 变异指数 coefficient of variance；CV 值

标准差与平均数的比值，它是衡量资料中各观测值变异程度的一个统计量。

3.4 种猪 breeding pig

供繁殖用的成年公猪、母猪。

3.5 后备猪 replacement pig

70 日龄至配种前选留作繁殖用的青年公、母猪。

3.6 哺乳仔猪 suckling pig

初生后至断奶前的仔猪。

4 要求

4.1 使用合格的猪瘟疫苗进行免疫接种，疫苗来源记录真实、完整，免疫档案齐全，耳标佩戴率 100%。

天津市市场和质量监督管理委员会 2014-08-04 发布 2014-09-01 实施

4.2 猪瘟野毒感染阳性率≤8%。

4.3 种猪场近12个月内应无口蹄疫、高致病性猪蓝耳病发生。

4.4 应建立和健全完善的生物安全管理体系，并保证管理体系有效运行。

4.5 应配备与饲养规模相适应的兽医专业技术人员。

4.6 生产管理状况良好。

5 检测方法与判定标准

5.1 检测方法

5.1.1 病原学检测

5.1.1.1 猪瘟抗原检测。采集猪血清，依据《猪瘟防治技术规范》(农业部，2007.04)，利用猪瘟抗原双抗体夹心ELISA方法检测猪瘟抗原。

5.1.1.2 猪瘟病毒检测。采集活体猪扁桃体或病死猪扁桃体、淋巴结、脾脏和肾脏，依据GB/T 16551—2008，利用直接免疫荧光抗体试验方法，检测猪瘟病毒。

5.1.1.3 猪瘟病毒核酸检测。采集活体猪扁桃体、血清或病死猪扁桃体、脾脏、肾脏、淋巴结等，依据GB/T 16551—2008或GB/T 27540—2011，利用反转录聚合酶链式反应(RT-PCR)试验或实时荧光RT-PCR检测方法，检测猪瘟病毒核酸。

5.1.2 血清学检测

猪瘟病毒抗体检测。采集猪血清，按照《猪瘟防治技术规范》(农业部，2007.04)，利用猪瘟病毒抗体阻断ELISA方法检测猪瘟病毒抗体。

5.2 合格免疫抗体判定标准

5.2.1 个体免疫抗体合格标准

猪瘟免疫抗体按5.1.2检测，阻断率≥40%。

5.2.2 群体免疫抗体合格标准

猪瘟免疫抗体的阻断率≥40%的头数要达到100%，≥50%的头数要达到90%，阻断率的CV值≤25%。

6 净化群的建立

6.1 免疫接种

根据已制定的免疫程序及选择的疫苗，对所有5周龄以上的猪只实施强化免疫。

6.2 监测

6.2.1 采样时间和采样数量

6.2.1.1 种公猪。免疫后3周～4周，种公猪按100%比例采血，或同时按100%比例采活体猪扁桃体。

6.2.1.2 母猪。可根据母猪群的数量采用下列任何一种方法。

a) 免疫后3周～4周，母猪群一次性按100%比例采血，或同时按100%比例采活体猪扁桃体。

b) 母猪群每季度按25%比例采血，或同时按25%比例采集活体猪扁桃体。连续12个月内，同1头母猪不进行2次采样。

6.2.1.3 后备猪。所有选留的后备猪在转入种猪群前1周～2周，按100%比例采血，或同时按100%比例采活体猪扁桃体。

6.2.1.4 1周内完成待检猪血清样品或活体猪扁桃体样品的采集。

6.2.2 检测方法和处置

6.2.2.1 检测方法

a) 猪瘟病原检测按5.1.1中任一方法执行。

b) 猪瘟免疫抗体检测按 5.1.2 执行。

6.2.2.2 处置

a) 猪瘟病原检测阳性者，应淘汰处理。

b) 猪瘟病原检测阴性且免疫抗体合格者，可作为种猪保留。

c) 猪瘟病原检测阴性且免疫抗体不合格者，用猪瘟疫苗再次强化免疫，免疫后 3 周～4 周重新采样进行免疫抗体检测。

d) 强化免疫后个体免疫抗体水平仍未达到 5.2.1 合格标准者，应淘汰处理。

6.2.2.3 在最后 1 头阳性猪淘汰后 3 个月且猪群免疫后 4 周以上，在 7 d 内对种公猪按 100%比例、母猪按 10%比例采血，或同时种公猪按 100%比例、母猪按 10%比例采集活体猪扁桃体样品，再次进行免疫抗体检测和猪瘟病原检测。

6.2.2.4 如抽检种猪群猪瘟病原检测全部阴性且群体抗体水平符合 5.2.2 免疫抗体合格标准可视为假定猪瘟阴性群。

6.2.2.5 建立后的假定猪瘟阴性群，按照 8 净化群的维持要求进行监测。

6.3 综合性卫生防疫措施

6.3.1 引进猪只的检疫

按照《跨省调运乳用、种用动物产地检疫规程》(农医发[2010]33 号)规定引进猪只。建立专门隔离饲养舍，严格检疫引进猪只。在种猪启运前对拟引进猪只逐头进行检测，确定猪瘟病毒阴性、抗体阳性方可启运引进，引进后必须进行 45 d～60 d 隔离饲养并进行猪瘟病原检测，确保没有猪瘟病毒感染和带毒后方可混群。

6.3.2 外来供精种猪的检疫

使用外来种公猪的精液时，必须在购买前对供精种公猪进行严格检疫，保证供精种猪猪瘟病毒阴性，抗体水平合格。

6.3.3 病死猪的检测

6.3.3.1 要及时收集病死猪只，进行猪瘟病毒检测或猪瘟病毒核酸检测，检测方法按 5.1.1.2 或 5.1.1.3 执行。

6.3.3.2 若哺乳仔猪猪瘟病毒检测或猪瘟病毒核酸检测阳性，则检测对应的亲本母猪，阳性者淘汰。

6.3.4 严格执行人员和车辆等物品的消毒措施

6.3.4.1 控制人员出入，猪场门口和各猪舍门口应设立消毒池，定期更换消毒药水。

6.3.4.2 进入猪场的车辆除过消毒池消毒外，还应对车身进行喷洒消毒。

6.3.4.3 饲养、管理等人员可采取淋浴、消毒液洗手、紫外线照射衣物等方式消毒。

6.3.4.4 衣、帽、鞋等可能被污染的物品，可采取浸泡、高压灭菌等方式消毒。

6.3.4.5 一线饲养人员严禁串舍，生产工具不得混用。

6.3.5 场内及舍内环境的消毒

6.3.5.1 场内应设置净道和污道，对场内道路和明沟可用 2%的氢氧化钠溶液喷洒消毒。

6.3.5.2 猪舍在有猪的状态下，要选用无刺激或刺激性小的消毒药进行舍内环境消毒，平时预防一般 1 周消毒 1 次～2 次。

6.3.6 无害化处理措施

病死猪按 GB 16548—2006 的要求、粪便按 NY/T 1168—2006 的要求进行无害化处理。

6.3.7 杀虫防蝇灭鼠措施

场区内不得饲养其他易感动物。定期开展杀虫、防蝇和灭鼠工作，消灭传播媒介和传染源。

7 净化场的认定

种猪场应符合下列所有条件，即达到猪瘟净化标准。

7.1 种猪场连续12个月对所有6月龄以上种猪至少进行1次病原学监测，监测结果为阴性。

7.2 连续2年内使用合格的猪瘟疫苗，按照免疫程序进行免疫接种。

7.3 种猪场种公猪按100%比例抽样，母猪按20%比例抽样，进行抗体检测，检测方法按5.1.2执行，个体免疫抗体水平符合5.2.1且群体免疫抗体水平符合5.2.2合格标准。

7.4 种猪场种公猪按100%比例抽样，母猪按20%比例抽样，进行病原学监测，检测方法按5.1.1.2或5.1.1.3执行，猪瘟病毒检测或猪瘟病毒核酸检测为阴性。

7.5 有监测证据表明在过去12个月内猪群没有出现猪瘟临床病例。

8 净化群的维持

8.1 免疫

种猪场要制定并实施合理的免疫程序，选用合格的猪瘟疫苗，按照免疫程序进行免疫接种。

8.2 监测

8.2.1 日常检测

8.2.1.1 每年对假定猪瘟阴性种猪群进行3次～4次抽检。每次采集血清和活体扁桃体样品，抽样比例为存栏种猪的25%～35%。应在连续12个月内，对6月龄以上种猪每头至少进行1次血清抗体检测和猪瘟病原检测，检测方法按5.1.2及5.1.1执行。

8.2.1.2 个体免疫抗体水平符合5.2.1且群体免疫抗体水平符合5.2.2合格标准者，为免疫抗体合格。

8.2.1.3 抽样复查如猪瘟病原检测出现阳性，应重新按照6.2对种猪群开展净化，确保种猪群猪瘟病毒阴性。

8.2.2 后备猪的检测

选留的后备猪在转入种猪群前，进行免疫抗体检测及猪瘟病原检测，样品采集、检测方法及处置同6.2.1.3、6.2.2。

8.2.3 引进猪只的检疫

对引进猪只严格进行检疫、隔离，确保引进猪只没有猪瘟病毒感染和带毒，具体按照6.3.1执行。

8.2.4 外来供精种猪的检疫

对外来供精种公猪进行检疫，确保供精种公猪猪瘟病毒检测或猪瘟病毒核酸检测阴性，抗体水平合格。

8.2.5 病死猪的检测

病死猪只应进行猪瘟病毒或猪瘟病毒核酸检测，样品采集及检测方法同6.3.3。如若病死猪猪瘟病毒或猪瘟病毒核酸阳性，应重新按照6.2对种猪群开展净化。

本标准的编写符合GB/T 1.1—2009《标准化工作导则　第1部分：标准的结构和编写》的要求。

本标准由天津市畜牧兽医局提出。

本标准起草单位：天津市动物疫病预防控制中心。

本标准主要起草人：李颖、郭立力、朱雅宁、王健春、尹春博、郭恋、赵静、陈海明、梁智选、齐莹莹。

种猪场猪伪狂犬病净化技术规范

The technical standard for cleaning pseudorabies in breeding pig farm

1 范围

本标准规定了种猪场猪伪狂犬病净化的术语和定义、要求、检测方法与判定标准、净化群的建立、净化场的认定和净化群的维持。

本标准适用于种猪场猪伪狂犬病净化工作。

2 规范性引用文件

下列文件对于本文件的应用是必不可少的。凡是注日期的引用文件，仅注日期的版本适用于本文件。凡是不注日期的引用文件，其最新版本（包括所有的修改单）适用于本文件。

GB 16548—2006 病害动物和病害动物产品生物安全处理规程

GB/T 18641—2002 伪狂犬病诊断技术

NY/T 678—2003 猪伪狂犬病免疫酶试验方法

NY/T 1168—2006 畜禽粪便无害化处理技术规范

《跨省调运乳用、种用动物产地检疫规程》（农医发[2010]33 号）

3 术语和定义

下列术语和定义适用于本文件。

3.1 伪狂犬病 pseudorabies；PR

由疱疹病毒科疱疹病毒Ⅰ型伪狂犬病毒引起的猪及多种家畜和野生动物的传染病。

3.2 净化 cleaning

对某病发病地区采取一系列措施，达到消灭和清除传染源的目标。

3.3 变异指数 coefficient of variance；CV 值

标准差与平均数的比值，它是衡量资料中各观测值变异程度的一个统计量。

3.4 基因缺失疫苗 gene - deleted vaccine

利用基因工程去掉病毒基因组中负责毒力的基因中的某一片段，使其成为基因缺损病毒株，利用这种基因缺损病毒株所制成的一类疫苗。

3.5 种猪 breeding pig

供繁殖用的成年公、母猪。

3.6 后备猪 replacement pig

70 日龄至配种前选留作繁殖用的青年公、母猪。

4 要求

4.1 使用合格的猪伪狂犬病基因缺失疫苗进行免疫接种，且免疫后满 12 个月。

天津市市场和质量监督管理委员会 2014 - 08 - 04 发布 2014 - 09 - 01 实施

4.2　猪伪狂犬病野毒感染阳性率≤10%。

4.3　种猪场近12个月内应无口蹄疫、猪瘟、高致病性猪蓝耳病发生。

4.4　应建立和健全完善的生物安全管理体系，并保证管理体系有效运行。

4.5　应配备与饲养规模相适应的兽医专业技术人员。

4.6　生产管理状况良好。

5　检测方法与判定标准

5.1　检测方法

5.1.1　病原学检测

猪伪狂犬病病毒核酸检测。活猪采集扁桃体，病死猪或流产胎儿采集大脑、三叉神经节、扁桃体、肺脏等组织，依据GB/T 18641—2002，利用聚合酶链反应，检测组织中的猪伪狂犬病病毒核酸。

5.1.2　血清学检测

5.1.2.1　猪伪狂犬病病毒gB(PRV－gB)抗体检测。采集猪血清，依据GB/T 18641—2002，利用酶联免疫吸附试验方法，检测猪血清中的PRV－gB抗体，评估免疫抗体水平。

5.1.2.2　猪伪狂犬病病毒gE(PRV－gE)特异性抗体检测。采集猪血清，依据NY/T 678—2003，利用E糖蛋白酶联免疫吸附试验(gE－ELISA)方法，检测猪血清中的PRV－gE特异性抗体。

5.2　合格免疫抗体判定标准

5.2.1　个体免疫抗体合格标准

PRV－gB抗体按5.1.2.1检测，S/P值应≥0.5。

5.2.2　群体免疫抗体合格标准

群体PRV－gB抗体阳性率在90%以上，CV值≤40%。

6　净化群的建立

6.1　免疫

对所有5周龄以上的猪只进行猪伪狂犬病基因缺失疫苗的强化免疫。

6.2　监测

6.2.1　采样时间和采样数量

6.2.1.1　种公猪。免疫后3周～4周，种公猪按100%比例采血，或同时按100%比例采集活体猪扁桃体。

6.2.1.2　母猪。可根据母猪群的数量采用下列任何一种方法。

a)　免疫后3周～4周，母猪群一次性按100%比例采血，或同时按100%比例采集活体猪扁桃体。

b)　母猪群每季度按25%比例采血，或同时按25%比例采集活体猪扁桃体。连续12个月内，同1头母猪不进行2次采样。

6.2.1.3　后备猪。所有选留的后备猪在转入种猪群前1周～2周，按100%比例采血，或同时按100%比例采活体猪扁桃体。

6.2.1.4　1周内完成待检猪血清样品或活体猪扁桃体样品的采集。

6.2.2　检测方法和处置

6.2.2.1　检测方法。

a)　猪伪狂犬病病毒核酸检测按5.1.1执行。

b)　PRV－gB抗体检测按5.1.2.1执行。

c)　PRV－gE特异性抗体检测按5.1.2.2执行。

6.2.2.2　处置。

a)　PRV－gE特异性抗体阳性或猪伪狂犬病病毒核酸检测阳性者，应淘汰处理。

b) PRV－gE 特异性抗体阴性或猪伪狂犬病病毒核酸检测阴性且 PRV－gB 抗体阳性者，可作为种猪保留。

c) PRV－gE 特异性抗体阴性或猪伪狂犬病病毒核酸检测阴性且 PRV－gB 个体抗体水平不符合 5.2.1 免疫抗体合格标准的种猪，用猪伪狂犬病基因缺失疫苗再次强化免疫，免疫后 3 周～4 周重新采样进行 PRV－gB 及 PRV－gE 特异性抗体检测。

d) 强化免疫后个体免疫抗体水平仍未达到 5.2.1 合格标准的种猪，应淘汰处理。

6.2.3 在最后 1 头阳性猪淘汰后 3 个月且猪群免疫后 4 周以上，在 7 日内对种公猪按 100%比例、母猪按 10%比例采血或同时按相同比例采集活体猪扁桃体样品，再次进行 PRV－gB 抗体和 PRV－gE 特异性抗体或猪伪狂犬病病毒核酸检测。

6.2.4 如抽检种猪群 PRV－gE 特异性抗体或猪伪狂犬病病毒核酸检测全部阴性且群体抗体水平符合 5.2.2 免疫抗体合格标准可视为假定猪伪狂犬病阴性群。

6.2.5 建立后的假定猪伪狂犬病阴性群，按照 8 净化群的维持要求进行监测。

6.3 综合性卫生防疫措施

6.3.1 引进猪只的检疫

按照《跨省调运乳用、种用动物产地检疫规程》(农医发[2010]33 号)规定引进猪只。建立专门隔离饲养舍，严格检疫引进猪只。在种猪启运前对拟引进猪只逐头进行检测，确定 PRV－gE 特异性抗体阴性或猪伪狂犬病病毒核酸检测阴性且 PRV－gB 抗体合格后方可启运引进，引进后隔离饲养 45 d～60 d，再经检测合格后方可混群饲养。

6.3.2 外来供精种猪的检疫

使用外来种公猪的精液时，必须在购买前对供精种公猪进行严格检疫，保证供精种公猪 PRV－gE 特异性抗体阴性或猪伪狂犬病病毒核酸检测阴性且 PRV－gB 免疫抗体合格。

6.3.3 病死猪的检测

6.3.3.1 要及时收集病死猪及母猪所生产的弱仔猪、死胎、流产胎儿，进行猪伪狂犬病病毒核酸检测，检测方法按 5.1.1 执行。

6.3.3.2 若弱仔猪、死胎及流产胎儿猪伪狂犬病病毒核酸检测阳性，则检测对应的亲本母猪，阳性者淘汰。

6.3.4 人员和车辆等物品的消毒

6.3.4.1 控制人员出入，猪场门口和各猪舍门口应设立消毒池，定期更换消毒药水。

6.3.4.2 进入猪场的车辆除过消毒池消毒外，还应对车身进行喷洒消毒。

6.3.4.3 饲养、管理等人员可采取淋浴、消毒液洗手、紫外线照射衣物等方式消毒。

6.3.4.4 衣、帽、鞋等可能被污染的物品，可采取浸泡、高压灭菌等方式消毒。

6.3.4.5 一线饲养人员严禁串舍，生产工具不得混用。

6.3.5 场内及舍内环境的消毒

6.3.5.1 场内应设置净道和污道，对场内道路和明沟可用 2%的氢氧化钠溶液喷洒消毒。

6.3.5.2 猪舍在有猪的状态下，要选用无刺激或刺激性小的消毒药进行舍内环境消毒，平时预防一般 1 周消毒 1 次～2 次。

6.3.6 无害化处理措施

病死猪及母猪所生产的弱仔猪、死胎、流产胎儿按 GB 16548—2006 的要求、粪便按 NY/T 1168—2006 的要求进行无害化处理。

6.3.7 杀虫防蝇灭鼠措施

禁止在猪场内饲养猫、犬等其他易感动物。定期开展杀虫、灭鼠、防蝇工作。

7 净化场的认定

种猪场应符合下列所有条件，即达到猪伪狂犬病净化标准。

7.1 种猪场连续12个月对所有6月龄以上种猪至少进行1次血清学或病原学监测，监测结果为阴性。
7.2 连续2年内使用合格的猪伪狂犬病基因缺失疫苗，按照免疫程序进行免疫接种。
7.3 种猪场种公猪按100%比例抽样，母猪按20%比例抽样，进行PRV－gB抗体检测，检测方法按5.1.2.1执行，PRV－gB抗体水平符合5.2.1个体免疫抗体合格标准且符合5.2.2群体免疫抗体合格标准。
7.4 种猪场种公猪按100%比例抽样，母猪按20%比例抽样，进行PRV－gE特异性抗体或猪伪狂犬病病毒核酸检测，检测方法按5.1.2.2或5.1.1执行，PRV－gE特异性抗体或猪伪狂犬病病毒核酸检测为阴性。
7.5 有监测证据表明在过去12个月内猪群没有出现猪伪狂犬病临床病例。

8 净化群的维持

8.1 免疫

种猪场要制定并实施合理的免疫程序，选用合格的猪伪狂犬病基因缺失疫苗，按照免疫程序进行免疫接种。

8.2 监测

8.2.1 日常检测

8.2.1.1 每年对假定猪伪狂犬病阴性种猪群进行3次～4次抽检。每次采集血清或活体扁桃体样品，抽样比例为存栏种猪的25%～35%。应在连续12个月内，对所有6月龄以上种猪每头至少进行1次PRV－gB抗体和PRV－gE特异性抗体检测或1次猪伪狂犬病病毒核酸检测，检测方法按5.1.2.1、5.1.2.2或5.1.1执行。

8.2.1.2 个体免疫抗体水平符合5.2.1且群体免疫抗体水平符合5.2.2合格标准者，为免疫抗体合格。

8.2.1.3 抽样复查如PRV－gE特异性抗体或猪伪狂犬病病毒核酸检测出现阳性，应重新按照6.2对种猪群开展净化，确保种猪群PRV－gE特异性抗体或猪伪狂犬病病毒阴性。

8.2.2 后备猪的检测

选留的后备猪在转入种猪群前，进行PRV－gE特异性抗体或猪伪狂犬病病毒核酸及PRV－gB免疫抗体检测，确保转入种猪群的猪只PRV－gE特异性抗体或猪伪狂犬病病毒保持阴性且个体免疫抗体水平符合5.2.1合格标准，样品采集、检测方法及处置同6.2.1.3、6.2.2。

8.2.3 引进猪只的检疫

对引进猪只严格进行检疫、隔离，确保引进猪只没有猪伪狂犬病病毒感染和带毒，具体按6.3.1执行。

8.2.4 病死猪的检测

要及时收集病死猪及母猪所生产的弱仔猪、死胎、流产胎儿，进行猪伪狂犬病病毒核酸检测，检测方法同6.3.3。如若检出猪伪狂犬病病毒核酸阳性，应重新按6.2对种猪群开展净化。

8.2.5 外来供精种猪的检疫

对外来供精种公猪进行检疫，保证供精种猪PRV－gE特异性抗体或猪伪狂犬病病毒核酸检测阴性及PRV－gB抗体水平合格。

本标准的编写符合GB/T 1.1—2009《标准化工作导则　第1部分：标准的结构和编写》的要求。

本标准由天津市畜牧兽医局提出。

本标准起草单位：天津市动物疫病预防控制中心。

本标准主要起草人：郭立力、李颖、杨爱华、石瑜、李秀梅、张立新、袁雪涛、蒙晓雷、梁智选、王保有。

猪肉、禽肉生产　兽药残留控制技术规范

Technical specification for the control of veterinary drug residues in pork and poultry meat production

1　范围

本规范规定了生猪、家禽在养殖场环境与建筑控制、饲料及饲料添加剂控制、兽药使用控制、出栏运输控制、屠宰加工控制以及猪肉、禽肉销售、包装、贮存及运输控制的技术原则和措施。

本规范适用于天津市范围内生猪、家禽饲养场、饲料厂、屠宰加工场等猪肉、禽肉生产过程中的兽药残留控制。

2　规范性引用文件

下列文件对于本文件的应用是必不可少的。凡是注日期的引用文件，仅所注日期的版本适用于本文件。凡是不注日期的引用文件，其最新版本(包括所有的修改单)适用于本文件。

GB 9687　食品包装用聚乙烯成型品卫生标准

GB 11680　食品包装用原纸卫生标准中华人民共和国兽药典

农业部令(第 22 号)兽药标签、说明书管理办法农业部公告(第 168 号)饲料药物添加剂使用规范

农业部公告(第 176 号)禁止在饲料和动物饮用水中使用的药物品种目录农业部公告(第 193 号)食品动物禁用的兽药及其他化合物清单

农业部公告(第 235 号)动物性食品中兽药最高残留限量农业部公告(第 278 号)兽药停药期规定

农业部公告(第 1126 号)饲料添加剂品种目录(2008)

农业部公告(第 1519 号)禁止在饲料和动物饮水中使用的物质

3　养殖场环境与建筑控制

3.1　生猪、家禽的饲养场在建设时应充分考虑环境对产品中有害物质残留的影响。饲养场应在地势较高、干燥、通风和排水良好的地方建设，远离制药厂。

3.2　选址建场前，宜采集土壤、地下水样品进行兽药残留检测。

3.3　饲养舍、生产加工车间、库房等建筑选材，不能使用工业废弃材料，尤其是化工厂、制药厂废弃材料。建筑木材不应使用化学药物进行处理。

4　饲料及饲料添加剂控制

4.1　购入饲料原料时，应定期采集样品进行兽药残留物质、生物毒素物质等实施检测。制药工业副产品不得作为饲料原料。

4.2　生产含有药物饲料添加剂的饲料时，应根据药物类型，先生产药物含量低的饲料，再依次生产药物含量高的饲料。

天津市市场和质量监督管理委员会 2014 - 08 - 04 发布　　2014 - 09 - 01 实施

4.3 饲料及饲料添加剂生产每更换或调整品种和配方时，应对生产流水线进行彻底清洗。

4.4 饲料药物添加剂的运载工具、盛装器具应专用。饲料及饲料添加剂运载工具、盛装器具应定期彻底清洗。

4.5 生产和使用的饲料添加剂应为农业部公布的《饲料添加剂品种目录》中规定的品种或经农业部批准的新饲料添加剂品种。进口的饲料添加剂应为在农业部登记注册并持有有效进口登记证的品种。

4.6 使用饲料和饲料添加剂，应遵守《饲料药物添加剂使用规范》和《饲料和饲料添加剂管理条例》的规定，并严格执行休药期规定。允许在生猪、家禽饲料中使用的药物饲料添加剂见附录 A。

4.7 生猪、家禽在出栏前更换末期料时，应彻底清除前期所用饲料，并清洗料桶、食槽及有关设备。

4.8 贮存饲料及饲料添加剂，加药饲料与非加药饲料、药物性饲料添加剂与营养性（一般性）饲料添加剂，均不得混放在一起。不得将饲料、药品、消毒药、灭鼠药、杀虫药堆放一个仓库。不合格和变质饲料、饲料添加剂应做无害化处理，不应在库房内长期存放。

4.9 不得在饲料和动物饮用水中使用农业部规定的《禁止在饲料和动物饮用水中使用的药物品种目录》和《禁止在饲料和动物饮用水中使用的物质》中的物质。

4.10 饲料及饲料添加剂采购、质量检查、验收入库、在库保管、出库验发、使用等工作，均应指定责任人，建立健全制度，做好相关记录，记录应保存二年以上。

5 兽药使用控制

5.1 生猪、家禽的饲养者应树立管理优先、少用药物的理念，通过加强日常饲养管理和按《动物防疫法》规定，科学选择免疫程序、选用生物制品，尽可能地少用兽药或不用兽药。

5.2 使用兽药应遵守《兽药管理条例》的有关规定，建立完善的兽药使用管理制度。

5.3 使用的兽药应是《中华人民共和国兽药典》《兽药质量标准》《进口兽药质量标准》收载的品种或经农业部批准的新兽药品种。

5.4 使用的兽药应为取得《兽药生产许可证》，并获得《中华人民共和国兽药 GMP 证书》的兽药生产企业生产，或者农业部批准进口注册兽药，或者来自具有《兽药经营许可证》并获得《兽药 GSP 证书》的兽药经营企业。

5.5 兽药的质量应符合相关的兽药国家质量标准，其包装、标签以及使用说明书内容应符合农业部《兽药标签、说明书管理办法》的规定。

5.6 有条件的饲养场，应定期进行药物质量检测分析，确保使用药物的质量和安全。

5.7 饲养场应凭执业兽医开具的处方使用农业部规定的兽用处方药。使用抗菌药、抗寄生虫药，应尽可能通过药物敏感性试验对药物进行敏感性筛选，优先选用高敏感、低残留的药物，优先选用中草药等高效、低毒、无残留的药物。

5.8 对消毒防腐药、灭鼠药和外用杀虫药的使用应按计划进行严格控制，尽可能选择低毒性、低残留、低腐蚀性的品种，并充分考虑其配伍禁忌。

5.9 所有的兽药均应在执业兽医的指导下严格遵照执行药物标签和说明书规定的作用、用途、用法和用量使用。对允许使用的抗菌药、抗寄生虫药，应严格遵守农业部《兽药停药期规定》的休药期。对未规定休药期的品种，休药期不应少于 28 d。生猪、家禽常用兽药的用法、用量及休药期规定见附录 B、附录 C。

5.10 慎用经农业部批准的拟肾上腺素药、平喘药、抗（拟）胆碱药、糖肾上腺皮质激素类药和解热镇痛药。非临床医疗需要，不得使用麻醉药、镇痛药、镇静药、中枢兴奋药、雄（雌）性激素、化学保定药及骨骼肌松弛药。

5.11 不得使用农业部公布的《食品动物禁用的兽药及其他化合物清单》（见附录 D）中的兽药；不得使用未经农业部批准的兽药和已经淘汰的兽药；不得将兽药原料直接添加到饲料及饮水中或直接饲喂。

5.12 兽药贮存应设专用仓库。不得将兽药与饲料、饲料添加剂堆放一个仓库。不合格、变质兽药以及使用后废弃的药瓶、注射器等应送场外做无害化处理，不应在库房内长期存放。

5.13 应按照《中华人民共和国畜牧法》《中华人民共和国农产品质量安全法》的规定建立兽药使用记录及档案。用药记录的内容应包括：动物（群）编号、发病时间及症状、治疗药物名称（商品名及有效成分）、给药途径、给药剂量、剂型、疗程、药物的生产企业、产品的批准文号等。用药记录及档案应保存二年以上。

6 出栏运输控制

6.1 生猪、家禽经投药或注射治疗后，未达到休药期的，不得出栏。

6.2 生猪、家禽出栏时，饲养场应向购买者或屠宰企业提供质量安全检测合格证明。未经检测或者检测不合格的猪、禽不得销售。

6.3 供屠宰的生猪、家禽在运输过程中不得添加任何药物以减少应激或其他用途。

7 屠宰加工控制

7.1 屠宰加工企业应建立完善的兽药残留控制制度，并配备足够的兽医、检测人员及检测设备。

7.2 屠宰加工企业应严格生猪、家禽原料进入控制。查验进厂生猪、家禽的质量安全检测合格证明、养殖档案和用药记录，无质量安全检测合格证明，或发现饲养场未按规定用药，或未按规定休药期停止用药的，不得允许进厂屠宰加工。

7.3 屠宰加工企业在生猪、家禽待宰期间不得对待宰动物使用任何药物。

7.4 屠宰加工企业应对生猪、家禽原料及产品进行兽药残留抽查检测，经检测不合格的，不得屠宰、销售，已经销售的应立即召回无害化处理。

7.5 屠宰加工企业要加强批次管理，对于来源于一个饲养场的生猪、家禽设定为一个批次单元，按单元批次进行屠宰加工、贮存并建立档案记录，以避免交叉污染和便于问题查找、处理。

7.6 屠宰加工企业应建立有效的产品追溯制度，对原料进厂、产品加工、包装、储存、抽检等全过程实施监控和进行记录，记录应保存二年以上。

7.7 猪肉、禽肉产品兽药残留控制水平应符合农业部《动物性食品中兽药最高残留限量》的规定。

8 销售、包装、贮存及运输控制

8.1 猪肉、禽肉在销售时，应符合《天津市畜牧条例》对质量安全管理的规定，生产者应提供质量安全检测合格证明，未经检测或者检测不合格的猪肉、禽肉不得销售。

8.2 猪肉、禽肉的包装材料应符合 GB 9687 和 GB 11680 的规定。

8.3 猪肉、禽肉的贮存冷冻库应符合食品卫生要求。猪肉、禽肉在贮存过程中不得与兽药及其他化学物质有接触。

8.4 猪肉、禽肉的运输冷藏车（船）或保温车应符合食品卫生要求。猪肉、禽肉在运输过程中不得与兽药及其他化学物质有接触。

附　录　A

（规范性附录）

允许在生猪、家禽饲料中使用的药物饲料添加剂

表 A.1 中药物为经农业部批准的具有预防动物疾病和促进动物生长作用、可在饲料中长时间添加使用的饲料药物添加剂，其产品批准文号用“药添字”。表 A.2 中药物为农业部批准的用于防治动物疾病并规定疗程、仅是通过混饲给药的饲料药物添加剂（包括预混剂或散剂），其产品批准文号用“兽药字”。

表 A.1　可在饲料中长时间添加使用的饲料药物添加剂

序号	名　称	序号	名　称	序号	名　称
1	二硝托胺预混剂 Dinitolmide Premix	12	氯羟吡啶预混剂 Clopidol Premix	23	喹乙醇预混剂 Olaquindox Premix
2	马杜霉素铵预混剂 Maduramicin Ammonium Premix	13	海南霉素钠预混剂 Hainanmycin Sodium Premix	24	那西肽预混剂 Nosiheptide Premix
3	尼卡巴嗪预混剂 Nicarbazin Premix	14	赛杜霉素钠预混剂 Semduramicin Sodium Premix	25	阿美拉霉素预混剂 Avilamycin Premix
4	莫能菌素钠预混剂 Monensin Sodium Premix	15	地克珠利预混剂 Diclazuril Premix	26	盐霉素钠预混剂 Salinomycin Sodium Premix
5	甲基盐霉素预混剂 Narasin Premix	16	复方硝基酚钠预混剂 Compound Sodium Nitrophenolate Premix	27	硫酸黏杆菌素预混剂 Colistin Sulfate Premix
6	甲基盐霉素、尼卡巴嗪预混剂 Narasin and Nicarbazin Premix	17	氨苯胂酸预混剂 Arsanilic Acid Premix	28	牛至油预混剂 Oregano Oil Premix
7	拉沙诺西钠预混剂 Lasalocid Sodium Premix	18	洛克沙胂预混剂 Arsanilic Acid Premix	29	土霉素钙 Oxytetracycline Calcium
8	氢溴酸常山酮预混剂 Halofuginone Hydrobromide Premix	19	尼卡巴嗪、乙氧酰胺苯甲酯预混剂 Nicarbazin and Ethopabate Premix	30	杆菌肽锌、硫酸黏杆菌素预混剂 Bacitracin Zinc and Colistin Sulfate Premix
9	盐酸氯苯胍预混剂 Robenidine Hydrochloride Premix	20	杆菌肽锌预混剂 Bacitracin Zinc Premix	31	吉它霉素预混剂 Kitasamycin Premix
10	盐酸氨丙啉、乙氧酰胺苯甲酯预混剂 Amprolium Hydrochloride and Ethopabate Premix	21	盐酸氨丙啉、乙氧酰胺苯甲酯、磺胺喹噁啉预混剂 Amprolium Hydrochloride、Ethopabate and Sulfaquinoxaline Premix	32	金霉素（饲料级）预混剂 Chlortetracycline(Feed Grade)Premix
11	黄霉素预混剂 Flavomycin Premix	22	维吉尼亚霉素预混剂 Virginiamycin Premix	33	恩拉霉素预混剂 Enramycin Premix

表 A.2 通过混饲给药的饲料药物添加剂

序号	名称	序号	名称	序号	名称
1	磺胺喹噁啉、二甲氧苄啶预混剂 Sulfaquinoxaline and Diaveridine Premix	9	伊维菌素预混剂 Ivermectin Premix	17	磷酸替米考星预混剂 Tilmicosin Phosphate Premix
2	越霉素 A 预混剂 Destomycin A Premix	10	呋喃苯烯酸钠粉 Nifurstyrenate Sodium Powder	18	磷酸泰乐菌素、磺胺二甲嘧啶预混剂 Tylosin Phosphate and Sulfamethazine Premix
3	潮霉素 B 预混剂 Hygromycin B Premix	11	延胡索酸泰妙菌素预混剂 Tiamulin Fumarate Premix	19	甲砜霉素散 Thiamphenicol Powder
4	地美硝唑预混剂 Dimetridazole Premix	12	环丙氨嗪预混剂 Cyromazine Premix	20	诺氟沙星、盐酸小檗碱预混剂 Norfloxacin and Berberine Hydrochloride Premix
5	磷酸泰乐菌素预混剂 Tylosin Phosphate Premix	13	氟苯咪唑预混剂 Flubendazole Premix	21	维生素 C 磷酸酯镁、盐酸环丙沙星预混剂 Magnesium Ascorbic Acid Phosphate and Ciprofloxacin Hydrochloride Premix
6	硫酸安普霉素预混剂 Apramycin Sulfate Premix	14	复方磺胺嘧啶预混剂 Compound Sulfadiazine Premix	22	盐酸环丙沙星、盐酸小檗碱预混剂 Ciprofloxacin Hydrochloride and Berberine Hydrochloride Premix
7	盐酸林可霉素预混剂 Lincomycin Hydrochloride Premix	15	盐酸林可霉素、硫酸大观霉素预混剂 Lincomycin Hydrochloride and Spectinomycin Sulfate Premix	23	噁喹酸散 Oxolinic Acid Powder
8	赛地卡霉素预混剂 Sedecamycin Premix	16	硫酸新霉素预混剂 Neomycin Sulfate Premix	24	磺胺氯吡嗪钠可溶性粉 Sulfaclozine Sodium Soluble Powder

附 录 B
（规范性附录）
生猪、家禽饲养允许使用的抗菌药及抗寄生虫药用法、用量

表 B.1 列出生猪、家禽饲养允许使用的抗菌药及抗寄生虫药用法、用量。

表 B.1 生猪、家禽饲养允许使用的抗菌药及抗寄生虫药用法、用量

类别		序号	药物名称	制剂	用法与用量
抗生素类 Genus antibiotics	β-内酰胺类 lactam β-	1	青霉素钠 sodium penicillin	粉剂	肌注：每千克体重，猪 2 万～3 万单位，禽 5 万单位
		2	氨苄西林 Ampicillin	混悬液	皮下、肌内注射，一次量，每 1 kg 体重，家畜 5 mg～7 mg，1 d 1 次，连用 2 d～3 d
		3	阿莫西林 Amoxicillin	片剂或粉剂	混饮，每 1 L 水，鸡 60 mg，连用 3 d～5 d
		4	苯唑西林钠 Oxacillin sodium	注射剂	肌注：一次量，每千克体重，猪 10 mg～15 mg
		5	普鲁卡因青霉素 Procaine penicillin	混悬液	肌注：一次量，每千克体重，猪 2 万～3 万单位；1 d一次，连用 2 d～3 d
		6	苄星青霉素 Benzathine penicillin	粉剂	肌注：一次量，每千克体重，猪 3 万～4 万单位，必要时 3 d～4 d 重复一次
		7	头孢噻呋 Ceftiofur	混悬液	肌注，一次量，每千克体重，猪 1 d 1 次，每次 3 mg～5 mg，连用 3 d
		8	头孢氨苄 Cephalexin	乳剂	肌注，一次量，每千克体重，5 mg～15 mg，1 d 2 次，连用 3 d～5 d
	氨基糖苷类 Aminoglycosides	9	硫酸链霉素 Streptomycin sulfate	注射剂	肌注，一次量，每千克体重，家畜 10 mg～15 mg，1 d 2 次，连用 2 d～3 d
		10	双氢链霉素 Dihydrostreptomycin	注射剂	肌注，一次量，每千克体重，家畜 10 mg，1 d 2 次
		11	硫酸卡那霉素 Kanamycin sulfate	注射液	肌注，一次量，每千克体重，家畜 10 mg～15 mg，1 d 2 次，连用 3 d～5 d
		12	硫酸庆大霉素 Gentamicin sulfate	注射液	肌注，一次量，每千克体重，家畜 2 mg～4 mg，1 d 2 次，连用 2 d～3 d
		13	硫酸新霉素 Neomycin sulfate	片剂或粉剂	混饮，每 1 L 水，鸡 50 mg～75 mg，连用 3 d～5 d
		14	盐酸壮观霉素 Spectinomycin hydrochloride	可溶性粉剂	混饮，每 1 L 水，鸡 1 g～2 g，连用 3 d～5 d
		15	硫酸安普霉素 Apramycin sulfate	可溶性粉剂	混饮，每 1 L 水，鸡 250 mg～500 mg，连用 5 d；每千克体重，猪 12.5 mg，连用 7 d

表 B. 1（续）

类别		序号	药物名称	制剂	用法与用量
抗生素类 Genus antibiotics	四环素类 Tetracyclines	16	土霉素 Oxytetracycline	片剂	内服，一次量，每千克体重，猪 10 mg～25 mg，禽 25 mg～50 mg，每天 2 次～3 次，连用 3 d～5 d
		17	四环素 Tetracycline	片剂	内服，一次量，每千克体重，家畜 10 mg～20 mg，每天 2 次～3 次
		18	盐酸金霉素 Chlortetracycline hydrochloride	注射液	静注，一次量，每千克体重，家畜 5 mg～10 mg
		19	盐酸多西环素 Doxycycline hydrochloride	片剂	内服，一次量，每千克体重，猪 3 mg～5 mg，禽 15 mg～25 mg，1 d 1 次，连用 3 d～5 d
	大环内酯类 Macrolides	20	红霉素 Erythromycin	注射液	静注，一次量，每千克体重，猪 3 mg～5 mg，1 d 2 次，连用 2 d～3 d
		21	吉他霉素 Kitasamycin	片剂	内服，一次量，每千克体重，猪 20 mg～30 mg，禽 20 mg～50 mg，1 d 2 次，连用 3 d～5 d
		22	泰乐菌素 Tylosin	注射液	肌注，一次量，每千克体重，猪 5 mg～13 mg，1 d 2 次，连用 7 d
		23	替米考星 Tilmicosin	溶液	混饮，一次量，每 1 L 水，鸡 75 mg，连用 3 d
	酰胺醇类 Phenicol	24	甲砜霉素 Thiamphenicol	片剂	内服，一次量，每千克体重，畜禽 5 mg～10 mg，1 d 2 次，连用 2 d～3 d
		25	氟苯尼考 Florfenicol	粉剂	内服，每千克体重，猪，鸡 20 mg～30 mg，1 d 2 次，连用 3 d～5 d
	林可胺类 Lincosamides	26	盐酸林可霉素 Lincomycin hydrochloride	可溶性粉剂	混饮，每 1 L 水，猪 40 mg～70 mg，连用 7 d；鸡 20 mg～40 mg，连用 5 d～10 d
	多肽类 peptide	27	硫酸黏菌素 Colistin sulphate	可溶性粉剂	混饮，每 1 L 水，猪 40 mg～200 mg；鸡 20 mg～60 mg连用 5 d～10 d
		28	杆菌肽锌 Stannum bacitracin	预混剂	混饲，每千克饲料，猪 6 月龄以下 4 g～40 g，禽 16 周龄以下 4 g～40 g
		29	恩拉霉素 Enramycin	预混剂	混饲，每千克饲料，猪 2.5 g～20 g，鸡 1 g～5 g
		30	维吉尼霉素 Virginiamycin	预混剂	混饲，每千克饲料，猪 10 g～25 g，鸡 5 g～20 g
	其他 alia	31	延胡索酸泰妙菌素 Tiamulin fumarate	可溶性粉剂	混饮，每千克水，猪 45 mg～60 mg，连用 5 d；鸡 125 mg～300 mg，连用 3 d
		32	赛地卡霉素 Genus card neomycin	预混剂	混饲，每千克饲料，猪 75 g，连用 15 d

表 B.1（续）

类别		序号	药物名称	制剂	用法与用量
合成抗菌药 Saccharum antibacterial agentia	磺胺类 Sulfa	33	磺胺嘧啶 Sulfadiazine	预混剂	混饲，1 天量，每千克体重，猪 15 mg～30 mg，连用 5 d；鸡 25 mg～30 mg，连用 10 d
		34	磺胺噻唑 Sulfathiazole	片剂	内服，一次量，每千克体重，家畜首次量 0.14 g～0.2 g；维持量 0.07 g～0.1 g，1 d 2 次～3 次，连用 3 g～5 d
		35	磺胺二甲嘧啶 Sulfadimidine	片剂	内服，一次量，每千克体重，家畜首次量 0.14 g～0.2 g；维持量 0.07 g～0.1 g，1 d 2 次～3 次，连用3 d～5 d
		36	磺胺甲噁唑 Sulfamethoxazole	片剂	内服，一次量，每千克体重，家畜首次量50 mg～100 mg；维持量 20 mg～50 mg，1 日 2 次～3 次，连用 3 d～5 d
		37	磺胺对甲氧嘧啶 Sulfadoxin - methoxy - pyrimidine	片剂	内服，一次量，每千克体重，家畜首次量 50 mg～100 mg；维持量 20 mg～50 mg，1 d 2 次～3 次，连用 3 d～5 d
		38	磺胺间甲氧嘧啶 Sulfamonomethoxine	片剂	内服，一次量，每千克体重，家畜首次量 50 mg～100 mg；维持量 20 mg～50 mg，1 d 2 次～3 次，连用 3 d～5 d
		39	磺胺甲氧哒嗪 Sulfamethoxypyridazine	片剂	内服，一次量，每千克体重，家畜首次量 50 mg～100 mg；维持量 20 mg～50 mg，1 d 2 次～3 次，连用 3 d～5 d
		40	磺胺脒 Sulfaguanidine	片剂	内服，一次量，每千克体重，家畜 0.1 g～0.2 g，1 d 2 次，连用 3 d～5 d
	喹诺酮类 Quinolones	41	恩诺沙星 Enrofloxacin	片剂	内服，一次量，每千克体重，禽 5 mg～7.5 mg，1 d 2 次，连用 3 d～5 d
		42	乳酸环丙沙星 Ciprofloxacin	可溶性粉剂	混饮，每 1 L 水，家禽 40 mg～80 mg，1 d 2 次，连用 3 d
		43	盐酸环丙沙星 Ciprofloxacin hydrochloride	可溶性粉剂	混饮，每 1 L 水，家禽 40 mg～80 mg，1 d 2 次，连用 3 d～5 d
		44	盐酸沙拉沙星 Sarafloxacin hydrochloride	片剂	内服，一次量，每千克体重，鸡 5 mg～10 mg，1 d 1 次～2 次，连用 3 d～5 d
		45	甲磺酸达氟沙星 Danofloxacin mesylate	可溶性粉剂	内服，一次量，每千克体重，鸡 2.5 mg～5 mg，1 d 1 次，连用 3 d
		46	盐酸二氟沙星 Difloxacin hydrochloride	片剂	内服，一次量，每千克体重，鸡 5 mg～10 mg，1 d 2 次，连用 3 d～5 d
		47	诺氟沙星 Norfloxacin	可溶性粉剂	混饮，每 1 L 水，鸡 50 mg～100 mg，连用 3 d～5 d
	其他 Alia	48	乙酰甲喹 Mequindox	片剂	内服，每千克体重，猪 5 mg～10 mg
		49	喹乙醇 Olaquindox	预混剂	混饲，每 1 000 千克饲料，猪 1 000 g～2 000 g
		50	洛克沙胂 Roxarsone	预混剂	混饲，每 1 000 千克饲料，猪、鸡 50 g
		51	牛至油预混剂 Oleum Oregano Premix	预混剂	混饲，每 1 000 千克饲料，预防，猪 500 g～700 g、鸡 450 g。治疗，猪 1 000 g～1 300 g，鸡 900 g，连用 7 d。促生长，猪、鸡 50 g～500 g

表 B.1（续）

类 别		序号	药物名称	制剂	用法与用量
合成抗菌药 Saccharum antibacterial agentia	其他 Alia	52	盐酸黄连素 Berberine	片剂	内服，一次量，猪 0.5 g～1 g
		53	硫酸黄连素 Berberine sulfate	注射液	肌注，一次量，猪 0.05 g～0.1 g
		54	乌洛托品 Methenamine	注射液	静注，一次量，猪 5 g～10 g
抗寄生虫药 Antiparasitic	抗线虫药 Nematode pharmaca anti－	55	阿苯达唑 Albendazole	片剂	内服，一次量，每千克体重，猪 5 mg～10 mg，禽 10 mg～20 mg
		56	芬苯达唑 Fenbendazole	片剂	内服，一次量，每千克体重，猪 5 mg～7.5 mg；禽 10 mg～50 mg
		57	奥芬咪唑 Orpheum imidazole	片剂	内服，一次量，每千克体重，猪 4 mg
		58	氟苯达唑 Fluorobenzene de azole	预混剂	混饲，常用量，每千克饲料，猪 30 g，连用 5 d～10 d；鸡 30 g，连用 4 d～7 d
		59	盐酸左旋咪唑 Levamisole hydrochloride	注射液	皮下，肌注，一次量，每千克体重，猪 7.5 g，禽 25 g
		60	盐酸赛咪唑 Genus imidazole hydrochloride	片剂	常用量，内服：一次量，每千克体重，猪 10 mg～15 mg；鸡 20 mg～40 mg
		61	磷酸哌嗪 Piperazine phosphate	片剂	内服，每千克体重，猪 0.2 g～0.5 g；禽 0.2 g～0.5 g。猪隔 2 个月，禽隔 10 d～14 d 再次给药
		62	伊维菌素 Ivermectin	注射液	皮下，一次量，每千克体重，猪 0.3 mg
		63	阿维菌素 Avermectin	片剂	内服，一次量，每千克体重，猪 0.3 mg
		64	多拉菌素 Doramectin	注射液	肌注，一次量，每千克体重，猪 0.3 mg
		65	越霉素 A A Destomycin	预混剂	混饲，每 1 000 kg 饲料，猪、鸡 5.0 mg～10.0 mg
		66	敌百虫 Trichlorfon	片剂	内服，一次量，每千克体重，猪 80 mg～100 mg
	抗绦虫药 Medicinae Antitrematode	67	氯硝柳胺 Niclosamide	片剂	内服，一次量，每千克体重，禽 50 mg～60 mg
		68	吡喹酮 Praziquantel	片剂	内服，一次量，每千克体重，猪 10 mg～35 mg；禽 10 mg～20 mg
		69	溴酚磷 Bromophenol phosphoro	片剂	内服，一次量，每千克体重，猪 12 mg～16 mg
	抗原虫药 Antiprotozoal	70	磺胺喹噁啉 Sulfaquinoxaline	可溶性粉剂	以本品计，混饲：每 1 L 水，鸡 3 g～5 g
		71	磺胺氯吡嗪钠 Sulfachloropyrazine sodium	可溶性粉剂	以本品计，混饮：每 1 L 水，肉鸡、火鸡 1 g；混饲：每 1 000 kg 饲料，肉鸡 2 000 g，连用 3 d
		72	地克珠利 Diclazuril	预混剂	以地克珠利计，混饲：每 1 000 千克饲料，家禽 1 g
		73	莫能菌素钠 Monensin sodium	预混剂	混饲，每 1 000 kg 饲料，鸡 90 g～110 g

表 B.1（续）

类别		序号	药物名称	制剂	用法与用量
抗寄生虫药 Antiparasitic	抗原虫药 Antiprotozoal	74	盐霉素钠 Salinomycin sodium	预混剂	混饲，每 1 000 kg 饲料，鸡 600 g
		75	赛杜霉素钠 Saidu neomycin sodium	预混剂	混饲，每 1 000 kg 饲料，鸡 500 g
		76	二硝托胺 Duobus curam Amine nitrate	预混剂	混饲，每 1 000 kg 饲料，鸡 500 g
		77	尼卡巴嗪 Nicarbazin	预混剂	混饲，每 1 000 kg 饲料，鸡 5 g～625 g
		78	盐酸安丙啉 C. Morpholine hydrochloride Ann	可溶性粉剂	混饮，每 1 L 水，鸡 0.6 g，连用 5 d～7 d
		79	氯羟吡啶 Clopidol	预混剂	以本品计，混饲，每 1 000 kg 饲料，鸡 500 g
		80	盐酸氯苯胍 Robenidine hydrochloride	片剂	内服，一次量，每千克体重，鸡 10 mg～15 mg

附 录 C

（规范性附录）

生猪、家禽饲养允许使用的抗菌药及抗寄生虫药休药期规定

表 C.1 列出农业部公告生猪、家禽饲养允许使用的抗菌药及抗寄生虫药休药期规定。

表 C.1 生猪、家禽饲养允许使用的抗菌药及抗寄生虫药休药期规定

类 别		序号	药物名称	制剂	休药期	执行标准
抗生素类 Genus antibiotics	β-内酰胺类 β-lactam	1	青霉素钠 sodium penicillin	粉剂	*	《兽药使用指南(2010 版)》
		2	氨苄西林 Ampicillin	混悬液	猪 15 d	《兽药使用指南(2010 版)》
		3	阿莫西林 Amoxicillin	片剂或粉	鸡 7 d，蛋鸡产蛋期禁用	《兽药使用指南(2010 版)》
		4	苯唑西林钠 Oxacillin sodium	注射剂	猪 5 d	《兽药使用指南(2010 版)》
		5	普鲁卡因青霉素 Procaine penicillin	混悬液	猪 7 d	《兽药使用指南(2010 版)》
		6	苄星青霉素 Benzathine penicillin	注射剂	猪 5 d	《兽药使用指南(2010 版)》
		7	头孢噻呋 Ceftiofur	混悬液	猪 1 d	《兽药使用指南(2010 版)》
	氨基糖苷类 Aminoglycosides	8	硫酸链霉素 streptomycin sulfate	注射剂	猪 18 d	《兽药使用指南(2010 版)》
		9	双氢链霉素 Dihydrostreptomycin	注射剂	猪 18 d	《兽药使用指南(2010 版)》
		10	硫酸卡那霉素 Kanamycin sulfate	注射液	28 d	《兽药使用指南(2010 版)》
		11	硫酸庆大霉素 Gentamicin sulfate	注射液	猪 40 d	《兽药使用指南(2010 版)》
		12	硫酸新霉素 Neomycin sulfate	片剂或粉	火鸡 14 d，鸡 5 d	《兽药使用指南(2010 版)》
		13	盐酸大观霉素 Spectinomycin hydrochloride	可溶性粉	蛋鸡产蛋期禁用，鸡 5 d	《兽药使用指南(2010 版)》
		14	硫酸安普霉素 Apramycin sulfate	可溶性粉	猪 21 d，鸡 7 d	《兽药使用指南(2010 版)》
	四环素类 Tetracyclines	15	土霉素 Oxytetracycline	片剂	猪 7 d，禽 5 d，弃蛋期 2 d	《兽药使用指南(2010 版)》
		16	四环素 Tetracycline	片剂	猪 10 d，鸡 4 d	《兽药使用指南(2010 版)》
		17	盐酸金霉素 Chlortetracycline hydrochlorid	注射液	*	《兽药使用指南(2010 版)》
		18	盐酸多西环素 Doxycycline hydrochloride	片剂	28 d	《兽药使用指南(2010 版)》
	大环内酯类 Macrolides	19	乳糖酸红霉素 Erythromycin lactobionate	注射液	猪 7 d	《兽药使用指南(2010 版)》
		20	吉他霉素 Kitasamycin	片剂	猪、鸡 7 d	《兽药使用指南(2010 版)》
		21	泰乐菌素 Tylosin	注射液	猪 21 d	《兽药使用指南(2010 版)》
		22	替米考星 Tilmicosin	溶液	鸡 10 d	《兽药使用指南(2010 版)》
		23	泰拉霉素 Terra ADM	注射液	猪 33 d	《兽药使用指南(2010 版)》

表 C.1（续）

类别		序号	药物名称	制剂	休药期	执行标准
抗生素类 Genus antibiotics	酰胺醇类 Phenicol	24	甲砜霉素 Thiamphenicol	片剂	28 d	《兽药使用指南(2010 版)》
		25	氟苯尼考 Florfenicol	粉剂	猪 20 d,鸡 5 d	《兽药使用指南(2010 版)》
	林可胺类 Lincosamides	26	盐酸林可霉素 Lincomycin hydrochloride	可溶性粉	猪、鸡 5 d	《兽药使用指南(2010 版)》
	多肽类 peptide	27	硫酸黏菌素 Colistin sulphate	可溶性粉	猪、鸡 7 d	《兽药使用指南(2010 版)》
		28	杆菌肽锌 Stannum bacitracin	预混剂	0 d	《兽药使用指南(2010 版)》
		29	恩拉霉素 Enramycin	预混剂	猪、鸡 7 d	《兽药使用指南(2010 版)》
		30	维吉尼霉素 Virginiamycin	预混剂	猪、鸡 1 d	《兽药使用指南(2010 版)》
	其他 Alia	31	延胡索酸泰妙菌素 Tiamulin fumarate	可溶性粉	猪 7 d,鸡 5 d	《兽药使用指南(2010 版)》
		32	赛地卡霉素 Genus card neomycin	预混剂	1 d	《兽药使用指南(2010 版)》
合成抗菌药 Saccharum antibacterial agentia	磺胺类 Sulfa	33	磺胺嘧啶 Sulfadiazine	预混剂	猪 5 d,鸡 1 d	《兽药使用指南(2010 版)》
		34	磺胺噻唑 Sulfathiazole	片剂	28 d	《兽药使用指南(2010 版)》
		35	磺胺二甲嘧啶 Sulfadimidine	片剂	猪 15 d,禽 10 d	《兽药使用指南(2010 版)》
		36	磺胺甲噁唑 Sulfamethoxazole	片剂	28 d	《兽药使用指南(2010 版)》
		37	磺胺对甲氧嘧啶 Sulfadoxine - methoxy - pyrimidine	片剂	28 d	《兽药使用指南(2010 版)》
		38	磺胺间甲氧嘧啶 Sulfamonomethoxine	片剂	28 d	《兽药使用指南(2010 版)》
		39	磺胺甲氧哒嗪 Sulfamethoxypyridazine	片剂	*	《兽药使用指南(2010 版)》
		40	磺胺脒 Sulfaguanidine	片剂	28 d	《兽药使用指南(2010 版)》
	喹诺酮类 Quinolones	41	恩诺沙星 Enrofloxacin	片剂	鸡 8 d	《兽药使用指南(2010 版)》
		42	乳酸环丙沙星 Ciprofloxacin	可溶性粉	禽 8 d	《兽药使用指南(2010 版)》
		43	盐酸环丙沙星 Ciprofloxacin hydrochloride	可溶性粉	鸡 28 d	《兽药使用指南(2010 版)》
		44	盐酸沙拉沙星 Sarafloxacin hydrochloride	片剂	鸡 0 d	《兽药使用指南(2010 版)》
		45	甲磺酸达氟沙星 Danofloxacin mesylate	可溶性粉	鸡 5 d	《兽药使用指南(2010 版)》
		46	盐酸二氟沙星 Difloxacin hydrochloride	片剂	鸡 1 d	《兽药使用指南(2010 版)》
		47	烟酸诺氟沙星 niacin norfloxacin	可溶性粉	鸡 28 d	《兽药使用指南(2010 版)》
	其他 Alia	48	乙酰甲喹 Mequindox	片剂	猪 35 d	《兽药使用指南(2010 版)》
		49	喹乙醇 Olaquindox	预混剂	猪 35 d	《兽药使用指南(2010 版)》
		50	洛克沙胂 Roxarsone	预混剂	5 d	《兽药使用指南(2010 版)》
		51	氨苯胂酸 Dapsone ARSACETYL	预混剂	5 d	《兽药使用指南(2010 版)》
		52	盐酸黄连素 Berberine	片剂	*	《兽药使用指南(2010 版)》
		53	硫酸黄连素 Berberine sulfate	注射液	猪 28 d	《兽药使用指南(2010 版)》
		54	乌洛托品 Methenamine	注射液	*	《兽药使用指南(2010 版)》

表 C.1（续）

类 别		序号	药物名称	制剂	休药期	执行标准
抗寄生虫药 Antiparasitic	抗线虫药 Nematode pharmaca anti -	55	阿苯达唑 Albendazole	片剂	猪 7 d，禽 4 d	《兽药使用指南(2010 版)》
		56	芬苯达唑 Fenbendazole	片剂	猪 3 d	《兽药使用指南(2010 版)》
		57	奥芬达唑 Orpheum imidazole	片剂	猪 7 d	《兽药使用指南(2010 版)》
		58	氟苯达唑 Fluorobenzene de azole	预混剂	猪 14 d，鸡 14 d	《兽药使用指南(2010 版)》
		59	盐酸左旋咪唑 Levamisole hydrochloride	注射液	猪 28 d	《兽药使用指南(2010 版)》
		60	盐酸赛咪唑 Genus imidazole hydrochloride	片剂	猪 3 d，禽 28 d	《兽药使用指南(2010 版)》
		61	磷酸哌嗪 Piperazine PHOSPHATE	片剂	猪 21 d，禽 14 d	《兽药使用指南(2010 版)》
		62	伊维菌素 Ivermectin	注射液	猪 20 d	《兽药使用指南(2010 版)》
		63	阿维菌素 Avermectin	片剂	猪 28 d	《兽药使用指南(2010 版)》
		64	多拉菌素 Doramectin	注射液	猪 56 d	《兽药使用指南(2010 版)》
		65	越霉素 A A Destomycin	预混剂	猪 15 d，鸡 3 d	《兽药使用指南(2010 版)》
		66	敌百虫 Trichlorfon	片剂	28 d	《兽药使用指南(2010 版)》
	抗绦虫药 Medicinae Antitrematode	67	氯硝柳胺 Niclosamide	片剂	*	《兽药使用指南(2010 版)》
	抗吸虫药 Anti - medica - mento trematode	68	硝氯酚 CP nitrate	片剂	28 d	《兽药使用指南(2010 版)》
		69	溴酚磷 Bromophenol phosphoro	片剂	*	《兽药使用指南(2010 版)》
	抗原虫药 Antiprotozoal	70	磺胺喹噁啉 Sulfaquinoxaline	可溶性粉	鸡 10 d	《兽药使用指南(2010 版)》
		71	磺胺氯吡嗪钠 Sulfachloropyrazine sodium	可溶性粉	火鸡 4 d，肉鸡 1 d	《兽药使用指南(2010 版)》
		72	地克珠利 Diclazuril	预混剂	鸡 5 d	《兽药使用指南(2010 版)》
		73	莫能菌素钠 Monensin sodium	预混剂	5 d	《兽药使用指南(2010 版)》
		74	盐霉素钠 Salinomycin sodium	预混剂	猪、鸡 5 d	《兽药使用指南(2010 版)》
		75	赛杜霉素钠 Saidu neomycin sodium	预混剂	5 d	《兽药使用指南(2010 版)》
		76	二硝托胺 Duobus curam Amine nitrate	预混剂	鸡 3 d	《兽药使用指南(2010 版)》
		77	尼卡巴嗪 Nicarbazin	预混剂	鸡 4 d	《兽药使用指南(2010 版)》
		78	复方盐酸氨丙啉 Compositum Amprolium Hydrochloride	可溶性粉	鸡 7 d	《兽药使用指南(2010 版)》
		79	氯羟吡啶 Clopidol	预混剂	鸡 5 d	《兽药使用指南(2010 版)》
		80	盐酸氯苯胍 Robenidine hydrochloride	片剂	鸡 5 d	《兽药使用指南(2010 版)》

注：标 * 者表明《兽药典兽药使用指南(2010 版)》没有注明休药期。

附　录　D

（规范性附录）

食品动物禁用的兽药及其他物质

表D.1列出农业部公告(第193号)食品动物禁用的兽药及其他化合物清单,表D.2列出农业部第176号公告及第1519号公告规定的禁止在饲料和动物饮水中使用的物质。

表D.1　食品动物禁用的兽药及其他化合物清单

序号	兽药及其他化合物名称	禁止用途	禁用动物
1	β-兴奋剂类:克仑特罗 Clenbuterol、沙丁胺醇 Salbutamol、西马特罗 Cimaterol及其盐、酯及制剂	所有用途	所有食品动物
2	性激素类:己烯雌酚 Diethylstilbestrol 及其盐、酯及制剂	所有用途	所有食品动物
3	具有雌激素样作用的物质:玉米赤霉醇 Zeranol、去甲雄三烯醇酮 Trenbolone、醋酸甲孕酮 Mengestrol,Acetate 及制剂	所有用途	所有食品动物
4	氯霉素 Chloramphenicol、及其盐、酯(包括:琥珀氯霉素 Chloramphenicol Succinate)及制剂	所有用途	所有食品动物
5	氨苯砜 Dapsone 及制剂	所有用途	所有食品动物
6	硝基呋喃类:呋喃唑酮 Furazolidone、呋喃它酮 Furaltadone、呋喃苯烯酸钠 Nifurstyrenate sodium 及制剂	所有用途	所有食品动物
7	硝基化合物:硝基酚钠 Sodium nitrophenolate、硝呋烯腙 Nitrovin 及制剂	所有用途	所有食品动物
8	催眠、镇静类:安眠酮 Methaqualone 及制剂	所有用途	所有食品动物
9	林丹(丙体六六六)Lindane	杀虫剂	水生食品动物
10	毒杀芬(氯化烯)Camahechlor	杀虫剂、清塘剂	水生食品动物
11	呋喃丹(克百威)Carbofuran	杀虫剂	水生食品动物
12	杀虫脒(克死螨)Chlordimeform	杀虫剂	水生食品动物
13	双甲脒 Amitraz	杀虫剂	水生食品动物
14	酒石酸锑钾 Antimonypotassiumtartrate	杀虫剂	水生食品动物
15	锥虫胂胺 Tryparsamide	杀虫剂	水生食品动物
16	孔雀石绿 Malachitegreen	抗菌、杀虫剂	水生食品动物
17	五氯酚酸钠 Pentachlorophenolsodium	杀螺剂	水生食品动物
18	各种汞制剂,包括:氯化亚汞(甘汞)Calomel,硝酸亚汞 Mercurous nitrate、醋酸汞 Mercurous acetate、吡啶基醋酸汞 Pyridyl mercurous acetate	杀虫剂	动物
19	性激素类:甲基睾丸酮 Methyltestosterone、丙酸睾酮 Testosterone Propionate、苯丙酸诺龙 Nandrolone Phenylpropionate、苯甲酸雌二醇 Estradiol Benzoate 及其盐、酯及制剂	促生长	所有食品动物
20	催眠、镇静类:氯丙嗪 Chlorpromazine、地西泮(安定)Diazepam 及其盐、酯及制剂	促生长	所有食品动物
21	硝基咪唑类:甲硝唑 Metronidazole、地美硝唑 Dimetronidazole 及其盐、酯及制剂	促生长	所有食品动物

表 D.2 禁止在饲料和动物饮用水中使用的物质

序号	名 称	类 别
1	克伦特罗 Clenbuterol	肾上腺素受体激动剂
2	沙丁胺醇 Salbutamol	肾上腺素受体激动剂
3	硫酸沙丁胺醇 SalbutamolSulfate	肾上腺素受体激动剂
4	莱克多巴胺 Ractopamine	肾上腺素受体激动剂
5	盐酸多巴胺 Dopamine Hydrochloride	肾上腺素受体激动剂
6	西马特罗 Cimaterol	肾上腺素受体激动剂
7	硫酸特布他林 Terbutaline Sulfate	肾上腺素受体激动剂
8	苯乙醇胺 A Phenylethanolamine A	肾上腺素受体激动剂
9	班布特罗 Bambuterol	肾上腺素受体激动剂
10	盐酸齐帕特罗 Zilpaterol Hydrochloride	肾上腺素受体激动剂
11	盐酸氯丙那林 Clorprenaline Hydrochloride	肾上腺素受体激动剂
12	马布特罗 Mabuterol	肾上腺素受体激动剂
13	西布特罗 Cimbuterol	肾上腺素受体激动剂
14	溴布特罗 Brombuterol	肾上腺素受体激动剂
15	酒石酸阿福特罗 Arformoterol Tartrate	肾上腺素受体激动剂
16	富马酸福莫特罗 Formoterol Fumatrate	肾上腺素受体激动剂
17	已烯雌酚 Diethylstilbestrol	性激素
18	雌二醇 Estradiol	性激素
19	戊酸雌二醇 EstradiolValerate	性激素
20	苯甲酸雌二醇 EstradiolBenzoate	性激素
21	氯烯雌醚 Chlorotrianisene	性激素
22	炔诺醇 Ethinylestradiol	性激素
23	炔诺醚 Quinestrol	性激素
24	醋酸氯地孕酮 Chlormadinone acetate	性激素
25	左炔诺孕酮 Levonorgestrel	性激素
26	炔诺酮 Norethisterone	性激素
27	绒毛膜促性腺激素 Chorionic Gonadotrophin	性激素
28	促卵泡生长激素 Menotropins	性激素
29	苯丙酸诺龙及苯丙酸诺龙注射液 Nandrolone phenylpropionate	蛋白同化激素
30	碘化酪蛋白 Iodinated Casein	蛋白同化激素
31	盐酸可乐定 Clonidine Hydrochloride	抗高血压药
32	盐酸赛庚啶 Cyproheptadine Hydrochloride	抗组胺药
33	氯丙嗪 Chlorpromazine Hydrochloride	精神药品
34	盐酸异丙嗪 Promethazine Hydrochloride	精神药品
35	安定 Diazepam	精神药品
36	苯巴比妥 Phenobarbital	精神药品
37	苯巴比妥钠 Phenobarbital Sodium	精神药品
38	巴比妥 Barbital	精神药品

表 D.2（续）

序号	名　　称	类　　别
39	异戊巴比妥 Amobarbital	精神药品
40	异戊巴比妥钠 Amobarbital Sodium	精神药品
41	利血平 Reserpine	精神药品
42	艾司唑仑 Estazolam	精神药品
43	甲丙氯脂 Meprobamate	精神药品
44	咪达唑仑 Midazolam	精神药品
45	硝西泮 Nitrazepam	精神药品
46	奥沙西泮 Oxazepam	精神药品
47	匹莫林 Pemoline	精神药品
48	三唑仑 Triazolam	精神药品
49	唑吡旦 Zolpidem	精神药品
50	其他国家管制精神药品	精神药品
51	抗生素滤渣	各种抗生素滤渣

本标准依据 GB/T 1.1—2009《标准化工作导则　第 1 部分:标准的结构和编写》编写。

本标准由天津市畜牧兽医局提出。

本标准起草单位:天津市动物卫生监督所。

本标准主要起草人:李志荣、刘子芝、刘纪艳、李学武、王建悦、孙玉霜、张新宁。

本标准于 2014 年 8 月首次发布。

DB12/T 542—2014

畜禽饲养场投入品使用管理规范

Management specification for use of inputs in livestock and poultry farms

1 范围

本标准规定了术语与定义和投入品的管理、采购、贮存、使用。本标准适用于本市畜禽饲养场。

2 规范性引用文件

下列文件对于本文件的应用是必不可少的。凡是注日期的引用文件，仅注日期的版本适用于本文件。凡是不注日期的引用文件，其最新版本(包括所有的修改单)适用于本文件。

GB 13078 饲料卫生标准

NY 5027 无公害食品畜禽饮用水水质

NY 5030 无公害食品畜禽饲养兽药使用准则

中华人民共和国农业部公告第168号 饲料药物添加剂使用规范

中华人民共和国农业部公告第176号、1519号 禁止在饲料和动物饮水中使用的药物品种目录

中华人民共和国农业部公告第193号 食品动物禁用的兽药及其他化合物清单

中华人民共和国农业部公告第278号 兽药停药期规定

中华人民共和国农业部公告第1224号 饲料添加剂安全使用规范

中华人民共和国农业部公告第1773号、2038号 饲料原料目录

中华人民共和国农业部公告第1997号 兽用处方药品种目录(第一批)

中华人民共和国农业部公告第2045号 饲料添加剂品种目录

中华人民共和国国务院令第404号 兽药条例

中华人民共和国国务院令第609号 饲料和饲料添加剂管理条例

3 术语与定义

下列术语和定义适用于本标准。

3.1 投入品 input

包括饮用水、兽药、饲料及饲料添加剂。

4 投入品的管理

4.1 机构

建立投入品使用管理机构，负责投入品的采购、接收、贮存、检验的管理。

4.2 人员

设置1名～2名投入品管理人员，管理人员上岗前应经过动物防疫法规、食品卫生法规教育及相应的技术培训，上岗后应每半年进行一次培训。

天津市市场和质量监督管理委员会 2014-11-18 发布　　2014-12-18 实施

4.3 制度和记录

饲养场应当建立完整的投入品管理制度和使用记录。

4.3.1 管理制度应包括投入品的采购制度、入库查验制度、使用制度、贮存制度等。

4.3.2 使用记录应包括投入品采购记录、出入库记录、检验记录。各种记录编号后分类归档，便于检索、查阅。记录应妥善保管，保存期不少于2年。

5 投入品的采购

5.1 饲料及饲料添加剂的采购

5.1.1 饲料及饲料添加剂的采购，应当执行《饲料和饲料添加剂管理条例》的有关规定。

5.1.2 禁止采购《饲料原料目录》和《饲料添加剂品种目录》规定以外的任何饲料原料和饲料添加剂。

5.1.3 饲养场采购饲料及饲料添加剂，应当签订饲料购销合同，并要求饲料供应商提供饲料生产许可证复印件、饲料标签和本批次饲料检测报告、质量检验合格证。上述资料保存期限不得少于2年。

5.1.4 饲养场采购饲料及饲料添加剂，应当完善饲料原料和饲料添加剂采购记录，包括饲料原料 和饲料添加剂的通用名、商品名称、产地、数量、保质期、生产企业名称或者供货者名称及其 联系方式、进货日期、经办人信息、入库日期、查验或检验信息等。记录保存期限不得少于2年。

5.1.5 饲养场生产加工饲料，应当建立饲料原料验收、饲料配方档案及相应生产记录，对饲料原料和各个批次生产的饲料产品均应保留样品。样品应当保留至使用该批次产品动物出栏后2个月。

5.2 兽药的采购

5.2.1 兽药的采购，应当执行《兽药管理条例》的有关规定。

5.2.2 禁止采购"三无"产品(即无生产厂家、无生产日期、无产品批准文号的兽药)及批准文号过期的兽药。

5.2.3 兽药入库时，必须查验其包装(商品标签)及产品合格证，明确登记进货时间、商品名称、批准文号、生产厂家、生产日期(批号)、有效期、进货渠道、进货数量、金额、休药期。记录保存期限不得少于2年。

6 投入品的贮存

6.1 饲料的贮存

6.1.1 饲养场应当建立饲料和饲料添加剂的贮存管理制度，设专人管理，填写并保存出入库记录。

6.1.2 饲料贮存应当合理规划库房，并完善饲料贮存记录，包括堆放方式、垛位标识、库房盘 点、虫鼠防范、温度、出入库记录。

6.1.3 饲料及饲料添加剂应存放在低温、干燥、避光和清洁的环境条件下，并根据饲料产品规定的有效期决定推陈贮新的时间。一般颗粒配合料的贮存期为1个月，粉状配合料的贮存期不宜超过10 d，粉状浓缩料和预混料因加入了适量的抗氧化剂，其贮存期分别为3周～4周和3个～6个月。

6.1.4 干草类及秸秆类饲料贮存时，应保证通风良好，防止日晒、雨淋、霉变。

6.1.5 青贮饲料应堆放在棚内，防止日晒、雨淋、霉变；防止青贮饲料变质。

6.1.6 微生物、维生素和酶制剂等热敏物质应低温贮存，填写并保存温度监控记录。监控记录包括设定温度、实际温度、监控时间、记录人等。

6.2 兽药的贮存

6.2.1 饲养场应当建立兽药贮存管理制度，设专人管理，规范填写并保存出入库记录。

6.2.2 设置专用兽药贮存场所并合理规划，处方药与非处方药分库或分柜存放，按照兽药说明书规定条件进行保存并配备药品柜、冰箱。

6.2.3 根据兽药名称、剂型、规格、批号、数量、有效期分类或分批贮存并设立专门卡片。

6.2.4 易燃，易爆，有腐蚀性和毒害的药品，应单独置于低温处或专库内加锁，并不得与内服药品混合存放。具有特殊气味的药品应密封后隔离贮放、内服与外用药物应分开存贮。

7 投入品的使用

7.1 饮用水的使用

7.1.1 畜禽饮用水的水质应符合 NY 5027 中水质标准的要求。

7.1.2 畜禽饲养场投产后，应当定期对供水系统进行清洗消毒，并每年进行一次饮用水水质检测。

7.2 饲料及饲料添加剂的使用

7.2.1 使用饲料及饲料添加剂，应当严格执行《饲料卫生标准》《饲料原料目录》《饲料添加剂品种目录》《饲料添加剂安全使用规范》。禁止在反刍动物饲料中添加和使用乳和乳制品以外的动物源性成分。

7.2.2 配合饲料、浓缩饲料和添加剂预混合饲料，应当按照产品使用说明进行使用、饲喂。

7.2.3 使用饲料添加剂，应当由技术人员开具饲料添加剂使用单，标明饲料添加剂通用名称、规格、数量、用法、用量、停药期、休药期及注意事项。

7.2.4 饲养场应当建立用料记录，详细记录饲料使用情况。用料记录应在畜禽出栏后保存 2 年。

7.3 兽药的使用

7.3.1 使用兽药，应当严格执行《兽用处方药品种目录(第一批)》《兽药停药期规定》《饲料药物添加剂使用规范》《禁止在饲料和动物饮水中使用的药物品种目录》和《食品动物禁用的兽药及其他化合物清单》，以及符合 NY 5030 第 4 章规定。不得使用超出保质期的兽药，禁止将原料药物直接添加到饲料及动物饮用水中或直接饲喂动物，禁止使用人用药。

7.3.2 为预防动物疾病、促进动物生长，使用非处方药，应当按药物说明书及标签的内容，由饲养场具有相关资质的技术人员开具非处方药物使用单，标明兽药通用名称、规格、数量、用 法、用量、停药期、休药期及注意事项。

7.3.3 为防治动物疾病，使用处方药物，应当按药物说明书及标签的内容，由注册的执业兽医开 具处方，标明兽药通用名称、规格、数量、用法、用量、停药期、休药期及注意事项。

7.3.4 饲养场应当建立用药记录，详细记录兽药使用情况。用药记录应在畜禽出栏后保存 2 年。

7.3.5 有休药期规定的兽药用于食用动物的，饲养场应当向购买者或者屠宰者提供用药记录。

本标准的编写符合 GB/T 1.1—2009《标准化工作导则　第 1 部分：标准的结构和编写》的要求。

本标准由天津市畜牧兽医局提出。

本标准起草单位：天津市畜牧总站、天津市滨海新区汉沽动物卫生监督所。

本标准起草人：于海霞、陈紫剑、王虹、杨颖、宋晓军、高俊成、唐佩娟、张丹。

DB12/T 269—2017 替代 DB12/T 269—2006

肉牛规模化养殖场建设与管理规范

Construction and management criterion for intensive beef cattle farms

1 范围

本标准规定了肉牛规模化养殖场的必备条件、选址与布局、牛场建设与设备、管理与防疫、废弃物处理、生产水平。

本标准适用于肉牛规模化养殖场。

2 规范性引用文件

下列文件对于本文件的应用是必不可少的。凡是注日期的引用文件，仅所注日期的版本适用于本文件。凡是不注日期的引用文件，其最新版本（包括所有的修改单）适用于本文件。

下列文件对于本文件的应用是必不可少的。凡是注日期的引用文件，仅注日期的版本适用于本文件。凡是不注日期的引用文件，其最新版本（包括所有的修改单）适用于本文件。

GB 16548　病害动物和病害动物产品生物安全处理规程

GB 16549　畜禽产地检疫规范

GB 18596　畜禽养殖业污染物排放标准

NY 5030　无公害食品　畜禽饲养兽药使用准则

NY 5032　无公害食品　畜禽饲料和饲料添加剂使用准则

NY/T 388　畜禽场环境质量标准

NY/T 682　畜禽场场区设计技术规范

NY/T 1168　畜禽粪便无害化处理技术规范

NY/T 1569　畜禽养殖场质量管理体系建设通则

NY 5027　无公害食品　畜禽饮用水水质

NY 5126　无公害食品　肉牛饲养兽医防疫准则

NY 5128　无公害食品　肉牛饲养管理准则

中华人民共和国畜牧法

畜禽标识和养殖档案管理办法　农业部令 2006 年第 67 号

动物防疫条件审查办法　农业部令 2010 年第 7 号

饲料药物添加剂使用规范　农业部公告第 168 号

中华人民共和国兽药典　农业部公告第 1521 号

病死及病害动物无害化处理技术规范　农业部办公厅 2017 年 7 月 3 日（农医发[2017]25 号）

3 必备条件

3.1　场址不得位于中华人民共和国主席令 2005 年第 45 号规定的禁止区域，并符合相关法律法规及区

天津市市场和质量监督管理委员会 2017 - 12 - 05 发布　　2018 - 01 - 05 实施

域内土地使用规划。

3.2 具备区级以上畜牧兽医部门颁发的《动物防疫条件合格证》，两年内无重大疫病和产品质量安全事件发生。

3.3 具有区级以上畜牧兽医行政主管部门备案登记证明，按照农业部《畜禽标识和养殖档案管理办法》(2006年第67号)要求，建立养殖档案。

3.4 肉牛存栏50头以上。

4 选址与布局

4.1 场区选择应符合《动物防疫条件审查办法》的规定。

4.2 场内布局参照NY/T 682的规定执行。

5 牛场建设与设备

5.1 牛舍建筑结构设计应符合分阶段饲养方式的要求。

5.2 牛舍间隔不低于20 m，牛舍采用彩钢结构，建筑保温隔热性能、防火等级、耐腐蚀程度、地面载荷、地面标高等基本要求应符合NY/T 682的规定。

5.3 牛舍有窗式、半开放式、开放式，肉牛舍内饲养密度≥3.5 m^2/头，牛舍饲料道的宽度在4 m左右，便于机械饲喂操作。

5.4 单纯育肥场有育肥牛舍，或有运动场(≥6 m^2/头)；母牛繁育场有单独母牛舍、犊牛舍、育成舍、育肥牛舍，或有运动场(≥15 m^2/头)。

5.5 牛舍内有固定食槽，运动场或犊牛栏设补饲槽；牛舍内有饮水器或独立饮水槽，运动场设饮水槽；有混合饲料搅拌机；有足够容量(10 m^3/头)的青贮设施，有青贮设备，有足够容量(2 t/头)的干草棚库，有铡草机。

6 管理与防疫

6.1 育肥场外购牛应具备动物检疫合格证明、牛群周转(品种、来源、进出场的数量、月龄、体重)记录；繁育场有配种方案和繁殖记录(品种、与配公牛、预产日期、产犊日期、犊牛初生重)，进牛时的动物检疫合格证、周转记录或繁殖记录保留2年以上。

6.2 牛舍环境指标应达到NY/T 388的要求。

6.3 按照NY/T 1569的规定制订生产管理、卫生防疫、设备维护、人员管理等各项制度并公示。

6.4 饲养管理操作技术规程应符合NY 5128的要求。

6.5 牛场供水量应充足，满足生产和生活用水，应符合NY 5027的要求。

6.6 兽药、饲料、饲料添加剂、消毒剂等的使用，应符合农业部公告第1521号和第168号及NY 5030、NY 5032的规定。

6.7 按照《畜禽标识和养殖档案管理办法》的要求建立规范的养殖档案，养殖档案保存2年以上。

6.8 有1名以上经过畜牧兽医专业知识培训的技术人员。

6.9 卫生防疫消毒设施、设备要保持良好运行状态，消毒液应合格并维持在特定的浓度，不同的消毒液定期交替使用。

6.10 制订合理的疫苗免疫程序，按程序严格执行，应符合NY 5126的要求。

6.11 出栏肉牛检疫符合GB 16549的要求，检疫记录应保存2年以上。

7 卫生与环境

7.1 场区配套雨污分流设施，养殖污水采用暗管收集输送。粪便收集、运输过程应采取防扬撒、防渗漏等防止污染环境措施。

7.2　牛粪、污水储存场所应具备防雨、防渗漏、防溢流措施，牛粪和污水的储存和处理应符合 NY/T 1168 的规定，排放应符合 GB 18596 的规定。

7.3　病死牛应全部进行无害化处理，处理规程应符合《病死及病害动物无害化处理技术规范》的规定。

7.4　场区整洁无杂物堆放，无病死畜和粪便等污染物，各类生产废弃物及时收集无害化处理。

7.5　场区绿化覆盖率和标准应符合 NY/T 682 的规定。

8　生产水平

9　育肥场育肥期平均日增重≥1.2 kg，屠宰率≥53%，繁育场的母牛繁殖率≥80%，犊牛成活率≥95%。

本标准按照 GB/T 1.1—2009《标准化工作导则　第 1 部分：标准的结构和编写》给出的规则起草。

本标准替代 DB12/T 269—2006《天津市肉牛饲养小区建设规范》，与 DB12/T 269—2006 相比修改如下：

——规范的对象由饲养小区调整为标准化规模养殖场，并明确养殖规模；

——增加了“必备条件”“管理与防疫”“生产水平”三部分内容；

——针对选址、规划、布局、建筑等方面内容进行重新设定，并对有关描述予以简化、规范化，增加了设施设备方面的规定；

——粪污处理、病死牛无害化处理部分统一作为环保要求，根据新要求进行规定。

本标准由天津市畜牧兽医局提出并归口。

本标准起草单位：天津市畜牧兽医研究所、天津市畜牧总站。

本标准主要起草人：孙英峰、马毅、崔茂盛、张效生、张金龙、于海霞、张立新、付永利、唐佩娟、张丹。

本标准历次版本发布情况为：

——DB12/T 269—2006

DB12/T 271—2017 替代 DB12/T 271—2006

肉鸡规模化养殖场建设与管理规范

Construction and management criterion for intensive broiler chicken farms

1 范围

本标准规定了肉鸡规模化养殖场建设与管理的必备条件、选址与布局、生产设施与设备、管理与防疫、废弃物处理、生产水平。

本标准适用于肉鸡规模化养殖场。

2 规范性引用文件

下列文件对于本文件的应用是必不可少的。凡是注日期的引用文件，仅所注日期的版本适用于本文件。凡是不注日期的引用文件，其最新版本(包括所有的修改单)适用于本文件。

GB 16549 畜禽产地检疫规范

GB 18596 畜禽养殖业污染物排放标准

GB/T 19664 商品肉鸡生产技术规程

NY/T 388 畜禽场环境质量标准

NY/T 682 畜禽场场区设计技术规范

NY/T 1168 畜禽粪便无害化处理技术规范

NY/T 1566 标准化肉鸡养殖场建设规范

NY/T 1569 畜禽养殖场质量管理体系建设通则

NY 5027 无公害食品 畜禽饮用水水质

NY 5030 无公害食品 畜禽饲养兽药使用准则

NY 5032 无公害食品 畜禽饲料和饲料添加剂使用准则

中华人民共和国畜牧法

畜禽标识和养殖档案管理办法 农业部令 2006 年第 67 号

动物防疫条件审查办法 农业部令 2010 年第 7 号

饲料药物添加剂使用规范 农业部公告第 168 号

中华人民共和国兽药典 农业部公告第 1521 号

病死及病害动物无害化处理技术规范 农业部办公厅 2017 年 7 月 3 日(农医发[2017]25 号)

3 必备条件

3.1 场址不得位于《中华人民共和国畜牧法》规定的禁止区域，并符合相关法律法规及区域内土地使用规划。

3.2 具备区级以上畜牧兽医部门颁发的《动物防疫条件合格证》，两年内无重大疫病和产品质量安全事件发生。

天津市市场和质量监督管理委员会 2017-12-05 发布 2018-01-05 实施

3.3 具有区级以上畜牧兽医行政主管部门备案登记证明，按照农业部《畜禽标识和养殖档案管理办法》要求，建立养殖档案。

3.4 单栋饲养量 5 000 只以上，年出栏量 10 万只以上。

4 选址与布局

4.1 场区与生活饮用水源地、居民区、主要交通干线、畜禽养殖场、畜禽屠宰加工厂以及动物隔离场、无害化处理场等场所之间距离应符合《动物防疫条件审查办法》的规定。

4.2 场区地势高燥，背风向阳，通风良好，排水畅通，远离噪音。

5 生产设施与设备

5.1 场区入口、生产区入口和鸡舍入口应设立消毒池等消毒通道设施，配备消毒设备，生产区入口同时设置人员沐浴、更衣、消毒室。

5.2 鸡舍采取封闭式结构，建筑保温隔热性能、防火等级、耐腐蚀程度、地面载荷、地面标高等基本要求应符合 NY/T 1566 和 NY/T 682 的规定，并配备防鼠、防鸟等生物防护设施。

5.3 鸡舍配备通风、光照、温度、湿度和报警等环境控制设备，并能满足不同气候条件、不同饲养阶段及突发病情的鸡群对环境条件的调控要求。

5.4 鸡舍配备自动饮水、自动饲喂、机械清粪系统。

5.5 配备药品储备室和专业化解剖室及设施设备。

5.6 场区供电、供水稳定。

6 管理与防疫

6.1 饲养单一品种，采取全进全出生产模式。

6.2 所饲养的肉鸡均应来源于具有种畜禽生产经营许可证的合格种鸡场，进鸡时的种畜禽生产经营许可证复印件、动物检疫合格证和车辆消毒证明保留 2 年以上。

6.3 饲养密度合理，符合所养品种和地面平养、网床平养、立体笼养等不同饲养方式的要求。

6.4 温度、湿度、光照、风速、风向、有害气体浓度等鸡舍环境指标应达到 NY/T 388 和 GB/T 19664 的要求。

6.5 按照 NY/T 1569 的规定制定生产管理、卫生防疫、设备维护、人员管理等各项制度并公示。

6.6 饲养管理操作技术规程应符合 GB/T 19664 的要求。

6.7 兽药、饲料、饲料添加剂、消毒剂等的使用，应符合《中华人民共和国兽药典》和 NY 5030、NY 5032 的规定。

6.8 按照《畜禽标识和养殖档案管理办法》的要求建立规范的养殖档案，养殖档案保存 2 年以上。

6.9 有 1 名以上经过畜牧兽医专业知识培训的技术人员。

6.10 卫生防疫消毒设施、设备要保持良好运行状态，消毒液应合格并维持在特定的浓度，不同的消毒液定期交替使用。

6.11 制定合理的疫苗免疫程序，并严格执行。

6.12 出栏肉鸡检疫符合 GB 16549 的要求，检疫记录应保存 2 年以上。

7 卫生与环境

7.1 场区配套雨污分流设施，养殖污水采用暗管收集输送。粪便收集、运输过程应采取防扬撒、防渗漏等防止污染环境措施。

7.2 鸡粪、污水储存场所应具备防雨、防渗漏、防溢流措施，鸡粪和污水的储存和处理应符合 NY/T 1168 的规定，排放应符合 GB 18596 的规定。

7.3 病死鸡应全部进行无害化处理，处理规程应符合《病死及病害动物无害化处理技术规范》的规定。

7.4 场区整洁无杂物堆放，无死禽、鸡粪等污染物，各类生产垃圾及时收集清理。

7.5 场区绿化覆盖率和标准应符合 NY/T 682 的规定。

8 生产水平

8.1 年平均出栏肉鸡成活率≥92%。

8.2 年平均出栏肉鸡的饲料转化率≤1.73。

本标准按照 GB/T 1.1—2009《标准化工作导则 第1部分：标准的结构和编写》的规则起草。

本标准替代 DB12/T 271—2006《天津市肉鸡饲养小区建设规范》，与 DB12/T 271—2006 相比修改如下：

——规范的对象由饲养小区调整为规模化养殖场，并明确养殖规模；

——增加了“必备条件”“管理与防疫”“生产水平”三部分内容；

——针对选址、规划、布局、建筑等方面内容进行重新设定，并对有关描述予以简化、规范化，增加了设施设备方面的规定；

——粪污处理、病死鸡无害化处理部分统一作为环保要求，根据新要求进行规定。

本标准由天津市畜牧兽医局提出并归口。

本标准起草单位：天津市畜牧总站。

本标准主要起草人：李志、付永利、于海霞、张立新、唐佩娟、张丹、刘伟、杨平、葛慎锋、戈成、韩克元、张颖。

本标准历次版本发布情况为：

——DB12/T 271—2006。

DB12/T 354—2017 替代 DB12/T 354—2007

种畜禽规模化养殖场建设与管理规范

Constrction and management criterion for breeding livestock and poultry intensive farms

1 范围

本标准规定了种畜禽规模化养殖场的经营范围、选址布局、设施设备、品种规模、生产管理、卫生防疫、生态环境等。

本标准适用于种畜禽规模化养殖场建设与管理。

2 规范性引用文件

下列文件对于本文件的应用是必不可少的。凡是注日期的引用文件，仅注日期的版本适用于本文件。凡是不注日期的引用文件，其最新版本(包括所有的修改单)适用于本文件。

GB 16549 畜禽产地检疫规范

GB 18596 畜禽养殖业污染物排放标准

NY/T 388 畜禽场环境质量标准

NY/T 682 畜禽场场区设计技术规范

NY/T 1167 畜禽场环境质量及卫生控制规范

NY/T 1168 畜禽粪便无害化处理技术规范

NY/T 1169 畜禽场环境污染控制技术规范

NY/T 1569 畜禽养殖场质量管理体系建设通则

NY 5027 无公害食品 畜禽饮用水水质

中华人民共和国畜牧法

畜禽标识和养殖档案管理办法 农业部令 2006 年第 67 号

动物防疫条件审查办法 农业部 2010 年第 7 号

病死及病害动物无害化处理技术规范 农业部办公厅 2017 年 7 月 3 日(农医发[2017]25 号)

3 经营范围

3.1 根据天津市种畜禽生产状况，种畜禽养殖场划分为 4 个类别：原种场(配套系曾祖代场)、一级扩繁场(配套系祖代场)、二级扩繁场(配套系父母代场)和种公畜站。

3.2 不同类别种畜禽养殖场遵循如下生产经营范围：原种场生产纯种及配套系祖代种畜禽；一级扩繁场生产纯种及配套系父母代种畜禽；二级扩繁场生产二元杂交母猪及商品仔畜(雏禽)；种公猪站生产供应冷冻和液态精液；种公牛站生产供应冷冻精液。高世代种畜禽场可兼低世代种畜禽场的功能。

4 选址与布局

4.1 场址不得位于《中华人民共和国畜牧法》规定的禁止区域，并符合相关法律法规及区域内土地使用

天津市市场和质量监督管理委员会 2017 - 12 - 05 发布　　2018 - 01 - 05 实施

规划。

4.2 场区距离交通干线不少于 500 m，距离居民区、公共场所、畜禽养殖场等场所不少于1 000 m，距离畜禽屠宰加工场所、动物隔离场所、无害化处理场所、大型化工厂等污染源 3 000 m 以上。

4.3 场区地势高燥，背风向阳，通风良好，排水畅通，远离噪音。

4.4 场区有充足水源，取水便利，水质符合 NY 5 027 的规定。

4.5 场区供电稳定，配备双电源。

4.6 场区建筑平面布局应符合 NY/T 682 的规定，按生产区、管理区、生活区、隔离区 4 个功能分区布置，各个功能区之间界限分明，设置隔离带和消毒设施，管理区、生活区、生产区、隔离区按场区主风向和地势排列，隔离区位于最下风向及地势较低处。

4.7 场区交通便利，有专用道路与外界连通。生产区不设直通场外道路，管理区、隔离区、无害化处理区应分别设置通向场外道路。

4.8 场区内主要路面应硬化，净道、污道严格分开，不得交叉。

5 设施设备

5.1 场区入口、功能区入口和圈舍入口应设立消毒池、消毒通道，配备消毒设备，生产区入口同时设置人员沐浴、更衣、消毒室。

5.2 圈舍建筑结构包括开放式、半开放式或封闭式，建筑结构和建筑规格应符合所饲养种畜禽品种和现代饲养工艺要求。

5.3 圈舍建筑保温隔热性能、防火等级、耐腐蚀程度、地面载荷、地面标高应符合 NY/T 682 的规定，并配备防鼠、防鸟等生物防护设施。

5.4 通风、光照、供暖、降温、供水、上料、选育、清粪、消毒等饲养设备应满足不同种畜禽品种、不同饲养工艺及不同圈舍结构的要求，配套齐全，性能先进，自动化程度高。

5.5 管理区配套办公室、资料档案室、饲料贮藏室、药品储备室、兽医室、水电供应设施等。

5.6 生活区具备工作人员宿舍、食堂等设施。

5.7 隔离区配套建设隔离舍、解剖室、病死动物无害化处理与粪污无害化处理设施等。

6 品种规模

6.1 畜禽品种必须是通过国家畜禽遗传资源委员会鉴定或审定的品种、配套系，或是经国家批准引进的境外品种、配套系。

6.2 种畜禽来源应符合下列规定

6.2.1 原种(配套系曾祖代场)的种畜禽来源、外来品种及配套系必须从国内外相同等级的种畜禽场引进；地方畜禽品种必须来自畜禽遗传资源保种场或从原产地选择符合本品种特征的优秀个体；通过原种场申报的经国家认定的新培育品种。

6.2.2 一级扩繁场的种畜禽必须来自原种场；配套系祖代场的种畜禽必须来自曾祖代场。

6.2.3 二级扩繁场的种畜禽必须来自原种场、一级扩繁场或畜禽遗传资源保种场；配套系父母代的种畜禽必须来自祖代场。

6.2.4 种公猪站的种公猪必须来自原种猪场；种公牛站的种公牛必须来自具有种畜禽生产经营许可证的种牛场。

6.3 从国内引进的种畜禽应附有种畜禽生产经营许可证复印件、种畜禽合格证、动物检疫合格证、三代以上系谱、遗传评估成绩和主要畜禽疫病监测报告，无国家规定的一、二类传染病。从国外引进的种畜禽必须出示农业部进口批件及相应的技术档案。

6.4 种畜禽规模应符合《天津市种畜禽生产经营管理办法》的规定：

6.4.1 种猪场：原种场、一级扩繁场单品种纯种基础母猪不少于 400 头；二级扩繁场基础母猪不少于

600 头;种公猪站采精公猪不少于 50 头。

6.4.2 种禽场:祖代种禽场常年饲养量不少于 5 000 套;父母代种禽场常年饲养量不少于10 000套。

6.4.3 种羊场:原种场单品种纯种基础母羊不少于 400 只;扩繁场一级基础母羊不少于 500 只。

6.4.4 种牛场:种肉牛(兼用牛)场一级以上基础母牛不少于 200 头;种奶牛场一级以上基础母牛不少于 500 头。种公牛站采精公牛不少于 30 头。

6.4.5 原种场:种公畜要求三代以内没有血缘关系的近交系数量不少于 6 个,且系谱清楚。其他种畜禽场可参照相关畜种执行。

7 生产管理

7.1 饲养管理工艺应符合种畜禽品种对饲养管理与选育技术的要求,制定规范的饲养管理操作技术规程。

7.2 按照 NY/T 1569 的规定制定育种、生产管理、卫生防疫、设备维护、人员管理等各项制度并公示。

7.3 制定规范的育种计划和种畜禽选育技术操作规程。原种场(配套系曾祖代场)、一级扩繁场(配套系祖代场)还需制定种畜禽生产性能测定方案,每年编制年度生产性能测定报告和选育总结。

7.4 育种核心群数量和种畜禽更新率符合种畜禽品种要求。

7.5 具有区级以上畜牧兽医行政主管部门备案登记证明,按照《畜禽标识和养殖档案管理办法》的要求建立规范的养殖档案,各项生产记录和养殖档案应永久保存。

7.6 制定符合种畜禽品种性能特征的种畜禽产品企业标准并报市畜牧主管部门备案,建立辐射生产过程的种畜禽质量监控方案,健全规范的种畜禽产品质量保障体系。

7.7 出售种畜禽产品必须出示种畜禽生产经营许可证,提供种畜禽合格证和所需的遗传评估成绩、完整系谱档案、疫病监测报告及防疫程序等相关的技术资料、服务跟踪卡。

7.8 种畜禽场应具备相应数量的畜牧兽医专业技术人员。

8 卫生防疫

8.1 配套建设严密的三级卫生防疫消毒设施,制定完善的卫生防疫消毒管理制度和卫生防疫消毒技术操作规程,建立健全疫病防控生物安全体系,取得区级以上畜牧兽医部门颁发的动物防疫条件合格证。

8.2 制定完善的疫病监测流程和疫病净化规划,并按流程和规划正常开展疫病监测和净化工作,每半年向畜牧兽医主管部门提交由具有资质单位出具的疫病监测报告,并达到国家、天津市兽医主管部门提出的种畜禽场主要动物疫病净化标准。

8.3 制定科学的疫苗免疫程序和疫病防控程序,建立完善的疫苗免疫和疫病防控档案。

8.4 病死畜禽按《病死及病害动物无害化处理技术规范》的规定执行。

8.5 场区环境整洁卫生,垃圾集中堆放,及时清理。

9 生态环境

9.1 种畜禽场场区和圈舍空气质量和环境质量应符合 NY/T 388 和 NY/T 1167 的规定。

9.2 定期按照 NY/T 388 的规定,对场区内环境质量进行监测,评估环境质量,并及时采取相应的改善措施。

9.3 种畜禽场粪便、污水等废弃物处理应符合 NY/T 1168、NY/T 1169 的规定,处理结果应达到 GB 18596 的要求。

9.4 场区绿化覆盖率和标准应符合 NY/T 682 的规定。

本标准按照 GB/T 1.1—2009《标准化工作导则　第 1 部分:标准的结构和编写》给出的规则起草。

本标准替代 DB12/T 354—2007《天津市种猪场建设标准》,与 DB12/T 354—2007 相比修改如下:

——规范的对象由单一种猪场扩展到种禽、种羊、种牛 4 类种畜禽场;

——增加了"经营范围""品种规模""生产管理"三部分内容;

——针对选址、规划、布局、建筑、设施设备等方面内容根据新的国家法规和行业发展水平进行重新设定,并对有关描述予以简化;

——丰富了卫生防疫方面的内容,除延续原标准对防疫设施进行规范外,增加了疫病净化、疫苗免疫等管理方面的内容。

本标准由天津市畜牧兽医局提出并归口。

本标准起草单位:天津市畜牧总站。

本标准主要起草人:李志、付永利、于海霞、张立新、唐佩娟、张丹、刘伟、杨平、葛慎锋、戈成、韩克元、张颖。

本标准历次版本发布情况为:

——DB12/T 354—2007。

生猪标准化规模养殖场建设与管理规范

Construction and management criterion for standardization intensive pig farm

1 范围

本标准规定了生猪标准化规模养殖场的选址与布局、猪场建筑、饲养设备、配套设施设备、卫生防疫设施设备、废弃物无害化处理设施设备、环境管理、饲养管理、疫病防控管理、投入品管理、档案管理、经营管理等要求。

本标准适用于天津市存栏规模300头以上自繁自养模式、专业育肥模式规模生猪养殖场的新建、改建和扩建。

2 规范性引用文件

下列文件对于本文件的应用是必不可少的。凡是注日期的引用文件，仅所注日期的版本适用于本文件。凡是不注日期的引用文件，其最新版本(包括所有的修改单)适用于本文件。

GB 13078 饲料卫生标准

GB 16548 病害动物和病害动物产品生物安全处理规程

GB 18596 畜禽养殖业污染物排放标准

GB 50016 建筑设计防火规范

GB/T 17824.1 规模猪场建设

GB/T 17824.2 规模猪场生产技术规程

GB/T 17824.3 规模猪场环境参数及环境管理

GB/T 20014.9 良好农业规范 猪控制点与符合性规范

GB/T 26624 畜禽养殖污水贮存设施设计要求

HJ 497 禽畜养殖业污染治理工程技术规范

NY 5027 无公害食品 畜禽饮用水水质

NY 5030 无公害食品 畜禽饲养兽药使用准则

NY/T 682 畜禽场场区设计技术规范

NY/T 1168 畜禽粪便无害化处理技术规范

NY/T 15687 标准化规模养猪场建设规范

中华人民共和国主席令2005年第45号 中华人民共和国畜牧法

中华人民共和国农业部令2006年第67号 畜禽标识和养殖档案管理办法

中华人民共和国主席令2007年第71号 中华人民共和国动物防疫法

中华人民共和国农业部令2010年第7号 动物防疫条件审查办法

中华人民共和国农业部令2013年第2号 兽用处方药和非处方药管理办法

中华人民共和国农业部公告第168号 饲料药物添加剂使用规范

天津市市场和质量监督管理委员会 2017-10-27 发布　　2017-12-01 实施

中华人民共和国农业部公告第1224号　饲料添加剂安全使用规范
中华人民共和国农业部公告第1773号　饲料原料目录
中华人民共和国农业部公告第2038号　饲料原料目录修订公告

3　选址与布局

3.1　场址不得位于中华人民共和国主席令2005年第45号规定的禁止区域，并符合相关法律法规及土地利用规划。

3.2　场址选择应通过环保部门环境评估，与生活饮用水源地、居民区、畜禽屠宰加工场、畜禽饲养场、畜禽隔离场、无害化处理场、化工厂及主要交通干线的距离符合中华人民共和国农业部令2010年第7号的规定。

3.3　场址选择要求地势高燥、交通便利、供电稳定、水源充足。

3.4　场内布局参照NY/T 682的规定执行，生产区与生活区、生产辅助区、废弃物无害化处理区分开，保持严格隔离状态。

4　猪场建筑

4.1　各类建筑应根据建筑物用途和场地条件，按照有利生产、安全适用、经济环保的原则确定建设方案，耐火等级按照GB 50016的要求设计。

4.2　建筑材料应按照就地取材、性价比高、坚固耐用、节能环保、方便施工、易于维护的原则进行选择。

4.3　猪舍选择单体式或连体式建筑形式，根据功能不同可分为后备舍、公猪舍、空怀舍、妊娠舍、哺乳舍、保育舍、生长育肥舍，内部结构要按照生产规模和生产节律分成相对独立的单元。

4.4　猪舍地面要求硬化、防滑、耐腐蚀、便于清扫，标高高于舍外地面0.2 m～0.3 m，坡度控制在2%～3%；墙体要求保温隔热、内墙面平整光滑、便于消毒。

4.5　猪舍内根据猪栏排列布局设置工作通道，宽度不低于1 m，要便于各项生产操作，各类猪栏面积参照NY/T 1568中8.8规定的猪群饲养密度数据执行。

5　饲养设备

5.1　猪舍配备自动饮水系统，饮水器高度、水流速度和出水压力应适宜猪只饮水。

5.2　猪舍配备饲料自动输送和饲喂设备。

5.3　分娩舍、保育舍应配备供暖设施，哺乳仔猪寒冷季节采用地暖、电热板或红外线灯等设备保暖。

5.4　猪舍采用机械通风，配备轴流风机、无动力风机等机械通风降温设备；公猪舍、空怀舍、妊娠舍、哺乳舍还应配备湿帘、喷雾等强化降温设备。

5.5　猪舍照明采取自然光照与人工辅助相结合的照明方式，人工照明采用节能灯，照明强度应达到50 lx～75 lx。

5.6　哺乳栏按100头能繁母猪配备24个计算，不同猪栏的基本参数，参照GB/T 17824.1的规定执行。

5.7　漏缝地板间隙宽度分别为哺乳栏1.0 cm、保育猪栏1.5 cm、其他猪栏2.5 cm。

6　配套设施设备

6.1　供水采用管道式供水系统，水源可选择自来水、地下水或深井水，水质达到NY 5027规定的标准，贮水设施和管路供水压力应达到1.5 kg/cm^2～2.0 kg/cm^2。

6.2　排水采用雨污分流系统，污水应采用暗管排入污水处理设施。

6.3　场内道路分净道和污道，两者应避免交叉和混用，道路路面应硬化。

6.4 装猪台与生产区保持严格隔离状态。

6.5 应配备饲料、药物、疫苗等投入品储藏设施，并配备疫苗冷冻(冷藏)、消毒和诊疗等设备。

7 卫生防疫设施设备

7.1 猪场应采用围墙、防疫沟、铁丝网等设施建立与外界隔绝的防疫隔离带。

7.2 场区入口处设置车辆、人员消毒设施设备，其中消毒池应与入口同宽，长 4 m、深 0.3 m。

7.3 生产区入口设置更衣、消毒室，人员通道配备自动喷淋或自动喷雾式消毒设备；猪舍入口设置消毒池或消毒垫。

7.4 猪舍设置预防鼠害、鸟害、蝇害等防护设施，如配备碎石带、防鸟网、纱窗等。

7.5 移动式清洁和消毒设备配置，参照 GB/T 17824.1—2008 的规定执行。

7.6 设置满足器械消毒、诊断化验、病死猪解剖等需要的兽医场所。

8 废弃物无害化处理设施设备

8.1 配置干法清粪、干湿分离等粪便收集设备设施和多级沉降尿液、污水收集设施。

8.2 粪便、污水无害化处理设施应根据养殖规模、当地自然地理条件，按照 HJ 497 要求进行专业化设计和施工。

8.3 粪便、污水无害化处理应符合 NY/T 1168 要求，优先选择种养平衡、还田利用技术模式；场区周边没有足够面积农田消纳的必须采用达标排放技术模式，处理结果应符合 GB 18596 的规定要求。

8.4 粪便、污水等废弃物贮存设施应具备防雨、防渗条件，建筑构造和贮存能力应符合GB 26624和NY/T 1168 的要求。

8.5 配备生物降解、高温焚化等病死动物无害化处理设施，使病死猪尸体无害化处理达到 GB 16548 的规定要求。

8.6 废弃物无害化处理设施应与其他设施同步建设，与生产同步运行。

9 环境管理

9.1 场区日常环境管理按照 GB/T 17824.3 的规定执行。

9.2 场区绿化覆盖率不低于 30%。

10 饲养管理

10.1 根据本场的生产节律与猪群品种、生产性能、生理阶段及日龄的不同，采用阶段饲养和全进全出饲养工艺。

10.2 针对妊娠、哺乳、保育、育肥等不同养殖阶段和配种、接产、换料等养殖环节工作制订科学合理的生产流程和操作规范。

10.3 种公猪采用单栏饲养，空怀和妊娠母猪采用定位栏或群养栏饲养，分娩和哺乳母猪采用全漏缝哺乳栏饲养，保育猪、生长育肥猪采用小群栏饲养，饲养密度按照 NY/T 1568 的规定执行。

10.4 种公猪、空怀母猪、妊娠母猪及后备公母猪根据体况膘情采用定量方式饲喂，哺乳仔猪、保育猪、生长育肥猪、哺乳母猪采用自由采食方式饲喂。

10.5 根据猪舍内外环境变化和猪群生理需求，合理运行供暖、降温、通风、光照等环境调控设备，使猪舍内环境质量达到 GB/T 17824.3 规定的参数要求。

10.6 生产管理人员日常生产中要细心观察猪群的精神状态、健康状况、采食行为和粪尿形态等情况，及时检查各种设备运行状况，发现问题及时解决，各生产环节管理要达到 GB/T 20014.9 规定的要求。

11 疫病防控管理

11.1 按照中华人民共和国主席令2007年第71号的规定，依法获得当地兽医主管部门颁发的动物防疫合格证。

11.2 制订严格的卫生防疫制度、合理的疫苗免疫程序及科学的疫病诊疗流程，实现疫病防治工作制度化、程序化、规范化。

11.3 引进种猪或精液时，应从具有种畜禽生产经营许可证和动物防疫合格证的种猪场引进，种猪引进后应隔离饲养30 d以上，经检疫确认健康后方可并群饲养。严禁从疫区引种。

11.4 办公区、生产区和猪舍入口消毒设施内的消毒药根据有效期定期更换，并保证其有效浓度。

11.5 本场人员进入生产区要严格执行消毒、更衣程序，工作服应定期清洗消毒。不同猪舍工作人员严禁相互串舍，进出猪舍要脚踏消毒池或消毒垫。

11.6 外来人员进场要严格消毒、更衣，车辆进场要严格冲洗、消毒，并严禁外来人员和车辆进入生产区。

11.7 每次猪舍周转腾空后要进行彻底清洗消毒，清洗消毒后空舍最短不少于7 d。猪舍外环境、道路以及猪舍内部要定期进行消毒，一般每周1次～2次。

11.8 定期开展疫病监测工作，根据抗体检测结果和猪群病原感染状况制订疫苗免疫计划和综合防治方案。

11.9 对发病或死亡的猪只，兽医技术人员要及时开展临床和病理诊断，采取针对性措施，并做好猪只发病、诊疗和死亡等情况的记录。

12 投入品管理

12.1 饲料原料必须是中华人民共和国农业部公告第1773号与2038号中规定的品种，卫生指标符合GB 13078的规定要求。

12.2 饲料中使用的饲料添加剂应具有产品批准文号，添加量、添加方法应符合中华人民共和国农业部公告第168号、中华人民共和国农业部公告第1224号的要求。

12.3 不同阶段配合饲料营养指标必须符合本品种猪各阶段营养需要，且色泽一致，无发霉、变质、异味及异嗅。

12.4 所用兽药必须选择通过中华人民共和国农业部GMP认证、取得兽药生产许可证或取得进口兽药注册证书的国内外合法企业生产的产品，并从兽药GSP验收合格，取得《兽药经营许可证》的合法经营企业采购兽药。

12.5 严格按照兽药包装、标签标明的适应症、用法与用量、休药期等兽药安全使用规定使用兽药。

12.6 对于兽用处方药，严格按照中华人民共和国农业部令2013年第2号的要求。

12.7 按照NY 5030规定要求做好兽药使用记录和兽药不良反应记录。

13 档案管理

13.1 按照中华人民共和国主席令2006年第45号的规定，依法向当地畜牧兽医行政主管部门备案，并取得畜禽标识代码。

13.2 针对引种、配种、转群、接产、断奶、换料、饲喂、免疫、消毒、诊断、治疗、用药、出栏等日常工作情况做好记录，并定期对原始记录进行检查汇总和统计分析，建立规范的养殖档案。

13.3 纸质和电子养殖档案内容、格式按照中华人民共和国农业部令2006年第67号的规定执行。

14 经营管理

14.1 管理和生产人员要保持相对稳定，并配备1名以上畜牧兽医技术人员，或有专业技术人员提供长期稳定的技术服务。

14.2 要建立健全生产管理、人员管理等各项规章制度，实现制度化管理，按章规范运营。

14.3 生产性能指标应达到 GB/T 17824.2 附录 A 的规定要求。

本标准按照 GB/T 1.1—2009《标准化工作导则　第 1 部分：标准的结构和编写》给出的规则起草。

本标准由天津市畜牧兽医局提出并归口。

本标准起草单位：天津市畜牧总站。

本标准主要起草人：李志、付永利、于海霞、张立新、唐佩娟、张丹、张永伟、刘伟。

本标准于 2017 年 10 月首次发布。

DB12/T 745—2017

蛋鸡标准化规模场建设与管理规范

Construction and management criterion for standardized intensive laying farm

1 范围

本规范规定了蛋鸡标准化规模场的基本要求、选址与布局、鸡场建筑、设施设备、饲养管理、疫病防控管理、投入品管理、废弃物处理、环境管理、经营管理等要求。

本规范适用于天津市存栏1万只以上蛋鸡标准化规模场的新建、改建和扩建。

2 规范性引用文件

下列文件对于本文件的应用是必不可少的。凡是注日期的引用文件，仅所注日期的版本适用于本文件。凡是不注日期的引用文件，其最新版本(包括所有的修改单)适用于本文件。

GB 13078 饲料卫生标准

GB 16548 病害动物和病害动物产品生物安全处理规程

GB 50016 建筑设计防火规范

NY 5027 无公害食品 畜禽饮用水水质

NY 5030 无公害食品 畜禽饲养兽药使用准则

NY 5032 无公害食品 畜禽饲料和饲料添加剂使用准则

NY 5040 无公害食品 蛋鸡饲养兽药使用准则

NY 5041 无公害食品 蛋鸡饲养饲料使用准则

NY/T 388 畜禽场环境质量标准

NY/T 1168 畜禽粪便无害化处理技术规范

中华人民共和国农业部令2006年第67号 畜禽标识和养殖档案管理

中华人民共和国农业部令2013年第2号 兽用处方药和非处方药管理办法

3 基本要求

3.1 场址必须符合畜牧业生产发展总体规划、土地利用发展规划、城乡建设发展规划和环境保护发展规划的要求，并有相关土地使用手续。

3.2 取得当地兽医主管部门颁发的动物防疫合格证。

3.3 电力供应充足有保障，配备备用电源。

3.4 场址周边环境质量达到NY/T 388的要求。

4 选址与布局

4.1 选场距离生活饮用水源地、居民区、畜禽屠宰加工厂、交易场所和主要交通干线500 m以上，其他畜禽养殖场1 000 m以上。

天津市市场和质量监督管理委员会 2017－10－27 发布　　2017－12－01 实施

4.2 场址地势高燥、交通便利、隔离条件好。

4.3 场区有稳定的水源，水质符合 NY 5027 的规定。

4.4 场区周围建有围墙、防疫沟等防疫隔离设施。

4.5 场区严格执行生产区与管理区、生活区、废弃物处理区相隔离的原则，管理区、生活区设在上风向，废弃物处理区设在下风向，且与其他区间距不小于 50 m。

4.6 生产区依风向按育雏舍（育成舍）、产蛋鸡舍的顺序排列。

4.7 场区主要道路需硬化，净道、污道严格分开，不得交叉。

5 鸡场建筑

5.1 鸡舍建筑采用密闭式，建筑材料具有良好保温、隔热功能，地面和墙壁便于清洗，能耐酸、碱等消毒药液清洗腐蚀，并具备良好的防鼠、防鸟、防蚊蝇功能。

5.2 产蛋舍间距是鸡舍檐高的 3 倍～5 倍。育雏舍（育成舍）与其他鸡舍间距大于产蛋鸡舍间距。

5.3 鸡场辅助建筑应配备饲料间、蛋库、兽医室、药品储备室等。

5.4 育雏舍（育成舍）与产蛋鸡舍的比例应符合本场生产能力要求。

5.5 鸡场建筑防火标准应达到 GB 50016 的要求。

6 设施设备

6.1 产蛋鸡舍采用多层笼养设备。

6.2 鸡舍内须配备自动饮水、自动饲喂、自动集蛋、自动光照、自动集粪和自动环境控制设备。

6.3 供水采用管道式供水系统，贮水设施和管路供水压力应达到 1.5 kg/cm^2～2.0 kg/cm^2。

6.4 排水采用雨污分流系统，污水采用暗管排入污水处理设施。

6.5 兽医室具备常规化验检验条件，药品储备室配备药物、疫苗等投入品储藏设备。

6.6 场区门口应设置消毒池，消毒池宽度不小于大门宽度，消毒池长度不小于 4 m，深度不小于 0.3 m。

6.7 生产区入口设置更衣、消毒室，人员通道配备自动喷淋或自动喷雾式消毒设备；鸡舍门口设置消毒池或消毒垫。

7 饲养管理

7.1 采用全进全出饲养工艺。

7.2 雏鸡应来源于具有种畜禽生产许可证的种鸡场，并提供种畜禽生产许可证复印件、动物检疫合格证和车辆消毒证明。

7.3 同一鸡舍或全场的所有雏鸡来源于同一种鸡场。

7.4 制订实施合理的饲养管理操作规程。

7.5 饲养密度、温度、湿度、通风换气、光照等环境指标控制应符合饲养品种不同生长阶段的需求。

7.6 针对引种、饲喂、免疫、消毒、诊疗、用药、转群、淘汰等日常管理工作，要做好详细原始记录，定期对原始记录进行检查、汇总、统计和分析，建立养殖档案。

8 疫病防控管理

8.1 场区、生产区和鸡舍入口消毒设施内的消毒药根据有效期定期更换，并保证其有效浓度。

8.2 本场人员进入生产区要严格执行消毒、更衣程序，工作服应定期清洗消毒。不同鸡舍工作人员严禁相互串舍，进出鸡舍要脚踏消毒池或消毒垫。

8.3 外来人员进场要严格消毒、更衣，车辆进场要严格冲洗、消毒，并严禁外来人员和车辆进入生产区。

8.4 根据本地疫病流行情况制订科学合理的免疫程序、疫病监测程序和疫苗免疫程序，疫苗质量应符合 NY 5041 要求。

8.5　制订科学的消毒程序，根据不同场地、对象使用不同的消毒方法，消毒药使用应符合 NY 5040 要求。

8.6　对发病或死亡的鸡只，兽医技术人员要及时开展临床诊疗，采取针对性措施，并做好鸡只发病、诊疗和死亡等情况的记录。

9　投入品管理

9.1　饲料原料卫生指标必须符合 GB 13078 的规定要求。

9.2　饲料添加剂应具有产品批准文号，使用时按照 NY 5032 的规定执行。

9.3　不同阶段配合饲料营养指标必须符合本品种各阶段营养需要，且色泽一致，无发霉、变质、异味及异嗅。

9.4　所用兽药必须选择通过中华人民共和国农业部 GMP 认证、取得兽药生产许可证或取得进口兽药注册证书的国内外合法企业生产的产品，并从兽药 GSP 验收合格、取得兽药经营许可证的合法经营企业采购兽药。

9.5　严格按照兽药包装、标签标明的适应症、用法与用量、休药期等兽药安全使用规定使用兽药。

9.6　对于兽用处方药，严格按照中华人民共和国农业部令 2013 年第 2 号的要求。

9.7　按照 NY 5030 规定要求做好兽药使用记录和兽药不良反应记录。

10　废弃物处理

10.1　鸡粪、污水贮存设施应具备防雨、防渗漏、防溢流功能，鸡粪、污水处理按照 NY/T 1168 规定执行。

10.2　病死鸡和医疗用品废弃物无害化处理按照 GB 16548 规定执行。

11　环境管理

11.1　场区整洁，垃圾合理收集、及时清运。

11.2　场区绿化覆盖率不低于 30%。

12　经营管理

12.1　管理和生产人员要保持相对稳定，并配备 1 名以上畜牧兽医技术人员，或有专业技术人员提供长期稳定的技术服务。

12.2　制订人员管理、生产管理、卫生防疫、物资供给、鸡蛋销售等规章制度并公示。

12.3　生产性能指标应达到本品种规定要求。

本标准按照 GB/T 1.1—2009《标准化工作导则　第 1 部分：标准的结构和编写》给出的规则起草。

本标准由天津市畜牧兽医局提出并归口。

本标准起草单位：天津市畜牧总站。

本规范起草人：李志、张立新、张立建、付永利、于海霞、张丹、唐佩娟、腾化兵。

本标准于 2017 年 10 月首次发布。

散养蛋鸡场地建设与饲养管理规范

Construction and feeding standard of scattered chicken farm

1 范围

本标准规定了散养蛋鸡场的选址与布局、鸡舍建筑及设备、饲养管理、疫病防控、档案和从业人员管理以及废弃物处理等。

本标准适用于养殖规模在 5 000 只以上的山坡、林地、果园、草场等散养蛋鸡的场地建设和饲养管理。

2 规范性引用文件

下列文件对于本文件的应用是必不可少的。凡是注日期的引用文件，仅注日期的版本适用于本文件。凡是不注日期的引用文件，其最新版本(包括所有的修改单)适用于本文件。

GB 2749—2015 食品安全国家标准蛋与蛋制品

GB 13078—2001 饲料卫生标准

GB13078.1—2006 饲料卫生标准 饲料中亚硝酸盐允许量

GB 13078.2—2006 饲料卫生标准 饲料中赭曲霉毒素 A 和玉米赤霉烯酮的允许量

GB 13078.3—2007 配合饲料中脱氧雪腐镰刀菌烯醇的允许量

GB 18596—2001 畜禽养殖业污染排放标准

GB 50016—2014 建筑设计防火规范

HJ/T 81—2001 畜禽养殖业污染防治技术规范

NY/T 682—2003 畜禽场场区设计技术规范

NY/T 1168—2006 畜禽粪便无害化处理技术规范

NY/T 1569—2007 畜禽养殖场质量管理体系建设通则

NY 5027—2008 无公害食品 畜禽饮用水水质标准

NY/T 5030—2016 无公害农产品 兽药使用准则

NY 5032—2006 无公害食品 畜禽饲料和饲料添加剂使用准则

NY 5041—2001 无公害食品 蛋鸡饲养兽医防疫准则

国家环境保护总局令第 9 号 畜禽养殖污染防治管理办法(2001 年)

3 选址与布局

3.1 选址

3.1.1 位置应处于居民区常年主风向的下风处，与生活饮用水源地、居民区、畜禽屠宰加工厂、化工厂及主要交通干线的距离应在 1 000 m 以上。

3.1.2 平原地带应选择地势较高、稍向南或东南倾斜、背风向阳的地方；靠近河流、湖泊的地区，要选择

天津市市场和质量监督管理委员会 2017－12－05 发布 2018－01－05 实施

较高的地方；山区鸡舍应选在稍平缓的山坡上，坡面向阳。

3.1.3 选择交通便利、水电供给可靠的地方。

3.2 场区布局

3.2.1 场区周围建有围墙或围栏。

3.2.2 场区按主风向依次为管理区、生产辅助区、生产区和隔离区，各功能区界限分明。

3.2.3 辅助生产区包括饲料库、蛋库等，与生产区有一定的距离。

3.2.4 生产区与外界以及其他区域有1.5 m～2.0 m高的铁丝或尼龙网隔开，也可种植树木篱笆配合秧蔓植物作为隔离围栏，围栏留有通往辅助区和通往外界的大门。生产区内建筑有育雏舍、成鸡舍。

3.2.5 育雏舍应建在地势高燥、向阳避水、离蛋鸡舍较远的上风处。

3.2.6 每10亩[①]～20亩散养场地建一个鸡舍，建筑面积按饲养量规划，每平方米饲养6只～8只。

3.2.7 隔离区设在生产区通往外界的大门旁，主要包括兽医室、隔离鸡舍、病死鸡焚尸炉和粪便处理场。隔离区地面硬化、排污等符合养禽场污染物处理规程。

3.2.8 整体布局应符合NY/T 682—2003的要求。

4 鸡舍建筑及设备

4.1 基本要求

4.1.1 建筑物应符合有利生产、安全适用、经济环保的原则，耐火等级按照GB 50016—2014的要求设计。

4.1.2 建筑材料及设备应按照性价比高、坚固耐用、节能环保、易于维护的原则进行选择。

4.2 雏鸡舍

4.2.1 育雏舍采用密闭式鸡舍，应坐北向南，舍内南北宽5 m，高2.5 m～3 m，东西长度根据饲养量而定。

4.2.2 舍内地面应坚实平整，东西方向留有排水沟槽。墙壁为实心砖墙，隔热性能好，外面混凝土抹缝，内面混凝土或石灰挂面，光滑平整。房顶为空心板加保温和防漏材料。东西两侧开门，南北加装可以开关的窗户。鸡舍所有的口、孔之处均应安装有牢固的金属网罩。

4.2.3 采用育雏笼育雏时，应购买标准育雏笼，南墙边、北墙边、中间各留一条通道，每两条走道间背靠背安装四行育雏笼。

4.2.4 网上平养时，应在东西方向中间留1 m宽通道，用铁丝网或尼龙网沿南墙和北墙搭建离地面70 cm、宽2 m的平网，再用高70 cm的网格隔成东西长1米的小隔断。

4.2.5 饮水器饮水或自动管线饮水；料盘、料筒或机械喂料；人工或机械清粪。

4.2.6 具备密闭式通风系统，通风口在侧墙上安装AC2000通风小窗（小窗大小0.67 m×0.23 m），小窗间距3 m，位于墙体圈梁以下；密闭式光照系统，灯泡应高出顶层鸡笼50 cm，位于过道中间和两侧墙上，灯泡距离2.5 m～3 m，交错安装，光照强度达到10 lx。

4.2.7 具备电力取暖设备，保证最冷季节舍内温度能达到35 ℃以上。

4.2.8 配备育雏专用饲养、消毒等工具。

4.3 成鸡舍（青年鸡和产蛋鸡通用）

4.3.1 在散养场地的中间选择地势高燥、冬向阳、夏有荫、出水畅通的地方建筑成鸡舍。

4.3.2 成鸡舍采用开放式鸡舍，坐北向南，南北宽5 m，高2.5 m～3 m，东西长度依饲养数量而定，鸡舍建成三面围墙南面开放或四周开放的敞棚状。

4.3.3 四周开放时，四周墙的位置砌筑20 cm高的砖墙，砖墙以上部分安装带滑轮的卷帘；三面围墙式鸡舍只在南侧安装带滑轮的卷帘。

---

① 亩为非法定计量单位，1亩=1/15公顷。——编者注

4.3.4 鸡舍内和围墙外 50 cm 地面用三合土硬化，混凝土铺面保证地面结实坚固，地面有排水槽。

4.3.5 鸡舍的顶部呈拱形或“人”字形，顶架材料为钢管或硬质木板，上覆物结实牢固、防风防雨。

4.3.6 应配备产蛋箱(窝)，产蛋箱(窝)为双层或多层产蛋箱(窝)，沿两侧墙搭建，单个规格为高30 cm、宽 20 cm、深 30 cm，窝中铺上麦秸或稻草，每 3 只～5 只产蛋鸡配备一个。

4.3.7 在鸡舍的靠北墙地方用圆木棍或竹竿钉制栖架，栖架为阶梯状，4 个～5 个阶梯，阶梯高度 25 cm，每个阶梯的宽度 20 cm。

5 饲养管理

5.1 基本要求

5.1.1 选择适宜散养、抗病力强的品种。

5.1.2 应符合 NY/T 1569—2007 的要求，有健全的生产管理制度、防疫消毒制度、投入品使用管理制度和档案管理制度。

5.1.3 孵化雏来自有种畜禽生产经营许可证的种鸡场，具备动物检疫合格证明和种畜禽合格证明，记录品种、来源、数量、日龄等情况。自繁自养的养殖场(户)有品种、代次、生产性能等相关资料可供查询。

5.1.4 有完整生产记录，包括各阶段日死淘、日饲料消耗、生长生理指标、生产性能及温湿度等环境条件记录；有疫苗、消毒、兽药使用记录，包括使用对象、使用时间和用量记录。

5.1.5 饲料的使用应符合 GB 13078—2001、GB 13078.1—2006、GB 13078.2—2006 和 GB 13078.3—2007 的规定；兽药和饲料添加剂的使用应符合 NY/T 5030—2016 和 NY 5032—2006 的规定。

5.1.6 饮水应符合 NY 5027—2008 的要求。

5.1.7 有完整的病死鸡剖检、死亡和无害化处理记录。资料保存两年(建场时间低于两年，则为建场以来)。

5.2 育雏期饲养管理

5.2.1 在育雏舍采用育雏笼育雏或网上平养育雏，不放养。

5.2.2 育雏密度：第 1 周每平方米 40 只，以后逐渐减少到每平方米 25 只。

5.2.3 育雏期温度控制：第 1 周 35 ℃～33 ℃，以后每周降 2 ℃～3 ℃，育雏舍温度达到 18 ℃～21 ℃时脱温。

5.2.4 育雏期湿度控制：第 1 周相对湿度 65%～70%，以后保持 50%～60%。

5.2.5 育雏期光照控制：前 3 d 每天 24 h 光照，以后逐渐减少到 12 h。

5.2.6 育雏期饮水：雏鸡进舍，供给水温 20 ℃的饮水，水内添加多维电解质，1 周后改为清洁饮水。

5.2.7 育雏期饲喂：待所有鸡只饮水后，开始喂给全价配合饲料，每 3 h 喂料 1 次，以后逐渐减少到每天 3 次。

5.2.8 育雏期粪污清理：每天清粪一次，按《畜禽养殖污染防治管理办法》的规定堆放和处理。

5.3 育成期饲养管理

5.3.1 育成期采取散养方式。

5.3.2 育成期放养：每群 2 000 只为宜，平均每亩放养场地饲养 100 只。做好分区轮养规划，保护昆虫和食草资源。

5.3.3 育成期饲喂：根据不同季节和鸡群觅食情况确定饲喂次数和饲喂量，每只鸡料槽长度 5 厘米左右，每天喂料 2 次～3 次，饲喂量为笼养状况采食量的 85%～90%。

5.3.4 育成期饮水：饮水清洁，饮水点布局合理，水槽位达到每只鸡 3 cm 左右，每天冲洗饮水槽一次。

5.3.5 育成期光照控制：根据育成鸡的生理阶段结合自然光照变化情况调整人工补充光照时间，防止性早熟。

5.3.6 育成期粪污处理：棚舍、栖架上粪污每天清理一次，处理同育雏期。

5.3.7 育成期极端天气应对：有恶劣天气应对预案，鸡群不能外出时进行舍饲。

5.3.8 防止动物伤害：定期检查围栏和棚舍的防护设施，采取物理、化学药品和生物的方法防止鼠、蛇、鹰、猫、犬等其他动物伤害，白天专人看管鸡群，夜晚关闭门窗。

5.3.9 产蛋期开始前的分群：淘汰鉴别误差的公鸡和生长发育不良的母鸡，根据发育情况分群饲养。

5.4 产蛋期饲养管理

5.4.1 产蛋期采取散养方式。

5.4.2 产蛋期散养：每群 1 000 只为宜，平均每亩放养场地饲养 50 只。做好分区轮养规划，保护昆虫和食草资源。

5.4.3 产蛋期饲喂：根据不同季节和鸡群觅食情况确定饲喂次数和饲喂量，每天 2 次～3 次，饲喂量为笼养状况采食量的 90%～95%。

5.4.4 产蛋期饮水：同育成期。

5.4.5 产蛋期光照控制：产蛋期光照时间不少于 16 h，不足时间早晚补充灯光照明。

5.4.6 产蛋期粪污处理：同育成期，增加产蛋箱清理程序。

5.4.7 产蛋期极端天气应对：同育成期。

5.4.8 防止动物伤害：同育成期。

5.4.9 鸡蛋管理：开产后开始诱导训练鸡在产蛋箱（窝）内产蛋，定时收集窝内鸡蛋并捡拾放养场地的鸡蛋。鸡蛋的管理应符合 GB 2749—2015 的要求。

6 疫病防控

6.1 环境控制

6.1.1 清扫：每天应清理舍内粪便、污物。

6.1.2 清洗：每天对采食、饮水器具进行清洗。

6.1.3 消毒：消毒药物以氧化剂、季铵盐类消毒剂等交替使用，不得使用酚类消毒药物，产蛋期不能用醛类消毒药。每周对饲养场地、设施及用具消毒一次。每批鸡淘汰后，应对场地、设施和用具进行彻底清洗、消毒。传染病发生期间，对饲养场地、周围环境、设施及用具等每天进行彻底消毒，并及时清理死鸡，对尸体进行消毒深埋或焚烧处理，焚烧后的骨灰等物必须埋于土中，焚烧的场所及其附近必须消毒。

6.2 免疫管理

6.2.1 制订科学合理的免疫程序，定期监测疫病免疫抗体消长情况。

6.2.2 疫苗质量应符合 NY 5041—2001 要求。

7 档案管理

7.1 建立档案室或档案柜，并有专人负责。

7.2 养殖记录齐全、完整。

8 从业人员管理

8.1 经营散养蛋鸡的合作社、养殖公司最少配备畜牧兽医专业中级职称以上专业技术人员 1 名。

8.2 小规模散养户从业人员要经过畜牧兽医专业知识培训或者取得初级家禽饲养工（人力资源和社会保障部颁发证书）以上资格，持证上岗。

8.3 患有人畜共患传染病的人员不得从事散养蛋鸡生产工作。

9 废弃物处理

9.1 鸡场污染物按照《畜禽养殖污染防治管理办法》和 GB 18596—2001 规定执行。

9.2 鸡场的粪便按照 NY/T 1168—2006 规定执行。

9.3 病死鸡和医疗用品按照 HJ/T 81—2001 的规定进行处理。

本标准依据 GB/T 1.1—2009《标准化工作导则 第1部分:标准的结构和编写》给出的规则起草。

本标准由天津市农业科学院提出并归口。

本标准由天津市畜牧兽医研究所起草。

本标准起草人:白朋勋、王建国、杨鸿雁、胡金艳、唐佩娟、张丹。

肉驴饲养管理与疾病防控技术规范

Standard of feeding and disease control of meat donkeys

1 范围

本标准规定了肉驴养殖场建设、饲料与营养、引种、饲养管理、卫生防疫、疾病防控及档案管理等内容。

本标准适用于天津市肉驴存栏100头以上的养殖场(户)。

2 规范性引用文件

下列文件对于本文件的应用是必不可少的。凡是注明日期的引用文件,仅注日期的版本适用于本文件。凡是不注日期的引用文件,其最新版本(包括所有的修改单)适用于本文件。

GB 13078—2017 饲料卫生标准

GB 18596—2001 畜禽养殖业污染物排放标准

NY/T 388—1999 畜禽场环境质量标准

NY 5027—2008 无公害食品畜禽饮用水水质

NY/T 5030—2016 无公害农产品兽药使用准则

NY 5032—2006 无公害食品畜禽饲料和饲料添加剂使用准则

畜禽标识和养殖档案管理办法 中华人民共和国农业部令2006年第67号

跨省调运乳用种用动物产地检疫规程 农医发[2010]33号文件

病死及病害动物无害化处理技术规范 农医发[2017]25号文件

3 肉驴养殖场建设

3.1 场址选择

3.1.1 选择场址应符合本地区农牧业生产发展总体规划、土地利用规划、城乡建设发展规划和环境保护规划的要求。

3.1.2 新建肉驴场应具备就地无害化处理粪、尿、污水的足够场地和配套粪污消纳田地,并通过畜禽场建设环境影响评价。

3.1.3 场区建设选择地势平坦、背风向阳、水源充足的地方,距铁路、高速公路、交通干线和一般道路不小于500 m,距种畜禽场不小于1 000 m,距动物隔离场及无害化处理厂不小于3 000 m;距居民区不小于500 m,并位于居民区及公共建筑群常年主导风向的下风向处。

3.2 场区环境

3.2.1 场区通风良好,空气环境符合NY/T 388—1999的要求。

3.2.2 水源充足,水质符合NY 5027—2008的要求。

3.2.3 符合建设工程要求的地质和水文条件。

3.2.4 满足供电、网络、电话通讯条件。

天津市市场监督管理委员会 2019-01-14 发布 2019-03-15 实施

3.3 场区布局

3.3.1 肉驴场分生活区、管理区、生产区和辅助生产区。生活区和管理区应设在场区地势最高处或上风头处，与生产区保持 50 m 以上的距离；辅助生产区包括精料库、干草棚，设在管理区与生产区之间；生产区包括驴舍、运动场，设在场区地势较低位置；兽医室、积粪池设在生产区的下风头处，距驴舍不少于 50 m。场区内动物和物品转运采取单一流向，防交叉污染和疫病传播。

3.3.2 驴舍间距 7 m～9 m，按主导风向驴舍排列顺序依次为种驴舍、产房、驴驹舍、育成驴舍、育肥驴舍和隔离舍。

3.3.3 生产区门口设有更衣室、消毒沐浴室。消毒沐浴室应按单向进出的要求设计。

3.4 驴舍建设

3.4.1 驴舍采用半开放式或封闭式，舍内地面比舍外地面高 10 cm～15 cm，门口呈缓坡形。驴舍周围建排水沟。

3.4.2 驴舍干燥、向阳、通风、采光良好、冬季防寒、夏季防暑。

3.4.3 地面平整、便于清粪和消毒。

3.4.4 驴舍内设食槽、水槽、驴床、粪沟，封闭驴舍另加通风设施。

3.4.5 驴床长 1.8 m～2.2 m，宽 1.1 m～1.5 m，驴床高出地面 5 cm。

3.4.6 每栋驴舍配一个运动场，运动场面积满足 15 m^2/头～20 m^2/头的要求。

4 饲料与营养

4.1 肉驴粗饲料原料选择干草、秸秆、干蔓藤、秕糠等。

4.2 肉驴精饲料原料选择玉米、高粱、大麦、燕麦、麦麸、玉米粉渣、豆科籽实和榨油后的副产品——饼粕类等。

4.3 肉驴精饲料可以从专业饲料场购进，也可自己配制，饲料和饲料添加剂的使用应符合 GB 13078—2017 和 NY 5032—2006 的要求。

4.4 肉驴不同生长时期和生理阶段的营养标准见表 1。

表 1 驴饲养标准

项目		粗饲料占日粮(%)	消化能(MJ/kg)	粗蛋白质(%)	钙(%)	磷(%)
成年驴	维持需要	90～100	8.37	10	0.28	0.15
驴驹	0～3 月龄	0～10	13.19	22	0.8	0.55
	4 月龄～6 月龄	20～25	12.14	20	0.7	0.4
育成驴	0.5 岁～1 岁	30～35	10.88	13	0.5	0.28
	1 岁～1.5 岁	45～55	10.46	11.3	0.39	0.21
	1.6 岁～2 岁	60～70	9.62	10.1	0.31	0.17
	2 岁以上	65～75	9.2	9.4	0.28	0.15
种公驴	非配种期	65～70	9.0	9.4	0.4	0.3
	配种期	55～60	9.6	13.4	0.5	0.4
空怀驴	未孕期	75～85	8.5	10	0.3	0.2
妊娠驴	第 1～8 月	75～80	8.5	10	0.4	0.3
	第 9～12 月	65～75	11.51	14	0.45	0.3
哺乳驴	前 3 个月	45～55	10.88	12	0.47	0.3
	后 3 个月	60～70	9.36	10	0.43	0.28
育肥驴	前期	30～35	10.2	14	0.45	0.3
	中期	20～25	10.6	15	0.45	0.3
	后期	15～20	11.8	16	0.35	0.2

5 引种

5.1 引种选择关中驴、乌头驴、三粉驴以及含以上品种基因的大中型驴。

5.2 从具有种畜禽生产许可证的种肉驴场引进，并按要求做好产地检疫，取得动物检疫合格证明。

5.3 从外地引种应按照《跨省调运乳用种用动物产地检疫规程》农医发［2010］33 号文件的要求，运输过程中应进行车辆的清洁和消毒。

5.4 引进的种驴，应在隔离舍观察 45 d，并经隔离观察合格后，方可混群饲养。

6 饲养管理

6.1 基本原则

6.1.1 分栏定位饲养，按驴的性别、年龄、个体体质、采食快慢分槽定位饲养，每头驴的槽位 80 厘米左右。

6.1.2 饲喂方式，先粗后精，日喂 3 次～5 次，夜间饲喂 1 次。

6.1.3 饮水应符合 NY 5027—2008 的要求。

6.1.4 饲养密度，每头肉驴最低占有舍内面积：种公驴 1.5 m^2～2 m^2、成年母驴 0.8 m^2～1.6 m^2、育成驴 0.6 m^2～0.8 m^2、怀孕或哺乳驴 2.3 m^2～2.5 m^2。

6.1.5 刷拭和修蹄，每天刷拭驴体 1 次～2 次，每隔 1.5 个月～2 个月修蹄 1 次。

6.1.6 初春和深秋驱虫各 1 次，新购入驴在隔离期驱虫一次。

6.2 幼驹饲养管理

6.2.1 接产和护理步骤如下：

6.2.1.1 驴驹产出后，立即擦掉嘴唇和鼻孔上的黏液和污物，然后断脐；

6.2.1.2 使用软布或纸巾擦干驹体上的黏液；

6.2.1.3 驴驹应尽早吃上初乳，如产后 2 h 后幼驹尚不能站立，应人工补饲初乳，每隔 2 h 饲喂一次，每次 300 mL。

6.2.2 补料按以下程序进行：

6.2.2.1 幼驹出生后 15 d 训练吃草吃料，草料应适口性好，自由采食，补喂的精料应为全价精料，补饲量应逐步增加；

6.2.2.2 出生至 1 月龄日补精料 0.05 kg～0.25 kg，2 月龄～4 月龄日补精料 0.5 kg～1.0 kg，5 月龄～6 月龄日补精料 1.0 kg～2.0 kg，每日精料量分 4 次～6 次补给，草料自由采食。

6.2.3 自由饮水，冬季饮水适宜温度应不低于 8 ℃。

6.2.4 管理注意以下三点：

6.2.4.1 驴驹出生后应及时带耳标；

6.2.4.2 应经常观察驴驹精神状况，做到及时发现问题及时解决；

6.2.4.3 每月 1 次测量体重和体尺，检测生长发育情况。

6.3 育成驴饲养管理

6.3.1 幼驹在 6 月龄断奶。

6.3.2 饲养程序如下：

6.3.2.1 随着驴驹年龄的增长增加精料喂量，每日精料量 1.5 kg～3 kg，分 2 次补给；粗饲料自由采食，饮水同 6.2.3；

6.3.2.2 育成驴至 1.5 岁公母分群饲养，2 岁以后对无种用价值的公驴去势。

6.3.3 母驴的初配年龄一般为 2.5 岁～3 岁，母驴的繁殖年限一般为 16 年～18 年。

6.4 种公驴饲养管理

6.4.1 公驴的适配年龄为 3.5 岁～4 岁，种用年限为 14 年左右。

6.4.2 自然交配的公、母比例一般为 1∶25，人工输精为 1∶80～1∶120。

6.4.3 种公驴单栏饲喂，防止互相咬伤或踢伤。配种期种公驴日喂精料 3 kg～4 kg，宜补饲胡萝卜、鸡蛋等；非配种期种公驴日喂精料 1 kg～1.5 kg，草料自由采食。

6.4.4 管理要求如下：

6.4.4.1 配备专用运动场和运动器械，每天运动 1 次～2 次，每次 0.5 h 左右；

6.4.4.2 每天配种 1 次（特殊情况可以每天 2 次，但一周内只能有 1 d 是 2 次配种而且间隔8 h以上），每周休息 1 d；

6.4.4.3 饮食后 0.5 h 不宜配种，配种或采精前后 1 h 应避免剧烈活动。

6.5 空怀母驴饲养管理

6.5.1 配种前 1 个～2 个月增加精料喂量，日喂精料 1 kg～2 kg，分 3 次饲喂，先干后湿，先粗后精，自由饮水。对过肥的母驴，减少精饲料，增喂优质干草和多汁饲料，加强运动，使母驴保持中等膘情，草料自由采食。

6.5.2 配种前 1 个月，对母驴生殖系统进行检查，发现有生殖疾病及时治疗。

6.5.3 配种注意事项：

6.5.3.1 母驴发情周期平均为 25 d，发情持续期一般为 5 d～8 d；母驴排卵时间一般在发情开始后 3 d～5 d，因此，配种时间应在发情持续期的 1 d～5 d 内进行；

6.5.3.2 人工授精时，通过触摸或 B 超检查掌握卵泡发育情况，在排卵后 8 h 内完成输精；

6.5.3.3 自然交配采取隔日配种法，配种 2 次即可，清晨或傍晚进行；

6.5.3.4 输精后 18 d 左右进行妊娠检查，如果未孕应在下一发情期补配。

6.6 妊娠母驴饲养管理

6.6.1 饲养程序如下：

6.6.1.1 妊娠前 9 个月每头日喂精料 0.3 kg～0.6 kg；

6.6.1.2 妊娠期后 3 个月日喂精料 2 kg～3 kg，宜补饲适量优质青绿饲料；

6.6.1.3 产前 2 周单独喂养，饲料总量应减少 1/3，多饮温水。

6.6.2 管理注意事项：

6.6.2.1 每天上下午各运动 1 次，每次 0.5 h 左右；

6.6.2.2 产前 1 周应将产房清理消毒，铺好垫草，备好接产用具和药品；

6.6.2.3 预产期前 3 d～5 d 将母驴移到产房待产。

6.7 泌乳母驴饲养管理

6.7.1 饲养程序如下：

6.7.1.1 母驴分娩后，7 d～14 d 内，应控制草料喂量，10 d 后恢复正常喂量，哺乳母驴的槽位比普通驴槽位稍宽，达到 100 cm 左右；

6.7.1.2 哺乳期为 5 个～6 个月，饲料中应有充足的蛋白质、维生素和矿物质。哺乳前期日喂精料 2.2 kg～2.8 kg；哺乳后期日喂精料 1.4 kg～2.0 kg，宜补饲适量优质青绿饲料。

6.7.2 管理注意事项：

6.7.2.1 产房应温暖、干燥、无贼风，光线充足；

6.7.2.2 应让产后母驴尽快恢复体力；

6.7.2.3 产后 10 d 左右，观察母驴的发情情况，适时配种。

6.8 育肥驴饲养管理

6.8.1 饲养注意事项：

6.8.1.1 育肥驴饲养应定时定量、少喂勤添、先粗后精、合理搭配、循序渐进；

6.8.1.2 粗饲料自由采食，精补料按驴平均体重的 1.2%～1.5%饲喂。

6.8.2 管理注意事项：

6.8.2.1 应将年龄、体重和膘情相近的驴分群饲养;

6.8.2.2 要注意舍内常温,天冷时要保温,并尽量让驴多晒太阳,避免因御寒过多消耗体能;天热时及时降温,加强通风,以防中暑或食欲减退;

6.8.2.3 每天应有 1 h 左右的运动,遇上雨雪天,可在有遮阳棚的围栏内做轻微运动。

7 卫生防疫

7.1 消毒

7.1.1 驴场大门口设消毒池和消毒间,进出车辆和所有进场人员都应经过消毒。

7.1.2 人员进入生产区应更衣和消毒。

7.1.3 及时清扫和定期预防消毒,每天 2 次清扫粪尿,并堆积发酵,消灭寄生虫卵。每周对用具和驴舍消毒 1 次,对圈舍墙壁,每年用生石灰刷白,饲槽、水槽、用具和地面定期消毒,每年不少于两次。

7.1.4 粪便、污水的处理应符合 GB 18596—2001 的要求。

7.2 防疫

7.2.1 全进全出制饲养,禁止在饲养区内饲养其他动物。

7.2.2 兽医卫生防疫应符合 NY/T 5030—2016 和相关法规的要求。

7.2.3 每年在春季对驴进行炭疽芽孢苗、破伤风类毒素、肉驴梭菌病四防菌苗和肉驴驹大肠杆菌病菌苗的预防注射。

7.2.4 活驴交易、运输按规定取得动物检疫合格证明。

8 疾病控制

8.1 发现病驴,及时隔离,一旦发现重大疫情,按相关法律法规立即上报。

8.2 杜绝人员、物品造成的传染。

8.3 污染的驴舍、运动场、用具、饲槽和工作服彻底消毒。

8.4 病死驴的处理按《病死及病害动物无害化处理技术规范》(农医发[2017]25 号)要求进行无害化处理。

9 档案管理

9.1 建立档案室或档案柜,由专人负责。

9.2 各种记录详细、完整,符合《畜禽标识和养殖档案管理办法》(中华人民共和国农业部令 2006 年第 67 号)的要求。

9.3 种驴资料长期保存,肉驴资料保存至屠宰后 2 年。

本标准依据 GB/T 1.1—2009《标准化工作导则　第 1 部分:标准的结构和编写》给出的规则起草。

本标准由天津市农业科学院提出并归口。

本标准起草单位:天津市畜牧兽医研究所。

本标准主要起草人:白朋勋、陈丽丽、杨鸿雁、韩静、李海花、白忠良、梁世岳。

羊包虫病防治技术规程

Technical regulations for the prevention and treatment of sheep hydatid disease

1 范围

本标准规定了羊包虫病的术语和定义、诊断、防治措施。

本标准适用于羊包虫病的防治。

2 规范性引用文件

下列文件对于本文件的应用是必不可少的。凡是注日期的引用文件，仅注日期的版本适用于本文件。凡是不注日期的引用文件，其最新版本（包括所有的修改单）适用于本文件。

NY/T 1168　畜禽粪便无害化处理技术规范

NY/T 1466　动物棘球蚴病诊断技术

3 术语和定义

下列术语和定义适用于本标准。

3.1 包虫病（Hydatid disease）

是由棘球属绦虫的中绦期幼虫引起的一种人兽共患寄生虫病。

4 诊断

4.1 流行特点

4.1.1 病原体

包虫病的病原体为棘球属绦虫的中绦期幼虫，其中间宿主为羊，寄生部位多见于肝脏、肺脏；其终末宿主是犬科动物，寄生部位为犬小肠；幼虫即棘球蚴，为圆形囊状体，随寄生时间长短、寄生部位和宿主不同，直径可由不足 1 cm 至数十厘米。棘球蚴为单房性囊，由囊壁和囊内含物（生发囊、原头蚴、囊液等）组成。其成虫是绦虫中最小的几种之一，体长 2 mm～7 mm，平均 3.6 mm。除头节和颈部外，整个链体只有幼节、成节和孕节各一节，偶或多 1 节～2 节。头节略呈梨形，直径 0.3 mm，具有顶突和 4 个吸盘。

4.1.2 易感动物

棘球绦虫幼虫以羊最为易感，其次为牛、猪等草食和杂食动物，人可感染。

4.1.3 传染源和传播途径

羊包虫病的感染是中间宿主羊与终末宿主犬科动物之间的循环感染。感染棘球绦虫的犬是羊包虫病的主要传染源。虫卵随犬粪便排出体外，中间宿主羊通过摄入被污染的饲料、水等经消化道途径感染。

天津市市场监督管理委员会 2019 - 03 - 25 发布　　2019 - 05 - 01 实施

4.2 临床症状

轻度感染和感染初期的患病羊通常无明显症状。严重感染的羊，羊毛逆立，时常脱毛，肥育不良。肺部感染时，有明显的咳嗽，咳后往往卧地，不愿站立，病死率较高。肝脏感染时，腹部明显膨大，叩诊有浊音，触诊和按压肝区时出现疼痛。脑部感染时，有明显的神经症状，由于寄生的脑部部位不同，则引起的症状也不同：若虫体寄生于脑部的某侧，则患羊将头抵患侧，并向患侧做圆圈运动，对侧的眼常失明；若虫体寄生在脑的前部（额叶），则患羊头部抵于胸前，向前做直线运动，行走时高抬前肢或向前方猛冲，遇到障碍物时倒地或静立不动；虫体寄生在小脑，则患羊易惊恐，行走时出现急促或蹒跚步态，严重时衰竭卧地，视觉障碍、磨牙、流涎、痉挛，后期高度消瘦；若虫体寄在脑表面，则有转圈、共济失调等神经性症状，触诊时容易发现，压迫患部有疼痛感或颅骨萎缩甚至穿孔；若虫体位于脑后部，则患羊表现角弓反张，行走后退，卧地不起，全身痉挛，四肢呈游泳状。

4.3 剖检

棘球蚴寄生于羊肝脏时，肝肿大，色暗紫红；寄生于肺脏时，肺明显肿大，周边有肉样实质性病变。寄生部位有大小不等的灰白色、半透明的包囊组织，其中突出于脏器表面的包囊呈乳白色、平整光滑、不透明；寄生于脑部时，可见大小不一的棘球蚴，在病变与虫体相接的颅骨处，骨质松软、变薄，囊内充满透明液体，内膜上有许多白色的点状头节。

4.4 镜检

显微镜下观察，细粒棘球蚴包囊外层呈典型的特殊肉芽肿病变，内囊有光泽的球形包囊。角质层呈现板层样结构。棘球蚴包囊内充满囊液，有时有原头蚴。PAS（periodic acid Schiff. 过碘酸希夫）染色反应阳性，即红染。

4.5 实验室诊断

按照 NY/T 1466 方法进行。

4.6 结果判定

4.6.1 羊出现 4.2 临床症状，可判定为疑似病例。

4.6.2 综合 4.3、4.4、4.5 结果，可确诊。

5 防治措施

5.1 隔离

发现疑似病例，畜主应限制羊只移动；对疑似患病羊应立即隔离。对受威胁的羊群（病羊的同群羊）实施隔离，可采用圈养和固定草场放牧两种方式隔离。隔离饲养用草场，不要靠近交通要道，居民点或人畜密集的地区。场地周围最好有自然屏障或人工栅栏。

5.2 灭源

饲养场被污染的金属设施、设备可采取火焰方式杀灭虫卵；圈舍、场地、车辆等，可选用 3.75%的次氯酸钠（NaOCl）杀灭虫卵；饲养场的饲料、垫料等，可采取深埋发酵处理或焚烧处理；粪便处理按照 NY/T 1168 的方法进行处理。

5.3 犬的驱虫

每个月或每 4 周驱虫一次。可选用丙硫咪唑或吡喹酮。

丙硫咪唑，按 10 mg/kg 剂量口服，1 次/d，连续 3 d；吡喹酮，按 5 mg/kg 剂量口服，1 次/d，连续 3 d。

驱虫前，将犬固定场所，驱虫后 5 d 内犬产生的粪便要收集，按照 NY/T 1168 做无害化处理。

5.4 病死羊及流浪犬管理

不得随意丢弃病死羊动物内脏；不用未经高温处理的动物内脏喂食犬；羊场附近的流浪犬必要时进行扑杀。

本标准按 GB/T 1.1—2009《标准化工作导则　第 1 部分：标准的结构和编写》给出的规则起草。

本标准由天津市畜牧兽医局提出并归口。
本标准起草单位:天津市武清区动物疫病预防控制中心。
本标准主要起草人:冯治永、李振鹏、李丙文、张明会、毛云飞、兰东晨。

水产养殖篇

地理标志产品　七里海河蟹

Product of geographical indication—Crabs of Qilihai

1　范围

本标准规定了七里海河蟹(学名中华绒螯蟹 Eriocheir sinensis,又名河蟹)的保护范围、要求、试验方法、检验规则、标志、包装、运输、贮存。

本标准适用于七里海河蟹地理标志产品保护范围。为天津市宁河县14个乡镇现辖行政区域养殖所产河蟹。

2　规范性引用文件

下列文件对于本文件的应用是必不可少的。凡是注日期的引用文件,仅所注日期的版本适用于本文件。凡是不注日期的引用文件,其最新版本(包括所有的修改单)适用于本文件。

GB/T 5009.3—2003　食品中水分的测定
GB/T 5009.5—2003　食品中蛋白质的测定
GB/T 5009.6—2003　食品中脂肪的测定
GB/T 5009.11—2003　食品中总砷及无机砷的测定
GB/T 5009.12—2003　食品中铅的测定
GB/T 5009.17—2003　食品总汞及有机汞的测定
GB 11607—1989　渔业水质标准
GB 18407.4—2001　农产品安全质量　无公害水产品产地环境要求
NY 5051—2001　无公害食品　淡水养殖用水质
NY 5064—2005　无公害食品　淡水蟹
NY 5072—2002　无公害食品　渔用配合饲料安全限量
SC/T 3015—2002　水产品中土霉素、四环素、金霉素残留量的测定方法

3　地理标志保护范围

以天津市宁河县人民政府《关于划定宁河县"七里海河蟹"地理标志产品产地范围的函》(宁河政函[2006]28号)提出的范围为准,为天津市宁河县芦台镇、大北镇、七里海镇、北淮淀乡、俵口乡、造甲城镇、潘庄镇、宁河镇、廉庄乡、苗庄镇、丰台镇、岳龙镇、板桥镇、东棘坨镇等14个乡镇现辖行政区域养殖所产河蟹。保护范围图见附录A。

4　要求

4.1　地域环境

4.1.1　土壤

土壤中有机质含量1.3%～2.6%,全氮含量0.07%～0.15%,全磷含量0.02%～0.09%,钾含量

天津市质量技术监督局 2017-10-27 发布　　2017-12-01 实施

0.01%～0.045%，pH8.2～8.4，含盐量1～3。

4.1.2 水质

应符合GB 11607和NY 5051的规定。

4.1.3 底质要求

应符合GB 18407.4的规定。

4.2 养殖要求

应符合《地理标志产品　七里海河蟹养殖技术规范》《地理标志产品　七里海河蟹土池生态育苗技术规范》标准的规定。

4.3 形态特征

商品蟹规格雄蟹≥100 g/只、雌蟹≥75 g/只，外部形态应符合七里海河蟹分类特征，见附录B。

4.4 感官要求

感官要求见表1。

表1　感官要求

项　目	指　　标
体表	体态均称，近方形，无畸形，无病态，蟹体厚重，甲壳坚硬，有光泽
体色	背部呈青灰色、褐绿色，腹部呈乳白色或灰白色
蟹黄	呈酱紫色
蟹膏	呈乳白色
蟹体动作	活动有力，反应灵敏
鳃	鳃丝清晰，呈白色或乳白色，无异物，无异味
寄生虫(蟹奴)	不得检出

4.5 理化指标

理化指标见表2。

表2　理化指标

项　　目	等　　级			
	一等		二等	
	雄蟹	雌蟹	雄蟹	雌蟹
肥满度(g/cm³)	≥0.58	≥0.5	≥0.54	≥0.5
性腺占体重的百分比数(%)	≥2.8	≥8.5	≥2.2	≥6.0
水分(%)	≤68.0	≤56.0	≤72.0	≤56.0
粗脂肪(%)	≥10.0	≥15.0	≥9.0	≥12.0
粗蛋白质(%)	≥16	≥18.5	≥15.5	≥16.5

4.6 安全指标

安全指标见表3。

表3　安全指标

项　目	指　标
汞(以Hg计，mg/kg)	≤0.5
铅(以Pb计，mg/kg)	≤0.5
砷(以As计，mg/kg)	≤0.5
镉(以Cd计，mg/kg)	≤0.5
土霉素(μg/kg)	≤100

注：其他农药、兽药应符合国家有关规定。

5 试验方法

5.1 感官检验

将试样放在白色搪瓷盘中，目测、手指压、鼻嗅。

5.2 蟹奴的检查

将试样放在白色搪瓷盘中，打开蟹体，肉眼观察或放大镜、解剖镜镜检。

5.3 肥满度的测定

将抽取的样品按雌、雄分别测定肥满度，用量程为 1 000 g、灵敏度为 0.1 g 的天平称重，用分度值为 0.1 cm 直尺或卷尺按附录 B 的规定进行壳长的测定。肥满度按式(1)计算，取平均值作为每批样品的肥满度数据。

$$K=\frac{W}{L^3} \quad \cdots\cdots(1)$$

式中，K——肥满度；

W——体重，单位为克(g)；

L——壳长，单位为厘米(cm)。

5.4 性腺占体重百分比的测定

打开甲壳，按雌、雄分别分离卵巢或精巢，用灵敏度为 0.1 g 天平称体重、卵巢或精巢重。性腺占体重的百分比按式(2)计算，取平均值作为每批样品的性腺占体重的百分比数据。

$$G=\frac{W_1}{W_2}\times 100\% \quad \cdots\cdots(2)$$

式中，G——性腺占体重的百分比，单位为百分比(%)；

W_1——性腺重，单位为克(g)；

W_2——体重，单位为克(g)。

5.5 水分的测定

按 GB/T 5009.3 的规定执行。

5.6 粗蛋白质的测定

按 GB/T 5009.5 的规定执行。

5.7 粗脂肪的测定

按 GB/T 5009.6 的规定执行。

5.8 砷的测定

按 GB/T 5009.11 的规定执行。

5.9 铅的测定

按 GB/T 5009.12 的规定执行。

5.10 镉的测定

按 GB/T 5009.15 的规定执行。

5.11 汞的测定

按 GB/T 5009.17 的规定执行。

5.12 土霉素的测定

按 SC/T 3015 的规定执行。

6 检验规则

6.1 组批规则和抽样方法

6.1.1 组批规则

按同一养殖场、养殖条件相同的、同时收获的或在同一水域、同时捕获的河蟹为同一检验批。

6.1.2 感官检验抽样

同一检验批的七里海河蟹应随机抽样。抽样数量按 NY 5064—2005 中的 5.1.2 的规定执行。

6.1.3 肥满度、性腺占体重的百分比检验抽样

从感官检验抽取的样品中随机抽样。批量在 1 000 只以下(含 1 000 只),雌、雄各取样 10 只;批量在 1 001 只～10 000 只范围内,雌、雄各取样 15 只;批量在 10 000 只以上,雌、雄各取样 20 只。

6.1.4 理化、安全卫生检验抽样

从感官检验抽取的样品中随机抽样。批量在 1 000 只以下(含 1 000 只),雌、雄各取样至少 4 只;批量在 1 001 只～5 000 只范围内,雌、雄各取样 10 只;批量在 5 001 只～10 000 只范围内,雌、雄各取样 20 只;批量在 10 000 只以上,雌、雄各取样 30 只。

6.1.5 试样制备

按 NY 5064—2005 中的 5.1.4 的规定执行。

6.2 检验分类

产品检验分为出场检验和型式检验。

6.2.1 出场检验

每批产品必须进行出场检验。出场检验由单位质量检验部门执行,检验项目为感官指标及肥满度。

6.2.2 型式检验

有下列情况之一时应进行型式检验。检验项目为标准中规定的全部检验项目。

a) 新建养殖场河蟹收获时;

b) 七里海河蟹养殖条件发生变化,尤其是上游水源发生变化可能影响产品质量时;

c) 国家质量技术监督机构提出进行型式检验要求时;

d) 出厂检验与上次型式检验有较大差异时;

e) 正常养殖时,每年至少一次的周期性检验。

6.3 判定规则

6.3.1 感官检验按 NY 5064—2005 中的 5.3.1 的规定执行。

6.3.2 安全指标检验按 NY 5064—2005 中的 5.3.2 的规定执行。

6.3.3 理化指标出现不符合本标准规定的指标时,允许复检一次,判定以复验结果为准。

7 标志、包装、运输、贮存

7.1 标志

标明产品的名称、等级、净含量、生产者名称和地址、产地、捕捞日期并加有“地理标志产品专用标志”。

7.2 包装

将蟹腹部朝下整齐排列于包装物中,包装材料应坚固、洁净、无毒、无异味。

7.3 运输

在低温清洁的环境中装运,运输工具应清洁、无毒、无异味。运输过程中,防温度剧变、挤压、剧烈震动,不得与有害物质混运。

7.4 贮存

7.4.1 池塘条件

池塘面积 0.07 hm^2～0.33 hm^2,池深 2.5 m～3 m,淤泥不超过 20 cm,保水性能好。

7.4.2 水质

符合 NY 5051 的规定。

7.4.3 池塘清整

储存池塘按常规消毒方法执行,做好防逃设施。

7.4.4 施肥培水

水经 40 目筛绢过滤进入池塘，进水深度 1.5 m，是水质肥瘦程度施肥。施入硫酸铵 1 mg/L～2.5 mg/L，磷酸二氢钙 4.0 mg/L～5.0 mg/L，7 d 后水色呈黄绿色或黄褐色，透明度 30 cm～40 cm，以单细胞绿藻和硅藻为主，既可放入河蟹。

7.4.5 贮存时间

每年 10 月（中秋节以后）河蟹大量上市价格较低时开始贮存。

7.4.6 河蟹放养

a） 以大规格为主，雌蟹 100 g，雄蟹 125 g 以上，太小无贮存价值；

b） 体质强健、无病无伤无残；

c） 雌雄蟹分开贮存；

d） 贮存密度 7 500 kg/hm^2～12 000 kg/hm^2；

e） 河蟹入池前用高锰酸钾 10 mg/L，消毒 10 min。

7.4.7 日常管理

按照《地理标志产品七里海河蟹土池生态育苗技术规范》中亲蟹暂养及越冬的规范内容执行即可。

附　录 A

(规范性附录)

七里海河蟹保护范围图

(略)

附 录 B

（规范性附录）

七里海河蟹外部形态图示

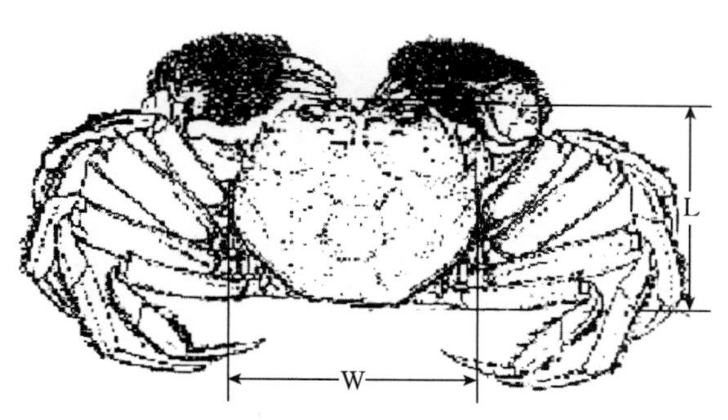

图 B.1 中华绒螯蟹的背面外观

L——壳长：额缘到后缘垂直最大距离（45.33 mm 以上）；W——壳宽：背壳左右之间最大距离（50.39 mm 以上）。

七里海河蟹既具有中华绒螯蟹的普遍特征，又因生活环境的地理位置和自然条件的不同，而有别于其他水域的河蟹特征。

七里海河蟹甲壳坚硬、光滑。头胸甲近正方形，壳宽和壳长比值为（1.112±0.027）：1；背甲呈青灰色或褐绿色，煮熟后呈灰红色；表面起伏不平，分区明显，与内部器官位置相对应；前缘平直，有 4 颗额齿，额齿较尖锐，中间凹陷较大，成 U 形；左右前侧缘各有 4 个朝向额的侧齿，较尖锐；后缘略向内收敛，后缘与腹部交界，比较平直。蟹体厚重，壳宽和体高的比值为（2.033±0.114）：1。腹部呈乳白色或灰白色。前 4 对步足长短差异不大，第四步足足节长和头胸甲长比值为（0.747±0.058）：1。

本标准依据 GB/T 1.1—2009《标准化工作导则　第 1 部分：标准的结构和编写》的规定起草。

本标准适用于天津市宁河县所辖区域的七里海河蟹。

本标准起草单位：宁河县水产技术推广站、天津市宁河县质量技术监督局。

本标准主要起草人：吴士顺、朱广奇、耿绪云、吴建松、贾雅丽、任秀忠、邵天顺。

地理标志产品　七里海河蟹土池生态育苗技术规范

Product of geographical indication—Technical specifications for crab of Qilihai ecologoical breedlings in pond

1　范围

本标准规定了七里海河蟹土池生态育苗技术规范。

本标准适用于七里海河蟹地理标志产品保护范围，宁河县14个乡镇现辖行政区域养殖所产河蟹的土池生态育苗。

2　规范性引用文件

下列文件对于本文件的应用是必不可少的。凡是注日期的引用文件，仅所注日期的版本适用于本文件。凡是不注日期的引用文件，其最新版本（包括所有的修改单）适用于本文件。

GB 11607—1989　渔业水质标准

NY 5051—2001　无公害食品　淡水养殖用水水质

NY 5052—2001　无公害食品　海水养殖用水水质

NY 5071—2002　无公害食品　渔用药物使用准则

3　育苗设施

3.1　场址的选择

场址应选择在水质清新、无污染的海边，要求海水盐度达到15～30；交通便利，供电有保障，淡水水源方便。也可选择在对虾育苗场的池塘进行。

3.2　池塘条件

池塘以东、西向为好，土池面积0.13 hm^2～0.3 hm^2，具防逃设施，池深2 m，水深1.5 m，池底平整无淤泥。

3.3　供水设施

应有海水沉淀池、淡水蓄水池、淡水机井及供水管道、水泵及过滤设施等。育苗场配备功率30 kW发电机组1台。

4　水质

育苗水质符合GB 11607、NY 5052和NY 5051标准要求。

5　亲蟹培育

5.1　亲蟹选择

5.1.1　选择时间

每年10月。

天津市质量技术监督局 2010－09－27 发布　　2010－11－01 实施

5.1.2 规格

雌蟹 90 g 以上,雄蟹 120 g 以上。

5.1.3 雌雄比例

雌雄比例为 2.5∶1。

5.1.4 健康状况

附肢健全,活动有力,无寄生病原。

5.2 亲蟹暂养

5.2.1 池塘条件

培育亲蟹的土池面积 0.13 hm^2～0.33 hm^2,具防逃设施,经消毒后注入淡水,水深 1.5 m。

5.2.2 饵料投喂

投喂沙蚕、野杂鱼、贝肉等,日投喂 2 次,投饵率 5%～10%。

5.2.3 水质调控

每隔 1 周全池泼洒含有效氯 30%的次氯酸钙一次,用量 1 mg/L。结合微生态制剂以及换水等措施调控水质。

5.2.4 亲蟹密度

雌雄分开培育,密度 18 000 只/hm^2。将挑选的亲蟹经过 20 mg/L 的高锰酸钾溶液消毒 10 min,冲洗干净后放入池中。

5.3 交配

水温 9 ℃～14 ℃时,将雌雄亲蟹放入海水池塘中交配,盐度 15～25,交配密度以 22 500 只/hm^2 为宜。

5.4 剔除雄蟹

交配半月后,雌蟹抱卵率达 90%以上时,排干池水剔除雄蟹,注入相同盐度海水继续培育抱卵亲蟹,进入越冬阶段。

5.5 越冬管理

5.5.1 密度

抱卵蟹的越冬密度 9 000 只/hm^2～12 000 只/hm^2,越冬池塘水深保持在 1.5 m～2.0 m。

5.5.2 日常管理

结冰期注意冰层的透光率,清扫积雪、打冰眼。

5.5.3 水质调控

冬季注(换)水 1 次～2 次,每次 20%,1 月～3 月每周检测水质 2 次,检测指标为 DO 和NH_4-N。

6 土池生态育苗

6.1 池塘条件

育苗池塘单个面积 0.2 hm^2～0.67 hm^2,池深 2 m,底泥厚度 5 cm 以下。藻类、轮虫等生物饵料培养池单个面积 0.07 hm^2～0.33 hm^2,饵料培养池总面积与育苗池面积比为 3∶1 以上,池塘使用前经过清淤暴晒消毒。

6.2 水质调控

育苗池塘于抱卵蟹排幼前 20 d 池塘蓄进海水,海水经 60 目筛绢过滤,水深 1.2 m～1.5 m。进水后全池泼洒含有效氯 30%的次氯酸钙 80 mg/L。

6.3 生物饵料培育

亲蟹排幼前 20 d,在饵料培养池注水 1.2 m,施含有效氯 30%的次氯酸钙 50 mg/L,1 周后施尿素 3 mg/L～5 mg/L,磷肥 1 mg/L,接入小球藻藻种培养,接种密度 10 万/mL,视情况追肥。当小球藻浓度达 100 万/mL 以上时,可接入轮虫,并不断补充藻水,适时采收轮虫。

6.4 幼体培育

6.4.1 抱卵蟹暂养

3月底将越冬后的抱卵蟹出池，计数放入专池中暂养，密度7 500只/hm^2，水深10 m。投喂沙蚕、野杂鱼、贝肉等，日投喂2次，投饵率5%～10%。也可将抱卵蟹暂养在车间水泥池中，管理措施参照工厂化人工育苗技术规范。

6.4.2 抱卵蟹消毒

当胚胎心跳200次/min以上时，将抱卵蟹装笼，用制霉菌素20 mg/L，消毒40 min，冲洗后放入育苗土池中。溞状幼体在1 d～3 d内破膜而出。

6.4.3 幼体培育

溞状幼体布池密度1万只/mL～3万只/mL，水温16 ℃～25 ℃，盐度15～25。pH7.6～8.6，溶解氧4 mg/L以上。溞状幼体期饵料以轮虫为主，辅以单胞藻，大眼幼体期以卤虫为主。

6.5 防病

6.5.1 以生物制剂调节水质及预防疾病。如用药物，应符合NY 5071的规定。

6.5.2 亲蟹入育苗土池前，用制霉菌素20 mg/L，消毒40 min；或用福尔马林50 mg/L，消毒60 min。

6.5.3 幼体饵料，如轮虫、卤虫等投喂前用聚维酮碘（含量10%）溶液10 mg/L，浸泡20 min；或用高锰酸钾20 mg/L，浸泡10 min。冲洗干净后投喂。

6.5.4 培育期间，每7 d向池中均匀泼洒聚维酮碘（含量10%）溶液1 mg/L～2 mg/L消毒。

6.6 蟹苗淡化

大眼幼体第3天可开始淡化，淡化设施可采用小面积覆膜土池20 m^2～30 m^2 或水泥池20 m^2～30 m^2，加设充气设施，每天排出一部分原池水，然后加入低盐度水或淡水，淡化幅度每天降低盐度5～8，至盐度5以下即完成淡化。

6.7 蟹苗出池

蟹苗满6日龄，盐度5以下，规格18万只/kg～22万只/kg即可出池。采取夜间光诱或者围网捕捞方式均可。

本标准依据GB/T 1.1—2009《标准化工作导则　第1部分：标准的结构和编写》的规定起草。
本标准起草单位：宁河县水产技术推广站、天津市宁河县质量技术监督局。
本标准主要起草人：吴士顺、朱广奇、耿绪云、吴建松、贾雅丽、任秀忠、邵天顺。

地理标志产品　七里海河蟹养殖技术规范

Product of geographical indication—Technical specifications for crab of Qilihai

1　范围

本标准规定了七里海河蟹的幼蟹培育及成蟹饲养技术。

本标准适用于七里海河蟹地理标志产品保护范围，宁河县14个乡镇现辖行政区域七里海河蟹的池塘养殖，稻田养殖也可参照执行。

2　规范性引用文件

下列文件对于本文件的应用是必不可少的。凡是注日期的引用文件，仅所注日期的版本适用于本文件。凡是不注日期的引用文件，其最新版本（包括所有的修改单）适用于本文件。

GB 11607　渔业水质标准

GB 13078　饲料卫生标准

GB/T 18407.4—2001　农产品安全质量无公害水产品产地环境要求

NY 5051　无公害食品淡水养殖用水水质

NY/T 5055—2001　无公害食品　稻田养鱼技术规范

NY 5071　无公害食品　渔用药物使用准则

NY 5072　无公害食品　渔用配合饲料安全限量

3　养殖环境要求

3.1　产地环境要求

3.1.1　养殖地应是宁河县现辖行政区域。应符合GB/T 18407.4的规定。

3.1.2　养殖地区域内及上风向、灌溉水源上游，没有对产地环境及水质构成威胁的（包括工业“三废”、农业废弃物、医疗机构污水及废气物、城市垃圾和生活污水等）污染源。

3.2　水质要求

水质质量应符合GB 11607和NY 5051的规定。

3.3　底质要求

对底质的要求应符合GB/T 18407.4的规定。

4　幼蟹培育

4.1　培育池选择

应选择靠近水源、水量充沛、水质清新、无污染、进排水方便、交通便利的土池为好。以东西向长、南北向短的长方形为宜。面积0.07 hm^2～0.2 hm^2，水深1.2 m～1.5 m。

4.2　水质

应符合GB 11607和NY 5051的规定。

天津市质量技术监督局2010-09-27发布　　2010-11-01实施

4.3 放苗前准备

4.3.1 池塘消毒

养蟹池最好在冬季抽干池水，清除过多淤泥，对池底进行冰冻和曝晒。3 月下旬塘底消毒，干法消毒用氧化钙 1 125 kg/hm^2～1 500 kg/hm^2 或含有效氯 30%的次氯酸钙 100 kg/hm^2～120 kg/hm^2，全池遍洒，第二天翻一遍塘泥，使清塘更彻底。没有条件不能排干池水的要带水清塘，用氧化钙 50 mg/L 或含有效氯 30%的次氯酸钙 30 mg/L。

4.3.2 水草栽培

栽种时间宜在 4 月上旬，品种包括轮叶黑藻、伊乐藻、菹草等沉水植物，供蟹苗摄食、休息、蜕壳和避敌，栽种面积占总面积的 50%～60%。

4.3.3 施肥培水

放苗前的 7 d～10 d 池塘中进水 0.5 m～0.6 m。施尿素 3 mg/L 过磷酸钙 0.5 mg/L，或施用市售的生物有机肥，用量按照具体说明，加微生态制剂 5 mg/L～10 mg/L。水色呈黄绿色或黄褐色，透明度 30 cm～40 cm，以单细胞藻类为主，同时兼生轮虫和小型枝角类为宜。

4.3.4 防逃设施

沿池内坡上缘处用塑料薄膜、玻璃钢瓦或石棉瓦等材料设置高 60 cm 的防逃围栏。

4.4 蟹苗放养

4.4.1 蟹苗选择

选择蟹苗标准：日龄应达 6 d 以上，淡化 4 d 以上，盐度 5 以下；体质健壮，手握有硬壳感，活力很强，抓握后能立即散开，大小均匀，呈金黄色，规格 18 万只/kg～22 万只/kg。

4.4.2 蟹苗运输

用专用蟹苗箱运输。装箱前在箱底铺一层湿纱布、毛巾或水草，蟹苗称重后，均匀洒在箱中。运苗过程中，防止风吹、日晒、雨淋和防止温度过高或干燥缺水，也要防止洒水过多，造成局部缺氧。

4.4.3 蟹苗放养

5 月中旬，水温 18 ℃以上时放苗。放养密度 1.5×10^6 只/hm^2～3.0×10^6 只/hm^2。放苗时，先将蟹苗箱放置在池埂上，淋洒池塘水，然后将苗箱放在池中，倾斜地让蟹苗慢慢地自动散开游走。

4.5 培育管理

4.5.1 饲料投喂

蟹苗下池后前三天以池中的浮游生物为饵料。若池中饵料不足可捞取浮游生物或辅以人工饵料如豆浆、蛋黄等，日投喂量为蟹体重的 100%。仔蟹Ⅲ期后，人工投喂枝角类、鱼虾肉糜及自配的人工饵料，沿四周定点投喂，将饵料放在浅水处。日投喂量掌握在蟹体重的 50%左右，后期可调整到 20%左右，分早晚两次定时投喂。

Ⅴ期仔蟹后转入扣蟹培育，日投饵量为蟹体重的 5%～10%，8 月上旬前，早、晚各一次；8 月中旬开始每天一次，傍晚时投喂。饵料包括天然饵料（水草、浮萍、螺类等）、人工饲料（玉米、马铃薯等）和配合饲料。饲料质量应符合 GB 13078 和 NY 5072 的规定。此阶段前、后期以动物性饵料为主，中期以植物性饵料为主。

4.5.2 水质调控

蟹苗下塘时保持水位 60 cm～80 cm，5 d 后加注新水，每次 10 cm，以后每隔 5 d～7 d，加水一次。水深 100 cm 以后可每隔 7 d～10 d，换一次水，先排后换，一般换水量为池水的 1/5～1/4。每隔 15 d～20 d，向池中泼洒生石灰一次。用量为 15 mg/L～20 mg/L，pH 控制在 7.5～8.6。

4.6 日常管理

4.6.1 巡塘

早晚巡塘，观察幼蟹摄食、活动、脱壳、水质变化等情况，发现异常及时采取措施。

4.6.2 防逃防鼠

下雨、加水时，严防幼蟹逃逸。在池边设置防鼠网、灭鼠器械防止老鼠捕食幼蟹。

4.6.3 扣蟹起捕

采用地笼张捕、灯光诱捕、干塘捕捉、挖洞捕捉等多种方法，尽量捕尽存蟹。

5 成蟹养殖

5.1 养蟹池的选择

按 4.1 规定执行，池型结构以滩面和环沟、中心沟相结合，沟、滩面积比以 1∶1 为宜。

5.2 养成池的条件

5.2.1 池塘面积 1.0 hm^2 以上为好，水深 1.5 m～2.0 m，底部淤泥不超过 10 cm。

5.2.2 水质

应符合 GB 11607 和 NY 5051 的规定。

5.3 放养前准备

5.3.1 清塘消毒

按 4.3.1 规定执行。

5.3.2 种植水草

按 4.3.2 规定执行。

5.3.3 施肥培水

按 4.3.3 规定执行。有条件的地方可引种放养小螺蛳等，密度 750 kg/hm^2～1 500 kg/hm^2。

5.3.4 防逃设施

按 4.3.4 规定执行。

5.4 扣蟹放养

5.4.1 扣蟹选择

选择规格整齐，大小在 150 只/kg～200 只/kg，体质健壮，体色正常，体表光滑，爬行敏捷，附肢齐全，肢节无损伤，无寄生虫附着的扣蟹。严禁投放性早熟扣蟹。

5.4.2 放养密度

7 500 只/hm^2～12 000 只/hm^2。

5.4.3 扣蟹消毒

扣蟹经 10 mg/L 高锰酸钾溶液浸泡 10 min 后冲洗干净后放养。

5.4.4 放养时间

3 月～4 月放养为宜，4 月底放养结束。

5.4.5 放养方法

同一来源苗种，一次放足为宜。

5.5 饲养管理

5.5.1 饲料种类

5.5.1.1 植物性饲料：豆粕、花生粕、玉米、麸皮、次粉、各种水草等；

5.5.1.2 动物性饲料：小杂鱼、淡水螺蛳、海水贝类等；

5.5.1.3 配合饲料：按照河蟹各阶段生长营养的需要，应符合 GB 13078 和 NY 5072 的规定。

5.5.2 投料方法

5.5.2.1 坚持“四定”的投饵原则，即定时：每天早晨 6:00～7:00，傍晚 4:00～5:00 各投一次；定位：沿池边浅水区定点“一”字形摊放；定质：按照“两头精、中间青”原则，青、粗、精结合，确保新鲜适口，建议投喂配合饲料，严禁投喂腐败变质饲料；定量：投饵率 3 月～4 月为 1%左右；5 月～7 月为 5%～8%；8 月～10 月为 10%左右。每日投饵量早上占 30%，傍晚占 70%。

5.5.2.2 投喂量要灵活掌握，天晴多投，阴雨天少投；透明度大于 50 cm 时多投，少于 30 cm 时少投；发现过夜剩余饵料，应减少投喂量；脱壳时减少投喂量，脱壳后加大投喂量。

5.6 水质管理

5.6.1 水位调控

5 月上旬前保持水位 0.8 m，7 月上旬前保持水位 1.2 m～1.5 m，7 月以后水位保持 1.5 m 以上。

5.6.2 换水

5 月～6 月，每隔 7 d～10 d 加水一次，加水量为池水的 1/5；7 月～9 月，每隔 10 d～15 d 换水一次，换水量为池水的 1/5～1/4。

5.6.3 水质调节

每隔 15 d～20 d，向池中泼洒生石灰一次。用量为 15 mg/L～20 mg/L，pH 控制在 8.0～8.8。每隔 15 d 定期泼洒微生态制剂，用量按使用说明操作。

5.6.4 透明度

30 cm～50 cm。

5.6.5 溶解氧

3 mg/L～5 mg/L 以上。

5.7 底质调控

适量投饵，减少剩余残饵沉底；定期使用底质改良剂，如投放过氧化钙、水质改良剂、沸石粉等及光合细菌等活菌制剂，具体使用方法及剂量按相应说明执行。

5.8 生长期

不低于 5 个月。

5.9 病害防治

5.9.1 预防方法

a） 彻底清塘消毒；

b） 苗种检疫和消毒；

c） 调控水质和改良底质；

d） 饵料营养全面。

5.9.2 治疗方法

防治用药符合 NY 5071 标准规定。

6 日常管理

6.1 巡塘

按 5.6.1 规定执行。

6.2 防逃

经常检查防逃设施，及时修补裂缝。应注意在暴雨过后加强检查。

6.3 捕捞收获

10 月～11 月，地笼张捕为主，灯光诱捕、干塘捕捉为辅。

本标准按照 GB/T 1.1—2009《标准化工作导则　第 1 部分：标准的结构和编写》的规定起草。

本标准起草单位：宁河县水产技术推广站、天津市宁河县质量技术监督局。

本标准主要起草人：吴士顺、朱广奇、耿绪云、吴建松、贾雅丽、任秀忠、邵天顺。

州　河　鲤

Cyprinus carpio zhouhe L.

1　范围

本标准规定了州河鲤(*Cyprinus carpio zhouhe* L.)主要形态构造特征、生长与繁殖、生化遗传学特性、细胞遗传学特性及检测方法。

本标准适用于州河鲤的种质检测与鉴定。

2　规范性引用文件

下列文件对于本文件的应用是必不可少的。凡是注日期的引用文件,仅所注日期的版本适用于本文件。凡是不注日期的引用文件,其最新版本(包括所有的修改单)适用于本文件。

GB/T 18654.1　养殖鱼类种质检验　第1部分:检验规则

GB/T 18654.2　养殖鱼类种质检验　第2部分:抽样方法

GB/T 18654.3　养殖鱼类种质检验　第3部分:性状测定

GB/T 18654.4　养殖鱼类种质检验　第4部分:年龄与生长的测定

GB/T 18654.6　养殖鱼类种质检验　第6部分:繁殖性能的测定

GB/T 18654.12　养殖鱼类种质检验　第12部分:染色体组型分析

GB/T 18654.13　养殖鱼类种质检验　第13部分:同工酶电泳分析

3　名称与分类

3.1　名称

州河鲤(*Cyprinus carpio zhouhe* L.)。

3.2　分类地位

鲤形目(*Cypriniformes*)鲤科(*Cyprinidae*)鲤亚科(*Cyprinae*)鲤属(*Cyprinus*)鲤(*Cyprinus carpio*)。

4　主要形态构造特征

4.1　外部形态特征

4.1.1　外形

体梭形,较长;口亚下位,呈马蹄形,上颌包着下颌,吻圆钝,能伸缩;须2对;全身覆盖较大的园鳞,金黄色,各鳞片后部有许多小黑点组成的新月形斑;腹部浅红色,胸鳍、腹鳍、臀鳍下叶均为红色,臀鳍末端至尾鳍基部橙红色,尾鳍暗红;背鳍起点位置在腹鳍之前,胸鳍末端椭圆,不及腹鳍基部,尾鳍叉形,背鳍和臀鳍最后一根不分枝鳍条后缘锯齿状。州河鲤外部形态见图1。

天津市质量技术监督局 2013-07-01 发布　　2013-10-01 实施

图1　州河鲤外部形态

4.1.2　可数性状

4.1.2.1　口须2对；

4.1.2.2　背鳍鳍式：D. 3—17～19；

4.1.2.3　臀鳍鳍式：A. 3—5；

4.1.2.4　鳞式：$35\frac{5\sim7}{5\sim6-V}39$；

4.1.2.5　左侧第一鳃弓外侧鳃耙数：19～25。

4.1.3　可量性状

体长12.5 cm～45.5 cm，体重50 g～3 500 g的个体，实测可量性状比例值见表1。

表1　州河鲤实测可量性状比例值

项　目	比　值
全长/体长	1.18±0.17
体长/体高	3.59±0.36
体长/体厚	5.91±0.51
体长/头长	4.06±0.48
体长/尾柄长	5.27±0.67
头长/吻长	2.49±0.35
头长/眼径	6.55±0.57
头长/眼间距	2.51±0.29
尾柄长/尾柄高	1.24±0.26

4.2　内部构造特征

4.2.1　鳔

鳔二室，前室较后室大，后室锥形，末端稍尖。

4.2.2　下咽齿

下咽齿3行，臼状，齿式1·1·3/3·1·1。

4.2.3　脊椎骨数

脊椎骨数为32～38。

4.2.4　肠

成鱼肠长与体长之比为(1.9～2.2)：1。

5　生长与繁殖

5.1　年龄

年龄主要依据鳞片上的年轮数。

5.2　生长

不同年龄组鱼的实测体长和体重的平均值见表2(州河鲤的生长方程和体长与体重关系式见附录A)。

表 2　不同年龄组鱼的实测体长和体重的平均值

项　目		年龄(龄)				
		1+	2+	3+	4+	5+
♂	体长(cm)	15.7±6.4	23.5±5.7	33.7±7.5	38.6±4.5	43.5±5.3
	体重(g)	246.5±109.6	435.4±152.6	889.5±356.5	1 660.5±321.3	2 387.3±490.3
♀	体长(cm)	18.1±7.5	28.8±9.6	35.2±4.5	41.2±5.8	45.1±4.9
	体重(g)	265.7±125.3	585.4±148.9	1 085±450.8	1 895.4±405.9	2 670.5±521.7

5.3　繁殖

5.3.1　性成熟年龄

雌鱼为 3+龄，雄鱼为 2+龄。性成熟个体性腺 1 年成熟 1 次，卵分批产出，为黏性卵。

5.3.2　繁殖水温

繁殖水温 17 ℃～28 ℃，最适水温 18 ℃～24 ℃。

5.3.3　怀卵量

不同年龄组个体怀卵量见表 3。

表 3　不同年龄组个体的怀卵量

项　目	年龄(龄)		
	3+	4+	5+
体重(g)	1 105.6±268.4	1 992.2±377.8	2 720.9±469.5
绝对怀卵量(粒)	$(0.91\pm0.31)\times10^5$	$(1.93\pm0.82)\times10^5$	$(2.37\pm0.94)\times10^5$
每克体重相对怀卵量(粒)	82.3±25.6	96.9±31.2	87.1±28.3

6　遗传学特性

6.1　细胞遗传学特性

体细胞染色体为 2 倍数，$2n=100$。组型公式：20 m+48 sm+24 st+8 t；染色体臂数：NF=168。染色体组型见图 2。

图 2　州河鲤的染色体组型图

6.2　生化遗传学特性

州河鲤肌肉中酯酶(EST)同工酶电泳酶谱见图 3，其扫描图见图 4，各酶带的相对迁移率和活性强度见表 4。

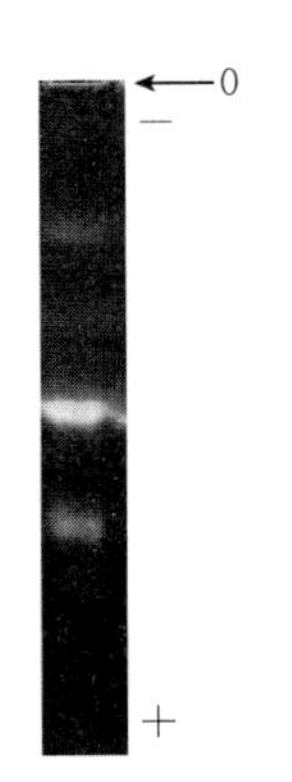

图 3 州河鲤肌肉 EST 同工酶电泳酶谱图

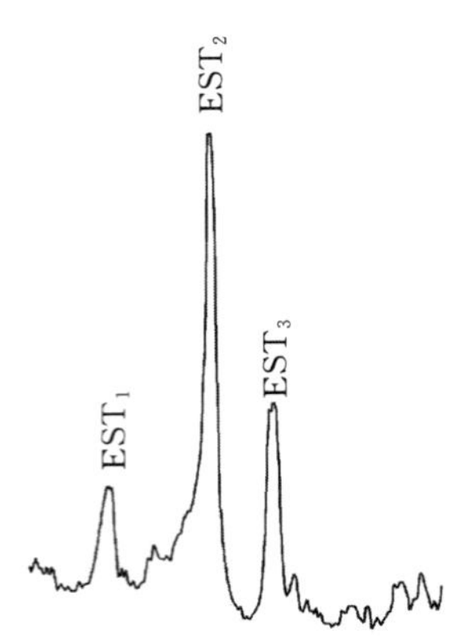

图 4 州河鲤肌肉 EST 同工酶酶带扫描图

表 4 州河鲤肌肉中酯酶(EST)同工酶酶带相对迁移率和活性强度

酶 带	EST_1	EST_2	EST_3
相对迁移率	0.61	0.45	0.18
相对活性(%)	19.25	55.94	20.89

7 营养成分

肌肉中主要营养成分及蛋白质中主要氨基酸、脂肪中主要脂肪酸含量见附录 B。

8 检测方法

8.1 检测及抽样

按照 GB/T 18654.1 的要求，按 GB/T 18654.2 的规定执行。

8.2 性状测定

按 GB/T 18654.3 的规定执行。

8.3 年龄的鉴定

按 GB/T 18654.4 规定执行。

8.4 繁殖力的测定

按 GB/T 18654.6 规定执行。

8.5 染色体组型分析

按 GB/T 18654.12 的规定执行。

8.6 同工酶的检测

按 GB/T 18654.13 的规定执行。

8.7 结果判定

按 GB/T 18654.1 的规定执行。

附 录 A
(资料性附录)
生长方程和体长与体重关系式

A.1 体长和体重的生长方程

体长和体重的生长方程见式(A.1)、式(A.2):

$$Lt=89.7[1-e^{-0.1879\times(t+0.4468)}] \quad (A.1)$$

$$Wt=19432.9[1-e^{-0.1698\times(t+0.4457)}]^{2.8945} \quad (A.2)$$

式中,Lt——t 龄时鱼体体长(cm);
Wt——t 龄时整鱼体重(g);
e——自然对数的底;
t——鱼的年龄(龄)。

A.2 体长与体重生长关系式

体长与体重关系式见式(A.3):

$$W=0.0847\times L^{2.6978} \quad (A.3)$$

式中,W——鱼体体重(g);
L——鱼体体长(cm)。

附　录　B
（资料性附录）
肌肉营养成分

B.1　主要营养成分含量

每 100 g 秋季成鱼肌肉中的主要营养成分含量

单位：g

成分	蛋白质	脂肪	水分	灰分	饱和脂肪酸	不饱和脂肪酸
含量	≥20.1	≥6.62	≤65.5	≤1.20	≥1.45	≥5.08

B.2　主要氨基酸含量

每 100 g 成鱼蛋白质中的主要氨基酸含量

单位：g

氨基酸名称	含量	氨基酸名称	含量
天冬氨酸	2.00	异亮氨酸	0.94
苏氨酸	0.91	亮氨酸	1.76
丝氨酸	0.81	酪氨酸	0.72
谷氨酸	3.27	苯丙氨酸	0.94
甘氨酸	0.97	赖氨酸	1.85
丙氨酸	1.38	组氨酸	0.81
胱氨酸	0.17	精氨酸	1.39
缬氨酸	1.05	脯氨酸	0.72
蛋氨酸	0.73	色氨酸	0.51

B.3　主要脂肪酸含量

每 100 g 成鱼脂肪中的主要脂肪酸含量

单位：g

脂肪酸名称	含量	脂肪酸名称	含量
棡酸 C16：0	11.2	亚油酸 C18：2	8.19
棕榈油酸 C16：1	13.2	亚麻酸 C18：3	6.12
硬脂酸 C18：0	2.6	花生五烯酸 C20：5	1.50
油酸 C18：1	13.5	二十二碳六烯酸 C22：6	8.26

本标准依据 GB/T 1.1—2009《标准化工作导则　第 1 部分：标准的结构和编写》的要求编制。

本标准起草单位：天津市蓟县水产业发展服务中心、天津市水产研究所、天津师范大学、中国水产科学研究院淡水渔业研究中心、天津蓟县质量技术监督局。

本标准主要起草人：赵仕海、傅志茹、董仕、王建新、赵晓光、白晓慧、杨建利、马学文、刘欣平、张亚东

凡纳滨对虾亲虾培育技术规范

Technical specifications for parent prawn culture of Whiteleg shrimp

1 范围

本标准规定了凡纳滨对虾亲虾培育的苗种来源、质量要求、培育方法和运输要求。本标准适用于天津地区凡纳滨对虾亲虾的人工培育。

2 规范性引用文件

下列文件对于本文件的应用是必不可少的。凡是注日期的引用文件，仅注日期的版本适用于本文件。凡是不注日期的引用文件，其最新版本(包括所有的修改单)适用于本文件。

NY 5052—2001 无公害食品 海水养殖用水水质

NY 5071 无公害食品 渔用药物使用准则

NY 5072 无公害食品 渔用配合饲料安全限量

NY/T 5361—2016 无公害农产品 淡水养殖产地环境条件

NY/T 5362—2010 无公害农产品 海水养殖产地环境条件

SC/T 2068—2015 凡纳滨对虾、亲虾和苗种

3 亲虾培育条件

3.1 场址选择

应按照 NY/T 5362—2010 中 3.1 执行。

3.2 水源水质

应符合 NY 5052—2001 的要求。

3.3 培育用水

应符合 NY/T 5361—2016 中 3.3 和 NY/T 5362—2010 中 3.3 的要求，且水温 20 ℃～30 ℃，盐度 20～35，pH7.8～8.5，氨氮≤0.5 mg/L，亚硝酸盐氮≤0.1 mg/L，溶氧≥5 mg/L。

3.4 鲜活饵料

卤虫、沙蚕、鱿鱼、贝类等鲜活饵料经对虾白斑综合征病毒(WSSV)、传染性皮下及造血组织坏死病毒(IHHNV)、肠微孢子虫(EHP)、偷死野田村病毒(CMNV)、致 AHPND 副溶血弧菌(VPAHPND)检测应为阴性，且 NY 5071 中 6 规定的禁用渔药不得检出。

3.5 主要设施

3.5.1 室内培育室

3.5.1.1 基本要求。能调光、保温、防雨和通风。

3.5.1.2 培育池。可为长方形、正方形、圆形，四角建成弧形。面积 15 m^2～50 m^2，深度0.8 m～1.0 m，池底和池壁喷涂水产专用无毒涂料。

天津市市场和质量监督管理委员会 2017 - 10 - 27 发布　　2017 - 12 - 01 实施

3.5.1.3 供水系统。海水供水系统由扬水站、进水渠、沉淀池、砂滤池、进水管道、室内储水池、排水渠等组成。淡水由淡水机井提供。

3.5.1.4 供电系统。配备 220 V 的照明用电和 380 V 的动力用电，同时配置 2 组与场内用电总功率相匹配的柴油发电机组。

3.5.1.5 增氧系统。配置 2 台供气量与之相匹配的罗茨鼓风机，一台运行使用，一台应急备用。另匹配相应数量的送气管、散气石或微孔增氧设备。

3.5.1.6 控温设施。配置 2 台套热水锅炉。

3.5.2 室外培育池

面积大于 6 000 m^2，有独立的进排水系统。每 1 300 m^2 配备 3 kW 的叶轮式增氧机一台。

4 虾苗来源与选择

4.1 来源

省级以上凡纳滨对虾良种场繁育的仔虾或虾苗。

4.2 质量要求

体长规格 0.7 cm～1.0 cm，发育整齐，腹节肌肉饱满透明，胃肠充满食物，肠道直，体表光洁，健壮、活力强，舀起后迅速伏底，搅动后有明显顶流现象。经 PCR 方法检测对虾白斑综合征病毒（WSSV）、传染性皮下及造血组织坏死病毒（IHHNV）、肠微孢子虫（EHP）、偷死野田村病毒（CMNV）、致 AHPND 副溶血弧菌（VPAHPND）为阴性，且 NY 5071 中 6 规定的禁用渔药不得检出。

5 亲虾培育

5.1 室内培育

5.1.1 培育密度

根据对虾个体大小随时调整。体长＜3 cm，密度 250 尾/m^2；体长 3 cm～5 cm，密度 180 尾/m^2；体长 5 cm～12 cm，密度 80 尾/m^2；体长 12 cm 以上，密度 25 尾/m^2。

5.1.2 饲料种类和投喂次数

对虾体长 10 cm 之前，投喂 4 次/d，其中 1 次～2 次为鲜活饵料，2 次以上为人工配合饲料，日投喂量为 1.5 h 内无残饵为准。

体长 10 cm 以上，增加投喂新鲜鱿鱼丝，增加量以干重计占饵料总量的 30%。

体长 12 cm 以上，进行促熟培育。

5.1.3 换水

对虾体长 3 cm 以内，换水量为每天 50%；体长 3 cm～5 cm，换水量为每天 60%；体长 5 cm～12 cm，换水量为每天 75%以上。

5.2 室外培育

5.2.1 培育池消毒、进水施肥

采用漂白粉（有效氯含量 25%，与水配比浓度 20 mg/L～30 mg/L）干法消毒对培育池进行消毒，用量 150 kg/hm^2～250 kg/hm^2。3 d 后加水至 1.0 m～1.2 m，并根据水质状况施肥。

5.2.2 虾苗放养

同一培育池，应一次性放足虾苗。放养密度 1.5×10^5 尾/hm^2～3.0×10^5 尾/hm^2。放苗水温应稳定在 18 ℃以上，育苗池与养殖池水的盐度差小于 5。

5.2.3 饲料和投饵

放苗时如池塘内自然生物饵料数量充足，可暂缓投饵；反之，则应在放苗的翌日投喂饵料，投喂人工配合饲料的质量应符合 NY 5072 的要求。投喂时沿虾池四周均匀投喂，日投喂次数：养殖前期 2 次/d～3 次/d，其中 1 次为鲜活饵料，全池均匀投撒；养殖的中、后期 4 次/d～5 次/d，其中 2 次为鲜活饵料。

放养 15 d 后在池塘四边设置饲料观察网，用以观察虾苗摄食情况。体长 6 cm 以下，控制在 2 h 无残饵；体长 6 cm～10 cm，控制在 1.5 h 无残饵；体长 10 cm 以上，控制在 1 h 无残饵。并根据检查结果和水温、水质、天气变化情况及时调整投饵量。

对虾体长 10 cm 以上，除投喂人工配合饲料外，应添加新鲜鱿鱼丝，添加量以干重计占日投喂量的 50%。

5.2.4 日常管理

每天早、晚巡池，观察水色、对虾活动和摄食情况，每周定期进行虾病检查和水质监测。每 15 d 在虾池内各处取样 50 尾～100 尾，测定对虾的体长和体重。

5.2.5 越冬培育

室外养殖水体温度降到 22 ℃以下时，将符合 SC/T 2068—2015 中 3.2 的亲虾转移至室内进行越冬培育，培育方法符合本标准 5.1 的要求。

6 病害防治

遵循以防为主的原则，严格执行隔离防疫制度。实行分区专池隔离培育前，应对培育池和各类器具进行彻底消毒、分类专用；使用药物应符合 NY 5071 的要求，用微生物活菌控制病原菌。卤虫、沙蚕、鱿鱼、贝类等鲜活饵料投喂前须用二氧化氯（含量 2%）稀释 20 倍～40 倍后，浸泡 10 min～20 min。

7 亲虾质量要求和筛选

7.1 质量要求

按 SC/T 2068—2015 中 3.2 执行。且检测对虾白斑综合征病毒（WSSV）、传染性皮下及造血组织坏死病毒（IHHNV）、肠微孢子虫（EHP）、偷死野田村病毒（CMNV）、致 AHPND 副溶血弧菌（VPAHPND）为阴性。

7.2 亲本筛选

7.2.1 室外培育池塘筛选

养殖第 45 d～50 d，选留体长 8 cm 以上、体重 7 g 以上的对虾，选留率 50%以下；

养殖第 85 d～90 d，选留体长 11 cm 以上、体重 19 g 以上的对虾，选留率 40%以下。并将选留的对虾移入室内培育池。

7.2.2 室内培育池筛选

养殖第 150 d～180 d，选留体长 12 cm 以上、体重 30 g 以上对虾，雌、雄比例 1∶2。

8 亲虾的运输

8.1 运输要求

运输用水水质应符合本规范 4.3 的要求，运输前暂养不超过 45 min，随捕随运。

8.2 短途运输

运输时间 8 h 以内。采用帆布桶运输方式，运输密度为 300 尾/m^3～400 尾/m^3，运输途中保持溶解氧在 5 mg/L 以上。防晒、防雨淋，宜选择夜间运输。

8.3 长途运输

运输时间 8 h～20 h。采用厚质塑料袋（规格 40 cm×40 cm×18 cm）充氧运输方式，塑料袋中加入 10 L 水温 18 ℃ 的洁净海水，顺次放入亲虾 10 尾～12 尾，充氧密封后即刻放入航空泡沫箱中再次密封，运输途中温差控制在 2 ℃以内，运输时间以凌晨为宜。

本标准按照 GB/T 1.1—2009《标准化工作导则　第 1 部分：标准的结构和编写》给出的规则起草。

本标准由天津市水产局提出并归口。
本标准起草单位:天津立达海水资源开发有限公司。
本标准主要起草人:焦德健、张修成、朱会杰、李侃、朱磊、王军。
本标准2017年10月首次发布。

凡纳滨对虾苗种淡化技术规范

Technical specifications for seed breeding desalination of Whiteleg shrimp

1 范围

本标准规定了凡纳滨对虾苗种培育和淡化的相关技术。

本标准适用于天津地区凡纳滨对虾苗种的培育和淡化。

2 规范性引用文件

下列文件对于本文件的应用是必不可少的。凡是注日期的引用文件，仅注日期的版本适用于本文件。凡是不注日期的引用文件，其最新版本（包括所有的修改单）适用于本文件。

NY 5052—2001 无公害食品 海水养殖用水水质

NY 5071 无公害食品 渔用药物使用准则

NY 5072 无公害食品 渔用配合饲料安全限量

NY/T 5361—2016 无公害农产品 淡水养殖产地环境条件

NY/T 5362—2010 无公害农产品 海水养殖产地环境条件

3 环境条件

3.1 场址选择

应按 NY/T 5362—2010 中 3.1 执行。

3.2 水质条件

3.2.1 水源水质应符合 NY 5052—2001 的要求。

3.2.2 海水养殖用水应按 NY/T 5362—2010 中 3.3 执行。

3.2.3 淡水养殖用水应按 NY/T 5361—2016 中 3.3 执行。

4 育苗设施

4.1 供水系统

自然海水供水系统由沙滤井、进水管道、储水管道和蓄水沉淀池等组成。

4.2 培育池

可为长方形、正方形、圆形，四角建成弧形，池深 1.0 m～1.5 m，容积 8 m^3～50 m^3，池底和池壁喷涂水产专用无毒涂料。池底向一边倾斜或锅形池底，池底最低处设有排水孔，池外设有集苗槽，采用热水加温管加温。

4.3 供电系统

配备 220 V 的照明用电和 380 V 的动力用电，同时配置 2 组与场内用电总功率相匹配的柴油发电机组。

天津市市场和质量监督管理委员会 2017 - 10 - 27 发布 2017 - 12 - 01 实施

4.4 增氧系统

配置 2 台供气量与之相匹配的罗茨鼓风机，一台运行使用，一台应急备用。

4.5 控温设施

配置 2 台套热水锅炉。

5 苗种

5.1 来源

自繁或省级以上凡纳滨对虾良种场生产的 P4～P5 仔虾。

5.2 选择标准

活力强、无损伤、无残缺、无畸形。经检测对虾白斑综合征病毒(WSSV)、传染性皮下及造血组织坏死病毒(IHHNV)、肠微孢子虫(EHP)、偷死野田村病毒(CMNV)、致 AHPND 副溶血弧菌(VPAHPND)为阴性，且 NY 5071 中 6 规定的禁用渔药不得检出。

5.3 苗池准备

水位加到池深的 3/4，温度与苗袋中水温相差不超过 0.5 ℃，盐度相差小于 3。

5.4 放苗密度

7 万尾/m^3～10 万尾/m^3。

6 培育水质条件

6.1 水温

水温应为 26 ℃～30 ℃。

6.2 盐度

盐度应为 20～32。

6.3 pH

pH 应为 7.8～8.2。

6.4 溶解氧

溶解氧≥5 mg/L。

7 饵料与投喂

7.1 饵料种类

天然鲜活饵料和人工配合饲料。人工配合饲料的质量应符合 NY 5072 的要求。

7.2 投喂方法

每 3 h 投喂一次，天然饵料和人工配合饲料交替投喂。

7.3 投喂量

按表 1 执行。

表 1　不同日龄仔虾每次饵料投喂量及饵料袋使用目数

日龄	虾片(g)	目数(目)	轮虫(kg)	大卤虫(kg)
1 日龄	30	80	1.00	—
2 日龄	30	80	1.00	—
3 日龄	35	60	1.25	—
4 日龄	40	60	1.25	—
5 日龄	50	60	1.50	—
6 日龄	60	40	1.75	—
7 日龄	75	40	2.00	—
8 日龄	90	—	2.50	1.25
9 日龄	105	—	—	1.50
10 日龄	120	—	—	1.75
11 日龄	140	—	—	2.00

注:以每百万尾仔虾计。

8　虾苗淡化

8.1　方法

8.1.1　放苗时育苗池中的水加至池深的 3/4,第二天上午补水 1/8,第三天上午补满水,第四天开始换水 20%,此后换水量慢慢增加,第八天换水量至 45%。从第九天开始每天换两次水,换水时间分别为上午和前半夜,换水量为每次 30%～50%。若在育苗过程中遇到水体透明度一直很高,应减少换水量,适当加大投喂量。

8.1.2　仔虾入池稳定后开始降低盐度,每次换水降低育苗池盐度 1～3。

8.2　注意事项

8.2.1　换水时在池中加入 40 目网箱,从网箱中抽水,防止苗种外逃。

8.2.2　网箱每次使用前要用高锰酸钾彻底消毒、冲洗。

8.2.3　换水完毕后,将网箱上粘贴的苗种冲洗掉后再拿出。

8.2.4　当育苗池盐度降到 4 时,继续降低的速率为每次换水降低育苗池盐度 0.5～1。

9　出池

将水位降低至 40 cm 开始排苗,排苗水流应轻缓。集苗箱用 40 目筛绢网制作,虾苗排到集苗箱内,用 60 目筛绢网将苗捞出轻轻放入带有水的盆中称重打包。

本标准按照 GB/T 1.1—2009《标准化工作导则　第 1 部分:标准的结构和编写》给出的规则起草。
本标准由天津市水产局提出并归口。
本标准起草单位:天津立达海水资源开发有限公司。
本标准主要起草人:焦德健、张修成、朱会杰、李侃、朱磊、王军。
本标准 2017 年 10 月首次发布。

水产养殖物联网传感器静态性能校准要求

Requirements for static performance calibration of transducer in aquaculture IOT

1 范围

本标准规定了水产养殖物联网传感器静态性能校准的术语定义、静态校准要求。

本标准适用于水产养殖物联网应用系统传感器使用过程中主要静态性能指标的校准。

2 规范性引用文件

下列文件对于本文件的应用是必不可少的。凡是注日期的引用文件，仅注日期的版本适用于本文件。凡是不注日期的引用文件，其最新版本(包括所有的修改单)适用于本文件。

GB/T 18459—2001 传感器主要静态性能指标计算方法

JJF 1059.1—2012 测量不确定度评定与表示

3 术语和定义

下列术语和定义适用于本标准。

3.1 静态特性 static characteristics

被测量参数处于不变或缓变情况下，输出与输入之间的关系。

3.2 静态校准 static calibration

在规定的静态测试条件下，获取水产养殖物联网传感器静态特性的过程。

3.3 测量范围 measuring range

在保证性能指标的前提下，水产养殖物联网传感器测量上限和测量下限所表示的区间。

3.4 满量程输入 full scale input

水产养殖物联网传感器测量上限与测量下限的代数差。

3.5 满量程输出 full scale output

由水产养殖物联网传感器工作特性所决定的最大输出和最小输出的代数差。

3.6 灵敏度 sensitivity

水产养殖物联网传感器输出变化量与相应的输入变化量之比。

4 静态校准要求

4.1 一般要求

4.1.1 校准时应提供被测参数的标准源、激励电源及校准所需的检测仪表等。

4.1.2 稳定的室温环境下，传感器静态校准应在整个输入量程内进行，校准点通常应包括零点和满量程点，校准点应取均布应≥5 点，校准循环应≥3 次。

天津市市场和质量监督管理委员会 2018-04-12 发布　　2018-06-01 实施

4.2 单项静态性能指标校准

在水产养殖物联网传感器静态工作情况下，静态性能指标的获取过程为传感器的单项静态性能指标校准。

单项静态性能指标应包括：

——测量范围；

——满量程输入；

——满量程输出；

——灵敏度。

各单项静态性能指标的计算应符合 GB/T 18459—2001 的要求。

4.3 传感器合成不确定度

通过将水产养殖物联网传感器各单项静态性能指标组合后构成综合性能指标(传感器合成不确定度)。

传感器不确定度用于评定水产养殖物联网被测参数的真值范围，不确定度由若干统计方法和非统计方法求出的不确定度分量组成，不确定度的计算方法应按照 JJF 1059.1—2012 的要求。

4.4 传感器不确定度的合成

对于一台水产养殖物联网传感器，在其任一校准点处，传感器的总偶然误差为统计方法求出的不确定度唯一分量；而传感器的总系统误差为非统计方法求出的不确定度唯一分量。

在传感器中，系统误差和偶然误差由同一组实测数据算出，从而总系统误差和总偶然误差相关，且相关系数为 1，传感器在任一校准点处的合成不确定度为总系统误差与总偶然误差之和。

本标准依据 GB/T 1.1—2009《标准化工作导则　第 1 部分：标准的结构和编写》给出的规则起草。

本标准由天津市农村工作委员会提出并归口。

本标准起草单位：天津农学院、天津立达海水资源开发有限公司、天津市天祥水产有限责任公司、天津市海发珍品实业发展有限公司、天津市凯润淡水养殖有限公司、天津市益利来养殖有限公司。

本标准主要起草人：华旭峰、王文清、田云臣、马国强、单慧勇、苗建生、杨永海、张修成、孙少起、王满江。

水产养殖物联网数字视频监控系统技术规范

Technical specification for digital video surveillance system of aquaculture IOT

1 范围

本标准规定了天津市水产养殖物联网数字视频监控系统的系统构成、视频采集、传输与网络、存储及设备和功能要求的技术规范。

本标准适用于水产养殖物联网数字视频监控系统的规划和建设。

2 规范性引用文件

下列文件对于本文件的应用是必不可少的。凡是注日期的引用文件，仅注日期的版本适用于本文件。凡是不注日期的引用文件，其最新版本(包括所有的修改单)适用于本文件。

GB/T 21050 信息安全技术网络交换机安全技术要求(评估保证级 3)

GB 50198 民用闭路监视电视系统工程技术规范

GB 50311 综合布线系统工程设计规范

GB 50348 安全防范工程技术规范

GA/T 669.5 信息传输交换控制技术要求

GA/T 669.8—2009 城市监控报警联网系统 技术标准 第 8 部分:传输网络技术要求

YD/T 1171 IP 网络技术要求 网络性能参数与指标

3 系统构成

3.1 系统构成

水产养殖物联网数字视频监控系统主要由前端设备、传输设备、输入设备、控制主机、输出设备、存储设备、显示设备、联网设备等，以及相应的必备配套软件所构成。

3.2 系统结构图

见图 1。

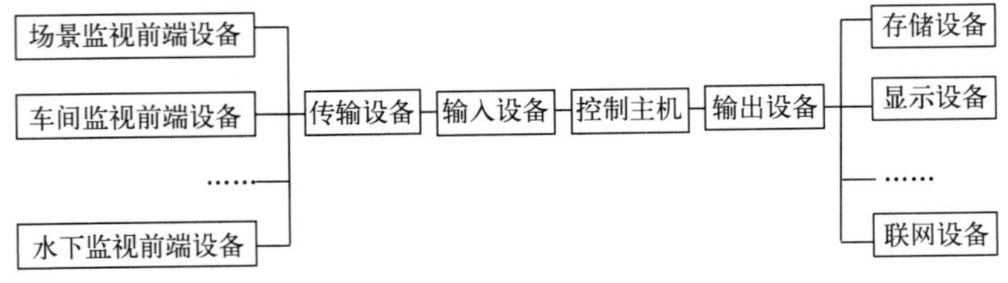

图 1 水产养殖物联网数字视频监控系统结构示意图

4 前端视频图像采集与编码设备

4.1 选型基本原则

前端视频图像采集与编码设备应结合水产养殖物联网基地的环境特点进行选型。对养殖场的重点

天津市市场和质量监督管理委员会 2018－04－12 发布 2018－06－01 实施

区域，安装民用监控级别的数字摄像机。

4.2　**技术要求**

4.2.1　布线与供电要求

4.2.1.1　传输与布线设计应符合 GB 50198 和 GB 50348 的相关规定；

4.2.1.2　数字视频监控系统传输与布线设计应符合 GB 50311 的相关规定；

4.2.1.3　网络交换设备设计应符合 GB/T 21050 的相关规定；

4.2.1.4　传输基本要求应符合 GA/T 669.5 的相关规定；

4.2.1.5　系统供电设计应符合 GB 50348 相关要求；

4.2.1.6　前端设备供电应合理配置，采用集中供电方式。关键设备，应配备不间断电源。

4.2.2　视频图像质量要求

4.2.2.1　图像灰度等级、分辨率和清晰度见表 1。

表 1　像灰度等级、分辨率和清晰度指标

项　目	A 级	B 级
灰度等级	≥10 级(实时图像)	≥9 级(回放图像)
分辨率	≥1 920×1 080(1 080 P)	≥1 280×720(720 P)
静态图像清晰度	水平清晰度≥800 TVL	水平清晰度≥650 TVL
视频清晰度	≥25 FPS	≥15 FPS

4.2.2.2　图像切换延时及数字视频编/解码指标见表 2。

表 2　图像切换延时及数字视频编/解码指标

项　目	要　求
图像切换(出现滞频图像)延时	≤200 ms
数字视频编/解码延时	≤400 ms
自控制动作发生到新图像出现延时	≤500 ms

4.2.3　视频图像采集设备要求

4.2.3.1　视频图像采集设备组成。数字视频监控系统的视频设备包括前端视频摄像头(含视频编码压缩芯片)。

4.2.3.2　视频图像采集设备总体性能。见表 3。

表 3　视频图像采集设备总体性能

项　目	要　求
视频压缩编码	MPEG4
防水等级	≥IP67
自控制动作发生到新图像出现延时	≤500 ms

4.2.3.3　数字视频监控系统摄像机视音频编码设备性能要求。设备应能够连续运行，设备平均无故障运行时间(MTBF)≥10 000 h，视频服务器响应时间小于 100 ms，性能指标见表 4。

表 4　数字视频监控系统摄像机视音频编码设备性能指标

项　目	要　求
图像延时	≤250 ms
设备	嵌入式设备，且应有实时单机操作功能
编码、传输	支持多码率，并应有双码流(含)以上输出功能

5　传输与网络

5.1　要求

5.1.1　根据不同视频图像数据传输量的需求，自主选择传输方式。

5.1.2　传输网络从结构上可分为接入网络、监控中心互联网络。采用数字方式进行传输，所有网络设备统一编址。IP 地址分配采用 IPv4 规则，统一规划。预留使用 IPv6 功能。

5.2　传输性能

5.2.1　传输与网络设计应符合 GA/T 669.8—2009 中的基本相关规定。

5.2.2　所有传输节点使用带宽应不超过设计传输带宽的 45%～50%。终端节点接入传输网路的带宽不低于 100 Mb/s。传输网络的传输抖动和丢包率应满足 YD/T 1171 中的相关规定。时延抖动上限值为 50 ms。丢包率上限值为 1×10^{-4}。

5.2.3　各设备 MTBF 不应小于其 MTBF 分配指标，传输网络设备的 MTBF 最低不应小于 20 000 h。应具有视频丢失检测报警和系统自诊断功能。

5.3　接入性要求

水产养殖物联网基地可把监控摄像头视频图像发布到市级物联网视频平台。各水产养殖物联网基地与市级物联网平台的视频图像传输、控制信号传输采用 TCP/IP 网络传输方式，可利用自建或者租用传输专网，组成从基地到市级物联网平台监控中心的 TCP/IP 视频传输网络。视频图像数据、控制信号传输采用共网传输。

6　数据存储及设备

6.1　重要设备或设备中的重要部件要有冗余备份。控制设备中用于数据库、视频分发、安全认证等重要信息的服务器宜采用双机备份方式。

6.2　数字视频监控系统的记录设备可选择大容量磁盘或磁盘阵列等设备。记录设备应符合下列规定：

a) 应支持按图像的来源、记录时间、事件类别等多种方式对存储的图像数据进行检索，支持多用户同时访问同一数据资源；

b) 在实时存储的同时应满足备份存储，并宜选择支持自动异地备份、数据迁移和远程镜像；

c) 应有不可修改的系统特征信息(如：系统"时间戳"、跟踪文件或其他硬件措施)，以保证系统记录资料的完整性；

d) 应支持时间同步；

e) 应具有日志功能。

6.3　大型和中型系统应具有断电存储功能，对所有编程设置、摄像机号、时间、地址等参数设置信息均可保持而不丢失。

7　日志和自动备份功能要求

7.1　系统的日志应包括运行日志和操作日志。运行日志应能记录系统内设备启动、自检、异常、故障、恢复、关闭等状态信息及发生时间；操作日志应能记录操作人员进入、退出系统的时间和主要操作情况；

应具有支持日志信息查询和报表制作等功能。

7.2　应具有对存储系统配置参数、系统管理日志、用户管理数据等重要信息的自动备份功能，备份存储位置可选择本地镜像硬盘或远程异地镜像主机。

本标准依据 GB/T 1.1—2009《标准化工作导则　第 1 部分：标准的结构和编写》给出的规则起草。

本标准由天津市农村工作委员会提出并归口。

本标准起草单位：天津农学院、天津立达海水资源开发有限公司、天津市天祥水产有限责任公司、天津市海发珍品实业发展有限公司、天津市凯润淡水养殖有限公司、天津市益利来养殖有限公司。

本标准主要起草人：马国强、李晓岚、田云臣、华旭峰、单慧勇、苗建生、杨永海、张修成、孙少起、王满江。

水产养殖物联网溶解氧传感器维护保养技术要求

Technical requirements for maintenance of dissolved oxygen transducer in aquaculture IOT

1 范围

本标准规定了水产养殖物联网溶解氧传感器维护保养的传感器的存放、电极的极化、电极的标定、电极的维护、电极的性能检查、电解液及膜体的更换以及其他注意事项。

本标准适用于水产养殖物联网应用系统溶解氧传感器在使用过程中的维护和保养操作。

2 术语和定义

下列术语和定义适用于本标准。

2.1 斜率 slope

溶解氧电极在测量的线性范围内，当待测离子的活度变化一个数量级时，所引起的电极电位变化值(mV)。

2.2 斜率标定 slope calibration

在空气中标定溶解氧电极的斜率。

2.3 两点标定 two - point calibration

在零氧环境中标定溶解氧电极的零点，在空气中标定溶解氧电极的斜率。

3 传感器的存放

3.1 传感器应该充有电解液并套上保护套。

3.2 若需将传感器连续存放 6 个月以上时，应将膜体中的电解液倒掉，使阴、阳电极保持干燥。

4 电极的极化

首次使用或连续断电≥5 min 重新启用时，应与仪器连接好后再通电，以使电极里的化学体系达到平衡，使电极稳定。开始时，电极的电流较大，并按指数规律下降，在此期间的显示数据将逐渐降低，直到稳定，随后才能进行标定。

5 电极的标定

溶解氧电极出厂时，已经标定了电极的零点和斜率。在实际使用过程中变化很小，即使是更换了电解液或敏感膜体后，零点的漂移也很小，通常情况下校准电极时，可不标定零点，只标定斜率，即空气校准。

6 电极的维护

6.1 对于易发现的堵塞污染，可用滤纸小心吸干处理；对于不易发现的离子污染，可将电极取下，用

天津市市场和质量监督管理委员会 2018 - 04 - 12 发布　　2018 - 06 - 01 实施

3%～5%的稀盐酸浸泡后再使用，浸泡时间参照产品说明书。

6.2　当传感器出现机械损伤、响应慢、仪表读数漂移不稳定、标定时明显达不到零点和满值等现象时，应考虑更换敏感膜体。

7　电极的性能检查

可通过零氧测量的方式，定性地检测溶解氧电极的性能。先将电极取出，置于空气中，待显示数据稳定后，记下浓度值。如果浓度值与该环境下的氧浓度对应值不吻合需采用斜率标定。将电极置于无氧介质中，待显示数据稳定后，记下浓度值。如果浓度值与零点标定值不吻合时，应对电解液或膜体进行更换。

8　电解液、膜体的更换

8.1　电解液具有强碱性，应避免与皮肤、黏膜、眼睛接触。如不慎有上述情形发生，应迅速用大量的清水冲洗。建议戴上安全护具加以保护。

8.2　电极出厂时配有膜体和电解液，并已通过出厂检测，用户可以直接使用。如果用户未及时使用，须依据厂商规定更换电解液。

8.3　若有本标准6.2所述现象，应更换膜体。

8.4　更换电解液和膜体，应遵守以下要点：

——残留的电解液应去除干净；

——用清水清洗膜体、阴、阳电极和电极内体，并晾干或用滤纸吸干，两者均不能带有水滴；

——将新的原配电解液滴入膜体内腔。充满电极内体与膜体的对应空间。

9　其他注意事项

9.1　在通电之前，必须仔细阅读产品说明书；确保所有的连接正确、可靠。

9.2　每次更换电解液或膜体后，应重新极化和标定溶解氧电极。

9.3　仪器显示值与实际测定值相差很大或不能测定低含量的氧，可能因氧电极内的电解液干涸所致，需重新注入电解液。

9.4　在开机状态下，禁止拆装电极。

本标准依据GB/T 1.1—2009《标准化工作导则　第1部分：标准的结构和编写》给出的规则起草。

本标准由天津市农村工作委员会提出并归口。

本标准起草单位：天津农学院、天津立达海水资源开发有限公司、天津市天祥水产有限责任公司、天津市海发珍品实业发展有限公司、天津市凯润淡水养殖有限公司、天津市益利来养殖有限公司。

本标准主要起草人：田云臣、王文清、华旭峰、马国强、单慧勇、苗建生、杨永海、张修成、孙少起、王满江。

水产养殖溶解氧无线测控系统技术规范

Technical specification for wireless measurement and control system of dissolved oxygen in aquaculture

1 范围

本标准规定了水产养殖溶解氧无线测控系统的构成、各部分基本要求及技术参数。

本标准适用于水产养殖水体中溶解氧无线测控系统的部署与应用。

2 规范性引用文件

下列文件对于本文件的应用是必不可少的。凡是注日期的引用文件，仅注日期的版本适用于本文件。凡是不注日期的引用文件，其最新版本(包括所有的修改单)适用于本文件。

DB12/T 738—2017 淡水设施化养殖物联网系统设备选型要求

3 系统构成及技术参数

3.1 系统构成

水产养殖溶解氧无线测控系统由传感器和采集节点、溶解氧控制器、现场监控系统和增氧设备构成。

3.2 传感器和采集节点

3.2.1 基本要求

3.2.1.1 传感器主要包括传感器探头和变送器两个部分，变送器模块采用 IEEE1451 标准提出的智能网络接口模型，智能传感器信号输出采用 RS485，通讯线采用防水四芯电缆，长度可以根据采集点的位置和水深度进行配置，最长可达 500 m。

3.2.1.2 采集节点的选型要求应符合 DB12/T 738—2017。

3.2.2 技术参数

传感器的主要参数应符合表 1 的要求。

表 1 溶解氧智能传感器主要参数

项 目	指 标
通讯波特率	9 600 b/s
通讯距离	≤500 m
测量介质	水，空气
电源	3.3 VDC～9 VDC
功耗	≤50 mW
溶解氧测量精度	±0.4 mg/L
温度测量精度	±0.4 ℃

天津市市场和质量监督管理委员会 2018-04-12 发布 2018-06-01 实施

3.3 溶解氧控制器

3.3.1 基本要求

溶解氧控制器由测控终端和电控箱等构成。测控终端配置成无线数据采集节点及无线控制节点。无线控制节点将无线采集节点采集到的溶解氧智能传感器及设备信息通过无线网络发送到现场监控中心;无线控制节点还可接受现场监控中心发送的指令要求,现场控制电控箱。

3.3.2 技术参数

测控终端和电控箱的技术参数应符合表 2 和表 3 的要求。

表 2 测控终端主要性能指标

项 目	指 标
无线载波频率	2.4 G
无线通讯波特率	19 200 b/s
扩频方式	DSSS
单跳通讯距离	≤500 m
RF 发射功率	100 mW
路由中继数	≤10
调试接口	USB
输入信号	RS485、0~2.5 V
输入通道数	1~4
A/D 分辨率	12 位
输出控制信号	3.6 V 电压、3 V~12 V 脉冲
输出通道数	1~4
控制响应时间	≤5 s
存储容量	1 M
采样间隔	1 min~120 min
工作温度(气温)	−20 ℃~+42 ℃
供电方式	3.6 V 电池/5 VDC
电源电压	3.3 VDC~9 VDC
工作功耗	≤200 mW

表 3 电控箱主要性能指标

项 目	指 标
绝缘强度	>20 MΩ(冷态)
电气强度	50 Hz,500 V,1 min
可靠性(有效度)	500 h,>98%
输入信号	3 V~12 V 脉冲
输出电压	220/380 V
直流电源	5 V/2 A
手动控制	是
短路保护	是
过载保护	是
缺相保护	是
电涌保护	是
安全警示	是

3.4 现场监控系统

现场监控系统通过串口设备连接无线接入点，可实现溶解氧传感器、设备信息及增氧设备状态等信息的实时显示、历史查询。远程监控终端设备通过GPRS接入点可实现养殖现场的远程监控。

3.5 增氧设备

生产者可根据不同养殖对象对溶解氧的需求，选择合适的增氧设备。

4 系统量程及准确度

系统所用仪器设备的量程、准确度应满足表4规定。

表4 被测参数准确度要求

被测参数	测量范围	测量准确度要求
溶解氧	0～20 mg/L	1%
温度	0～100 ℃	1%
电压	0～1 000 V	0.5级
电流	0～20 A	0.5级
电阻	0～50 MΩ	0.5级
时间	0～24 h	0.5 s/d
长度	0～500 m	0.01 m

本标准依据以GB/T 1.1—2009《标准化工作导则　第1部分：标准的结构和编写》给出的规则起草。

本标准由天津市农村工作委员会提出并归口。

本标准起草单位：天津农学院、天津立达海水资源开发有限公司、天津市天祥水产有限责任公司、天津市海发珍品实业发展有限公司、天津市凯润淡水养殖有限公司、天津市益利来养殖有限公司。

本标准主要起草人：李晓岚、田云臣、马国强、华旭峰、单慧勇、苗建生、杨永海、张修成、孙少起、王满江。

水产养殖物联网水质参数集成在线采集装置技术要求

Technical requirements for integrated water quality parameters of online acquisition device of aquaculture IOT

1 范围

本标准规定了水产养殖物联网水质参数集成在线采集装置的术语和定义、技术功能要求、标识要求和操作说明要求。

本标准适用于水产养殖物联网水质参数集成在线采集装置(以下简称为集成在线采集装置)。

2 规范性引用文件

下列文件对于本文件的应用是必不可少的。凡是注日期的引用文件,仅所注日期的版本适用于本文件。凡是不注日期的引用文件,其最新版本(包括所有的修改单)适用于本文件。

DB12/T 584 海水工厂化养殖水质在线监测技术要求

DB12/T 585 淡水池塘养殖水质在线监测技术要求

3 术语和定义

3.1 水质参数集成 water quality parameter integration

指在一个装置上对溶解氧、pH、盐度、水温等水质监测传感器的输出信号进行采集处理。

3.2 在线采集装置 online acquisition device

指可对输入信号实现实时采样与处理的工作装置。

3.3 平均无故障连续运行时间 mean time between failure(MTBF)

指集成在线采集装置在检测期间的总运行时间(h)与发生故障次数(次)的比值,单位为:h/次。

4 技术功能要求

4.1 基本功能

集成在线采集装置应具有水质监测传感器信号集成采集、显示、数据存储、通讯、故障自诊断、参数设置等功能。

4.1.1 传感器信号集成采集

4.1.1.1 集成在线采集装置应提供不少于 4 路信号输入通道,可与符合 DB12/T 584、DB12/T 585 中所推荐的溶解氧、pH、盐度、水温等水质参数监测传感器实现多路信号的集成采集处理;

4.1.1.2 集成在线采集装置对多路输入信号进行采集时,每路信号最低采集频率应不低于 1 Hz;

4.1.1.3 采用模拟量信号输入通道时,信号的采样精度应与 DB12/T 584、DB12/T 585 中所要求的传感器测量精度匹配,不应降低传感器的测量精度;

4.1.1.4 集成在线采集装置应满足 24 h 实时不间断工作要求。

天津市市场和质量监督管理委员会 2018-06-07 发布　　2018-07-08 实施

4.1.2　显示功能

集成在线采集装置宜采用具有背光功能的液晶显示屏，并采用菜单式中文显示界面，应能查询显示下列内容。

a)　输入通道的实时采集数据；

b)　实时时间，显示年、月、日、时、分、秒。

4.1.3　数据存储

4.1.3.1　集成在线采集装置应具有存储采集数据的功能，并配置存储数据导出接口，可将存储数据转换为文本格式数据导出到上位机；

4.1.3.2　断电重新通电后，集成在线采集装置应能恢复断电前的工作状态，所设定的参数与已存储数据应不改变。

4.1.4　数据通讯

集成在线采集装置应具备数据交互通讯接口，支持 RS232—C、RS485 接口规范，通过 MODBUS 通讯协议与上位机实时通讯，实现采集数据实时传输、时间校准、参数设置以及故障信息的传输。

4.1.5　参数设置

4.1.5.1　集成在线采集装置应具有设定、校对和显示时间的功能，包括年、月、日、时、分；

4.1.5.2　集成在线采集装置应具有信号采集频率、存储频率、通讯地址、通讯波特率选择等相应参数的设置功能。

4.1.6　故障自诊断

集成在线采集装置应具有故障信息自诊断功能，可对传感器通道连接情况以及数据存储状态等进行自诊断，并能够通过显示界面和数据通讯接口输出故障信息。

4.2　可靠性

集成在线采集装置在水产养殖环境中应能够长期可靠运行，正常使用条件下其部件应不易产生机械、电路故障，便于维护、检查作业，其设备平均无故障连续运行时间应≥10 000 h/次。

4.3　工作环境与防护

a)　工作温度：－25 ℃～＋50 ℃；

b)　相对湿度：5%～95%（无凝结）；

c)　防护等级：IP65。

5　标识要求

在集成在线采集装置上，应在醒目处清晰地标识以下有关事项，并符合国家的有关规定。

a)　名称及型号；

b)　使用环境条件；

c)　电源类别及容量；

d)　制造商名称；

e)　生产日期和出厂编号；

f)　安全警示标志。

6　操作说明要求

集成在线采集装置应有使用说明书，说明书中应有安装、使用方法、维护保养以及其他使用中应注意的事项。

本标准依据 GB/T 1.1—2009《标准化工作导则　第1部分：标准的结构和编写》给出的规则起草。

本标准由天津市农村工作委员会提出并归口。

本标准起草单位：天津农学院、天津立达海水资源开发有限公司、天津市天祥水产有限责任公司、天津市海发珍品实业发展有限公司。

本标准主要起草人：单慧勇、马国强、田云臣、华旭峰、李晓岚、于镓、齐月。

检 测 技 术 篇

蔬菜水果中205种农药多残留测定方法　GC/MS法

Determination of 205 pestisides multiresidues in vegetables and fruits—GC/MS method

1　范围

本标准规定了蔬菜、水果中205种农药的残留量测定方法、结果表述和计算、方法的最低检出浓度、准确度和精确度。

本标准适用于蔬菜、水果中附录A规定的205种农药残留测定。

本标准可测定的农药品种见附录A。

2　测定方法

2.1　方法原理

样品用乙腈和水提取，经液液分配，过C18柱(填料为十八碳硅烷化物的固相萃取净化柱)，液液分配，过PSA柱(填料为N-丙基乙二胺的固相萃取净化柱)净化后，用GC/MS选择离子方法测定，外标法定量。

2.2　试剂和材料

除另有规定外，试剂均为分析纯，水为蒸馏水。

2.2.1　乙腈。

2.2.2　丙酮(农药残留级)。

2.2.3　正己烷(农药残留级)。

2.2.4　洗脱液：丙酮+正己烷(20+80，V+V)。

2.2.5　定容液：丙酮+正己烷(50+50，V+V)。

2.2.6　氯化钠。

2.2.7　正十烷。

2.2.8　预处理小柱：C18柱(500 mg，3 mL)

2.2.9　预处理小柱：PSA柱(500 mg，3 mL)。

2.2.10　食盐饱和的2 mol/L磷酸缓冲溶液(pH=7.5)。

2.3　农药标准品

纯度≥95%。

2.4　标准溶液

2.4.1　标准储备液。准确称量各农药标准样品0.01 g(准确至0.000 01 g)，用丙酮定容至50 mL。配制成200 mg/L的标准溶液。

2.4.2　标准溶液A。加标准储备液10 μL于试管中，吹氮至干，加2 mL丙酮，配制成1 000 μg/L的标准溶液。

2.4.3　标准溶液B。取标准溶液A 1.0 mL于试管中，加1.0 mL丙酮摇匀，配制成500 μg/L的标准溶液。

天津市质量技术监督局2010-07-05发布　　2010-11-01实施

2.4.4 标准溶液C。取标准溶液B 0.1 mL于试管中，加入0.9 mL丙酮摇匀，配制成50 μg/L的标准溶液。

2.5 仪器和设备

2.5.1 气相色谱-质谱联用仪。配有电子轰击源(EI)，灵敏度：10^{-12} g。

2.5.2 电子天平。精度：0.000 01 g、0.01 g。

2.5.3 固相萃取仪。

2.5.4 均一搅拌器。

2.5.5 氮气吹干仪。

2.5.6 旋转蒸发器。

2.5.7 移液器。5 mL、1 mL、100 μL。

2.5.8 容量瓶。50 mL。

2.6 测定步骤

2.6.1 提取

精确称取样品10 g(精确到0.01 g)于250 mL烧杯中，加入40 mL乙腈和10 mL水，均一搅拌器匀浆(20 000 r/min)2 min；5 mL乙腈洗刃部，抽滤，15 mL乙腈分3次清洗残渣，添加水1 mL后，待净化。

2.6.2 净化

用10 mL乙腈和10 mL纯水分别预淋C18柱，将上述滤液过柱净化，用9 mL乙腈，3 mL水洗残液。将净化淋出液倒入500 mL分液漏斗中，加用5 mL食盐饱和的2 mol/L磷酸缓冲溶液和6.5 g氯化钠，振荡3 min，静止10 min。取上层乙腈层，在38 ℃减压浓缩近干。

将浓缩残留物进行精制，用洗脱液5 mL预淋PSA柱，然后先用20 mL洗脱液过柱净化，再用10 mL定容液过柱净化，收集洗脱液。洗脱液中加入正十烷50 μL，减压浓缩近干，用氮吹仪吹干，2 mL定容液定容。收集于样品小瓶内，供GC/MS测定。

2.6.3 测定

气相色谱-质谱联用仪：配有电子轰击源(EI)。

2.6.3.1 色谱条件。

a) 色谱柱：HP－5MS，30 m×0.25 mm×0.25 μm；

b) 进样口：不分流进样，60 ℃，保持0.1 min，以150 ℃/min升至260 ℃，保持3 min，再以40 ℃/min升至300 ℃，保持5 min；

c) 载气：氦气(>99.999%)，流速为1.0 mL/min；

d) 柱温：60 ℃，保持3 min，以5 ℃/min升至120 ℃，保持2 min，以1.5 ℃/min升至225 ℃，保持2 min，再以20 ℃/min升至300 ℃，保持10 min，共运行102.75 min。

2.6.3.2 质谱条件

EI源；电子能量70 eV；反应气：氦气；MS Source：230 ℃；MS Quad：150 ℃；Scan：50～500。

2.6.4 空白试验

按上述相同条件和步骤进行。

2.6.5 色谱图

见附录B。

3 结果表述和计算

3.1 定性测定

进行样品测定时，如果检出的质量色谱峰保留时间与标准样品一致，并且在扣除背景后的样品谱图中，所选择的离子均出现，且所选择离子对的丰度比与标准样品离子对的丰度比一致(相对丰度>50%，允许+/－10%偏差；20%<相对丰度≤50%，允许+/－15%偏差；10%<相对丰度≤20%，允许+/－

20%偏差；相对丰度≤10%，允许+/-50%偏差），则可判断样品中存在相应的农药。

3.2 定量测定

用外标法定量。每种组分选择的定量离子，其质量色谱图用公式（1）计算（结果保留 2 位小数）：

$$R=\frac{C_{标}\times V_{标}\times S_{样}\times V_{终}}{V_{样}\times S_{标}\times W} \quad \cdots\cdots (1)$$

式中，R——样本中农药残留量，μg/kg；

$C_{标}$——标准溶液浓度，μg/L；

$V_{标}$——标准溶液进样体积，μL；

$V_{终}$——样本溶液最终定容体积，mL；

$V_{样}$——样本溶液进样体积，μL；

$S_{标}$——标准溶液中定量离子的峰面积，μvs；

$S_{样}$——样本溶液中定量离子的峰面积，μvs；

W——称样重量，g。

4 最低检出浓度、准确度和精确度

4.1 最低检出浓度

见附录 A 表 A.2。

4.2 准确度和精确度

本方法回收率在 70%～120%，相对标准偏差在 15%以下，均符合多残留分析的要求。

附 录 A

（资料性附录）

205 种农药的保留时间和定量、定性离子及最低检出浓度

表 A.1 205 种农药的保留时间和定量离子与定性离子

序号	中文名称	英文名称	保留时间(min)	定量离子	参比离子 1	参比离子 2
1	敌敌畏	ddvp	16.45	109	185	—
2	甲胺磷	methamidophos	17.38	94	141	95
3	草毒死	allidochlor	17.98	56	138	132
4	氟虫脲	flufenoxuron	20.39	141	157	113
5	速灭磷	mevinphos	25.02	127	164	—
6	苯胺灵	propham	26.86	93	120	—
7	虫螨畏	methacrifos	29.12	125	208	—
8	禾大壮	molinate	31.14	126	55	83
9	异丙威	isoprocarb	31.45	121	136	—
10	灭除威	xmc	33.11	122	107	77
11	四氯硝基苯	tecnazene	33.86	203	261	—
12	毒草胺	propachlor	35.42	176	196	—
13	丁苯威	fenobucarb	35.83	121	150	—
14	残杀威	propoxur	36.1	110	152	—
15	二苯胺	diphenylamine	36.79	169	168	77
16	灭克磷	ethoprophos	37.49	158	242	—
17	乙丁烯氟灵	ethalfluralin	39.02	55	276	316
18	蔬果磷	salithion	39.32	216	183	78
19	氯苯胺磷	chlorpropham	39.51	127	213	129
20	氟乐灵	trifluralin	40.3	306	264	—
21	恶虫威	bendiocarb	40.47	151	166	—
22	氟草胺	benfluralin	40.65	292	276	264
23	硫线磷	cadusafos	40.8	159	158	—
24	alpha-六六六	α-hexachlorocyclohexane	41.03	181	219	111
25	戊菌隆	pencycaron	41.1	125	127	—
26	甲拌磷	phorate	41.1	121	260	—
27	猛杀威	promecarb	41.62	135	150	91
28	氯硝胺	dicloran	43.08	124	206	176
29	乐果	dimethoate	43.46	125	143	229
30	beta-六六六	β-hexachlorocyclohexane	44.23	219	181	183
31	解草恶唑	furilazole	44.25	220	262	—
32	五氯硝基苯	quintozene	44.31	237	295	—
33	克百威	carbofuran	44.74	164	149	221
34	西玛津	simazine	44.96	201	186	—

表 A.1（续）

序号	中文名称	英文名称	保留时间(min)	定量离子	参比离子 1	参比离子 2
35	异恶草酮	clomazone	45.18	125	204	—
36	gamma -六六六	γ - hexachlorocyclohexane	45.32	219	181	183
37	噻节因	dimethipin	45.43	54	118	—
38	莠去津	atrazine	45.62	200	215	—
39	特丁硫磷	terbufos	46.64	231	57	288
40	地虫硫磷	fonofos	46.66	137	246	—
41	杀螟腈	cyanophos	46.76	243	180	109
42	炔苯酰草胺	propyzamide	47.79	173	147	145
43	磷胺 1	phosphamidone	48.06	127	264	—
44	嘧菌胺 1	pyrimetanil1	48.25	198	199	200
45	二嗪农	diazinon	48.37	179	304	—
46	氯唑磷	isazophos	49.62	119	161	—
47	野麦畏	triallate	49.77	86	268	128
48	特草定	terbacil	50.19	161	160	117
49	deta -六六六	δ - hexachlorocyclohexane	50.25	183	181	—
50	氧嘧啶磷	etrimfos	50.25	292	153	—
51	氟苯脲	tefluthrin	50.74	177	197	—
52	解草酮	benoxacor	50.88	120	259	—
53	异稻瘟净	iprobenphos	50.92	91	204	—
54	二甲吩草胺	dimethenamid	52.58	154	203	—
55	除线磷	dichlofenthion	52.8	279	223	—
56	磷胺 2	phosphamidone2	52.88	264	127	193
57	溴丁酰草胺	bromobutide	53.22	119	120	—
58	甲基毒死蜱	chlorpyrifos - methyl	53.29	286	289	—
59	乙草胺	acetochlor	53.42	146	223	162
60	甲基立枯磷	tolclofos - methyl	54.17	265	267	250
61	乙烯菌核利	vinclozolin	54.22	285	198	—
62	甲基对硫磷	methyl - parathion	54.24	263	246	125
63	甲草胺	alachlor	54.45	160	269	188
64	硅氟唑	simeconazole	54.7	121	211	195
65	皮蝇磷	fenchlorphos	55.46	285	287	125
66	甲霜灵	metalaxl	55.69	206	160	—
67	莠灭净	ametryn	56.07	227	212	—
68	扑草净	prometryn	56.59	241	184	—
69	氟硫草定	dithiopyr	56.92	354	306	—
70	杀螟硫磷	fenitrothion	57.72	277	260	—
71	虫螨磷	pirimphos - methyl	57.83	290	276	333
72	特丁威	terbutryn	57.99	226	241	—

表 A.1（续）

序号	中文名称	英文名称	保留时间(min)	定量离子	参比离子 1	参比离子 2
73	甲基毒虫畏- e	dimethylvinphos - e	58.44	295	297	—
74	艾氏剂	aldrin	58.48	66	263	—
75	灭藻醌	quinoclamine	58.54	207	172	—
76	戊草丹	esprocarb	58.59	222	162	—
77	异丙甲草胺	metolachor	59.12	162	238	—
78	马拉硫磷	malathion	59.54	173	158	—
79	噻草定	thiazopryr	59.63	327	363	—
80	禾草丹	benthiocarb	59.7	257	259	125
81	毒死蜱	chlorpyrifos	59.7	314	316	—
82	氯酞酸甲酯	chlorthal - dimethyl	59.98	299	332	—
83	甲基毒虫畏- z	dimethylvinphos - z	60.04	295	297	—
84	倍硫磷	fenthion	60.33	278	279	—
85	对硫磷	parathion	60.81	291	155	137
86	四氯苯酞	fthalide	61.04	243	241	272
87	三氯杀螨醇	dicofol	61.2	250	111	—
88	三唑酮	triadimefon	61.27	57	208	—
89	草净津	cyanazine	61.28	225	68	198
90	乙霉威	diethofencarb	61.29	267	196	—
91	溴硫磷	bromophos	62.05	331	329	125
92	氟醚唑	teraconazole	62.1	336	338	101
93	酞菌酯	nitrothal - isopropyl	62.54	236	194	254
94	双苯酰草胺	diphenmid	62.55	72	167	239
95	噻唑磷 1	fosthiazate1	62.56	195	283	239
96	噻唑磷 2	fosthiazate2	62.58	195	283	—
97	胺硝草	pendimethalin	63.84	252	281	—
98	嘧菌环胺	cyprodinil	64.09	224	225	77
99	毒虫畏 1	a - chlorofenvinphos	64.43	267	269	323
100	戊菌唑	penconazole	64.72	248	250	213
101	异戊乙净	dimethametryn	65.4	212	240	255
102	异柳磷	isofenphos	65.45	213	255	—
103	毒虫畏 2	b - chlorofenvinphos	65.61	269	323	267
104	喹硫磷	quinalphos	66.05	146	298	—
105	哌草丹	dimepiperate	66.06	145	91	119
106	稻丰散	phenthoate	66.07	274	246	—
107	氟虫腈	fipronil	66.31	367	369	213
108	腐霉利	procymidone	66.38	283	285	—
109	烯丙菊酯 1	allethrin - 1	66.69	123	136	79
110	烯丙菊酯 2	allethrin - 2	66.84	123	136	79

表 A.1（续）

序号	中文名称	英文名称	保留时间(min)	定量离子	参比离子 1	参比离子 2
111	三唑醇 1	triadimenol - 1	66.88	112	168	128
112	氯丹 1	chlordane - 1	66.91	373	375	377
113	杀扑磷	methidathion	67.47	145	85	302
114	三唑醇 2	triadimenol - 2	68.01	112	168	128
115	硫丹 1	a - benzoepin	68.24	241	339	—
116	氯丹 2	chlordane - 2	68.46	375	373	377
117	多效唑	paclobutrazol	68.69	236	125	—
118	杀虫畏	tetrachlorvinphos	68.78	329	331	109
119	丙虫磷	propaphos	68.86	220	304	262
120	丁草胺	butachlor	69.33	176	311	—
121	苯硫威	fenothiocarb	69.5	72	160	—
122	抑草磷	butamifos	70.2	286	258	—
123	敌草胺	napropamide	70.34	72	271	128
124	丙硫磷	prothiofos	71.27	309	162	—
125	克线磷	fenamiphos	71.33	303	260	288
126	狄氏剂	dieldrin	71.7	79	263	—
127	苯氧菌胺 1	metominostrobin - e	71.8	191	196	—
128	丙草胺	pretilachlor	71.84	162	238	—
129	稻瘟灵	isoprothiolane	71.9	118	290	—
130	丙溴膦	profenfos	71.99	339	337	—
131	氟酰胺	flutolanil	72.01	173	145	—
132	p,p′-滴滴伊	p,p′- dde	72.16	246	318	316
133	烯效唑	uniconazole	72.82	234	236	—
134	脱叶磷	tribufos	73.07	169	258	—
135	麦草氟草酯	flamprop - methyl	73.26	105	276	—
136	恶草酮	oxadiazon	73.26	258	344	—
137	苄氯三唑醇	diclobutrazole	73.52	159	82	—
138	噻嗪酮	buprofezin	73.54	172	83	—
139	腈菌唑	myclobutanil	73.55	179	82	—
140	戊环唑	azaconazole	73.72	217	173	—
141	氟硅唑	flusilazole	73.73	449	429	—
142	噻氟酰胺	thifluzamide	73.8	233	206	—
143	乙嘧酚磺氨酯	bupirimate	74.1	273	316	—
144	异狄氏剂	endrin	74.11	81	263	—
145	丙森锌 1	iprovalicarb - 1	74.21	134	116	119
146	苯氧菌胺 2	metominostrobin - z	74.21	191	284	238
147	乙氧氟草醚	oxyfluorfen	74.33	252	361	300
148	醚菌酯	kresoxim - methyl	74.44	206	131	—

表 A.1（续）

序号	中文名称	英文名称	保留时间(min)	定量离子	参比离子1	参比离子2
149	氟唑虫清	chlorfenapyr	75.12	59	247	—
150	丙森锌2	iprovalicarb - 2	75.49	134	72	—
151	环氟菌胺	cyflufenamid	75.65	91	118	412
152	禾草灵1	fenoxanil1	75.85	189	139	125
153	禾草灵2	fenoxanil2	75.86	189	139	125
154	硫丹2	b - benzoepin	76.1	241	339	—
155	毒虫威	chloropropylate	76.74	139	251	253
156	丰索磷	fensulfothion	77.25	293	308	—
157	嘧草醚1	pyriminobac - methyl1	77.33	302	330	—
158	o,p′-滴滴涕	o,p′- ddt	77.44	235	237	165
159	p,p′-滴滴滴	p,p′- ddd	77.44	165	235	237
160	乙硫磷	ethion	78.1	153	384	—
161	三唑磷	triazophos	80.33	161	257	—
162	丙氧灭锈胺	mepronil	80.35	119	269	—
163	嘧螨酯	fluacrypyvim	80.49	320	352	—
164	苯霜灵	benalaxyl	80.5	148	325	—
165	克瘟散	edifenphos	80.99	173	201	—
166	噻螨酮	hexythiazox	81.33	271	309	98
167	喹氧灵	quinoxyfen	81.33	237	272	—
168	唑草酮	carfentrazone - ethyl	81.61	312	340	—
169	丙环唑1	propiconazole - 1	81.73	259	173	—
170	p,p′-滴滴涕	p,p′- ddt	82.05	235	237	—
171	丙环唑2	propiconazole - 2	82.43	259	173	—
172	嘧草醚2	pyriminobac - methyl2	82.81	302	330	256
173	肟菌酯	trifloxystrobin	82.86	116	131	222
174	噻吩草胺	thenychlor	83.21	288	287	—
175	炔草酯	clodinafop - propargyl este	83.52	349	266	238
176	氟唑虫酯	pyraflufen - ethyl	83.75	412	414	349
177	戊唑醇	tebuconazole	84.25	125	250	—
178	氯甲草	diclofop - methyl	84.86	253	340	255
179	稗草畏	Pyributicarb	87.04	108	165	181
180	哒嗪硫磷	pyridaphenthion	87.7	340	199	—
181	苯硫磷	ethyl - p - nitrophenyl phenylphosphonothioate	88.54	157	323	—
182	溴螨酯	bromopropylate	88.77	341	343	—
183	戊草净	piperophos	89.14	320	140	—
184	吡氟酰草胺	picolinafen	89.48	238	376	239
185	氟氯菊酯	bifenthrin	89.49	181	166	—

表 A.1（续）

序号	中文名称	英文名称	保留时间(min)	定量离子	参比离子 1	参比离子 2
186	解毒喹	cloquintolet－1－methyl	89.59	192	194	—
187	苯氧威	fenoxycarb	89.79	116	88	186
188	乙螨唑	etoxazole	90.02	141	204	359
189	甲氰菊酯	fenpropathrin	90.17	97	349	265
190	莎稗磷	anilofos	90.28	226	184	—
191	治草醚	bifenox	90.47	341	343	—
192	吡螨胺	tebufenpyrad	90.48	318	333	—
193	氯甲酰草胺	clomeprop	90.65	120	288	—
194	三氯杀螨砜	tertradifon	90.79	356	354	—
195	呋线威	furathioncarb	91.02	163	135	—
196	伏杀磷	phosalone	91.21	182	184	—
197	甲基谷硫磷	azinphos－methyl	91.3	77	160	—
198	氯氟氰菊酯	cyhalothrin－1	92.03	181	197	—
199	氰氟草酯	cyhalofop－butyl	92.06	256	229	—
200	异醚菌醇	fenarimol	92.33	139	251	330
201	氯氟氰菊酯 2	cyhalothrin－2	92.36	181	197	141
202	乳氟禾草灵	lactofen	92.44	344	223	—
203	吡嘧磷	pyrazophos	92.55	221	232	373
204	氟酯菊酯 1	acrinathrin－1	92.79	93	247	289
205	氟酯菊酯 2	acrinathrin－2	92.8	181	93	289
206	吡唑硫磷	pyraclofos	93.04	360	362	—
207	氯菊酯 1	cis－permethrin	93.57	183	165	—
208	氟喹唑	fluguinconazole	93.75	340	342	108
209	哒螨酮	pyridaben	93.78	147	309	364
210	氯菊酯 2	trans－permethrin	93.81	183	165	—
211	氯氰菊酯 3	cypermethrin3	93.81	163	165	—
212	咪鲜胺	prochloraz	94.26	180	310	308
213	氟丙嘧草酯	butafenacil	94.27	331	333	180
214	乙氧苯草胺	etobenzanid	94.29	179	59	121
215	唑草胺	cafenstrole	94.34	100	72	188
216	氟氯氰菊酯 1	cyfluthrin－1	94.56	163	226	—
217	氟氯氰菊酯 2	cyfluthrin－2	94.74	163	226	—
218	氟氯氰菊酯 3	cyfluthrin－3	94.83	163	226	—
219	氟氯氰菊酯 4	cyfluthrin－4	94.91	163	226	—
220	氯氰菊酯 1	cypermethrin1	95.1	163	165	—
221	苄螨醚	halfenprox	95.17	263	265	—
222	氯氰菊酯 2	cypermethrin2	95.29	163	165	—
223	氟氰戊菊酯 1	flucythrinate－1	95.43	199	451	—
224	氯氰菊酯 4	cypermethrin4	95.43	163	165	—

表 A.1（续）

序号	中文名称	英文名称	保留时间(min)	定量离子	参比离子 1	参比离子 2
225	氟氰戊菊酯 2	flucythrinate - 2	95.45	199	451	—
226	嘧螨醚	pyrimidifen	96.38	184	186	—
227	氰戊菊酯 1	fenvalerate - 1	96.73	125	167	—
228	丙炔氟草胺	flumioxazin	96.74	354	79	107
229	氟胺氰菊酯 1	fluvalinate - 1	96.98	250	252	—
230	氟胺氰菊酯 2	fluvalinate - 2	97.13	250	252	—
231	氰戊菊酯 2	fenvalerate - 2	97.15	125	167	—
232	苯醚甲环唑 1	difenoconazole - 1	97.72	323	265	267
233	苯醚甲环唑 2	difenoconazole - 2	97.84	323	265	267
234	溴氰菊酯 1	deltamethrin - 1	97.91	253	181	—
235	恶二唑虫	indoxacarb	97.99	218	150	203
236	溴氰菊酯 2	deltamethrin - 2	98.34	253	181	—
237	氟烯草酸	flumiclorac - pentyl	98.66	423	308	318
238	嘧菌酯	azoxystrobin	98.76	344	388	—

表 A.2 205 种农药的最低检出浓度

序号	中文名称	英文名称	最低检出浓度(mg/kg)
1	敌敌畏	ddvp	0.010
2	甲胺磷	methamidophos	0.011
3	草毒死	allidochlor	0.023
4	氟虫脲	flufenoxuron	0.018
5	速灭磷	mevinphos	0.027
6	苯胺灵	propham	0.03
7	虫螨畏	methacrifos	0.009
8	禾大壮	molinate	0.029
9	异丙威	isoprocarb	0.027
10	灭除威	xmc	0.017
11	四氯硝基苯	tecnazene	0.014
12	毒草胺	propachlor	0.022
13	丁苯威	fenobucarb	0.014
14	残杀威	propoxur	0.013
15	二苯胺	diphenylamine	0.018
16	灭克磷	ethoprophos	0.021
17	乙丁烯氟灵	ethalfluralin	0.041
18	蔬果磷	salithion	0.032
19	氯苯胺磷	chlorpropham	0.039
20	氟乐灵	trifluralin	0.011
21	恶虫威	bendiocarb	0.010
22	氟草胺	benfluralin	0.021

表 A.2（续）

序号	中文名称	英文名称	最低检出浓度(mg/kg)
23	硫线磷	cadusafos	0.058
24	六六六	hexachlorocyclohexane	0.009
25	戊菌隆	pencycaron	0.005
26	甲拌磷	phorate	0.013
27	猛杀威	promecarb	0.023
28	氯硝胺	dicloran	0.019
29	乐果	dimethoate	0.016
30	解草噁唑	furilazole	0.012
31	五氯硝基苯	quintozene	0.022
32	克百威	carbofuran	0.027
33	西玛津	simazine	0.029
34	异噁草酮	clomazone	0.019
35	噻节因	dimethipin	0.015
36	莠去津	atrazine	0.012
37	特丁硫磷	terbufos	0.011
38	地虫硫磷	fonofos	0.029
39	杀螟腈	cyanophos	0.012
40	炔苯酰草胺	propyzamide	0.021
41	磷胺	phosphamidone	0.012
42	嘧菌胺	pyrimetanil	0.021
43	二嗪农	diazinon	0.009
44	氯唑磷	isazophos	0.008
45	野麦畏	triallate	0.013
46	特草定	terbacil	0.017
47	氧嘧啶磷	etrimfos	0.009
48	氟苯脲	tefluthrin	0.021
49	解草酮	benoxacor	0.012
50	异稻瘟净	iprobenphos	0.014
51	二甲吩草胺	dimethenamid	0.025
52	除线磷	dichlofenthion	0.022
53	溴丁酰草胺	bromobutide	0.034
54	甲基毒死蜱	chlorpyrifos - methyl	0.015
55	乙草胺	acetochlor	0.022
56	甲基立枯磷	tolclofos - methyl	0.030
57	乙烯菌核利	vinclozolin	0.028
58	甲基对硫磷	methyl - parathion	0.021
59	甲草胺	alachlor	0.037

表 A.2（续）

序号	中文名称	英文名称	最低检出浓度(mg/kg)
60	硅氟唑	simeconazole	0.021
61	皮蝇磷	fenchlorphos	0.012
62	甲霜灵	metalaxl	0.027
63	莠灭净	ametryn	0.012
64	扑草净	prometryn	0.058
65	氟硫草定	dithiopyr	0.018
66	杀螟硫磷	fenitrothion	0.021
67	虫螨磷	pirimphos - methyl	0.033
68	特丁威	terbutryn	0.019
69	甲基毒虫畏	dimethylvinphos	0.012
70	艾氏剂	aldrin	0.016
71	灭藻醌	quinoclamine	0.019
72	戊草丹	esprocarb	0.017
73	异丙甲草胺	metolachor	0.015
74	马拉硫磷	malathion	0.026
75	噻草定	thiazopryr	0.026
76	禾草丹	benthiocarb	0.017
77	毒死蜱	chlorpyrifos	0.015
78	氯酞酸甲酯	chlorthal - dimethyl	0.028
79	倍硫磷	fenthion	0.017
80	对硫磷	parathion	0.023
81	四氯苯酞	fthalide	0.028
82	三氯杀螨醇	dicofol	0.028
83	三唑酮	triadimefon	0.019
84	草净津	cyanazine	0.025
85	乙霉威	diethofencarb	0.029
86	溴硫磷	bromophos	0.029
87	氟醚唑	teraconazole	0.016
88	酞菌酯	nitrothal - isopropyl	0.017
89	双苯酰草胺	diphenmid	0.010
90	噻唑磷	fosthiazatel	0.026
91	胺硝草	pendimethalin	0.020
92	嘧菌环胺	cyprodinil	0.017
93	毒虫畏	chlorofenvinphos	0.03
94	戊菌唑	penconazole	0.023
95	异戊乙净	dimethametryn	0.011
96	异柳磷	isofenphos	0.014

表 A.2（续）

序号	中文名称	英文名称	最低检出浓度(mg/kg)
97	喹硫磷	quinalphos	0.007
98	哌草丹	dimepiperate	0.019
99	稻丰散	phenthoate	0.028
100	氟虫晴	fipronil	0.022
101	腐霉利	procymidone	0.020
102	烯丙菊酯	allethrin	0.017
103	三唑醇	triadimenol	0.009
104	氯丹	chlordane	0.023
105	杀扑磷	methidathion	0.018
106	硫丹	a - benzoepin	0.019
107	多效唑	paclobutrazol	0.020
108	杀虫畏	tetrachlorvinphos	0.025
109	丙虫磷	propaphos	0.011
110	丁草胺	butachlor	0.025
111	苯硫威	fenothiocarb	0.027
112	抑草磷	butamifos	0.024
113	敌草胺	napropamide	0.019
114	丙硫磷	prothiofos	0.022
115	克线磷	fenamiphos	0.020
116	狄氏剂	dieldrin	0.025
117	苯氧菌胺	metominostrobin	0.019
118	丙草胺	pretilachlor	0.024
119	稻瘟灵	isoprothiolane	0.026
120	丙溴膦	profenfos	0.016
121	氟酰胺	flutolanil	0.032
122	滴滴涕	ddt	0.017
123	烯效唑	Uniconazole	0.02
124	脱叶磷	tribufos	0.015
125	麦草氟草酯	flamprop - methyl	0.018
126	恶草酮	oxadiazon	0.034
127	苄氯三唑醇	diclobutrazole	0.014
128	噻嗪酮	buprofezin	0.025
129	腈菌唑	myclobutanil	0.011
130	戊环唑	azaconazole	0.01
131	氟硅唑	flusilazole	0.028
132	噻氟酰胺	thifluzamide	0.016
133	乙嘧酚磺氨酯	bupirimate	0.016

表 A.2（续）

序号	中文名称	英文名称	最低检出浓度(mg/kg)
134	异狄氏剂	endrin	0.012
135	丙森锌	iprovalicarb	0.006
136	乙氧氟草醚	oxyfluorfen	0.025
137	醚菌酯	kresoxim－methyl	0.028
138	氟唑虫清	chlorfenapyr	0.011
139	环氟菌胺	cyflufenamid	0.020
140	禾草灵	fenoxanil	0.018
141	毒虫威	chloropropylate	0.010
142	丰索磷	fensulfothion	0.028
143	嘧草醚	pyriminobac－methyl	0.010
144	乙硫磷	ethion	0.025
145	三唑磷	triazophos	0.012
146	丙氧灭锈胺	mepronil	0.017
147	嘧螨酯	fluacrypyvim	0.031
148	苯霜灵	benalaxyl	0.016
149	克瘟散	edifenphos	0.031
150	噻螨酮	hexythiazox	0.017
151	喹氧灵	quinoxyfen	0.019
152	唑草酮	carfentrazone－ethyl	0.013
153	丙环唑	propiconazole	0.028
154	肟菌酯	trifloxystrobin	0.026
155	噻吩草胺	thenychlor	0.065
156	炔草酯	clodinafop－propargyl este	0.021
157	氟唑虫酯	pyraflufen－ethyl	0.009
158	戊唑醇	tebuconazole	0.030
159	氯甲草	diclofop－methyl	0.025
160	稗草畏	Pyributicarb	0.027
161	哒嗪硫磷	pyridaphenthion	0.011
162	苯硫磷	ethyl－p－nitrophenyl phenylphosphonothioate	0.006
163	溴螨酯	bromopropylate	0.02
164	戊草净	piperophos	0.031
165	吡氟酰草胺	picolinafen	0.024
166	氟氯菊酯	bifenthrin	0.027
167	解毒喹	cloquintolet－1－methyl	0.010
168	苯氧威	fenoxycarb	0.008
169	乙螨唑	etoxazole	0.009
170	甲氰菊酯	fenpropathrin	0.028
171	莎稗磷	anilofos	0.019
172	治草醚	bifenox	0.013

表 A.2（续）

序号	中文名称	英文名称	最低检出浓度(mg/kg)
173	吡螨胺	tebufenpyrad	0.019
174	氯甲酰草胺	clomeprop	0.026
175	三氯杀螨砜	tertradifon	0.008
176	呋线威	furathioncarb	0.032
177	伏杀磷	phosalone	0.004
178	甲基谷硫磷	azinphos－methyl	0.032
179	氯氟氰菊酯	cyhalothrin	0.02
180	氰氟草酯	cyhalofop－butyl	0.009
181	异醚菌醇	fenarimol	0.035
182	乳氟禾草灵	lactofen	0.005
183	吡嘧磷	pyrazophos	0.012
184	氟酯菊酯	acrinathrin	0.024
185	吡唑硫磷	pyraclofos	0.016
186	氯菊酯	cis－permethrin	0.013
187	氟喹唑	fluguinconazole	0.027
188	哒螨酮	pyridaben	0.006
189	咪鲜胺	prochloraz	0.025
190	氟丙嘧草酯	butafenacil	0.015
191	乙氧苯草胺	etobenzanid	0.029
192	唑草胺	cafenstrole	0.027
193	氟氯氰菊酯	cyfluthrin	0.03
194	氯氰菊酯	cypermethrin	0.017
195	苄螨醚	halfenprox	0.017
196	氟氰戊菊酯	flucythrinate	0.031
197	嘧螨醚	pyrimidifen	0.036
198	氰戊菊酯	fenvalerate	0.019
199	丙炔氟草胺	flumioxazin	0.027
200	氟胺氰菊酯	fluvalinate	0.018
201	苯醚甲环唑	difenoconazole	0.021
202	溴氰菊酯	deltamethrin	0.029
203	噁二唑虫	indoxacarb	0.022
204	氟烯草酸	flumiclorac－pentyl	0.029
205	嘧菌酯	azoxystrobin	0.014

附 录 B
（资料性附录）
色 谱 图

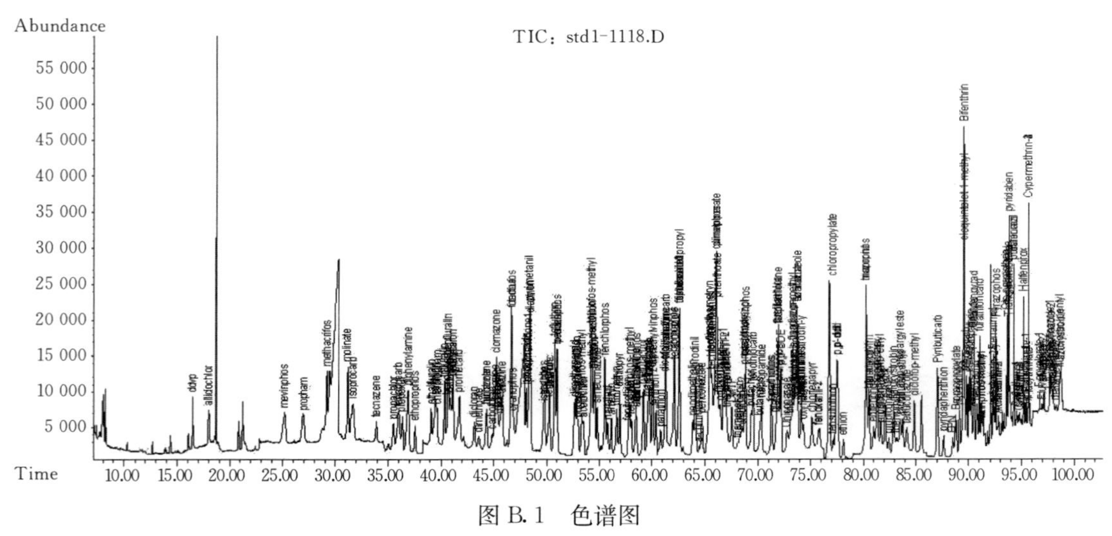

图 B.1　色谱图

本标准参考了日本杂贺技术研究所开发的农药多残留同时分析技术，并根据天津市的实际情况，经过进一步研究、试验、验证后制定的。

本标准由天津市农业科学院提出。

本标准起草单位：天津市农业质量标准与检测技术研究所。

本标准主要起草人：郭永泽、张玉婷、程奕、刘磊、邵辉、李辉、李娜、宋淑荣。

葱姜蒜中 205 种农药多残留测定方法 GC/MS 法

Determination of 205 pestisides multiresidues in shallot, ginger and garlic—GC/MS method

1 范围

本标准规定了葱、姜和蒜中 205 种农药的残留量测定方法、结果表述和计算、方法的最低检出浓度、准确度和精确度。

本标准适用于葱、姜和蒜中附录 A 规定的 205 种农药残留测定。

本标准可测定的农药品种见附录 A。

2 测定方法

2.1 方法原理

样品经微波处理后，用乙腈和水提取，经液液分配，过 C18 柱（填料为十八碳硅烷化物的固相萃取净化柱），液液分配，过 PSA 柱（填料为 N-丙基乙二胺的固相萃取净化柱）净化后，用 GC/MS 选择离子方法测定，外标法定量。

2.2 试剂和材料

除另有规定外，试剂均为分析纯，水为蒸馏水。

2.2.1 乙腈；

2.2.2 丙酮（农药残留级）；

2.2.3 正己烷（农药残留级）；

2.2.4 洗脱液：丙酮＋正己烷（20＋80，V＋V）；

2.2.5 定容液：丙酮＋正己烷（50＋50，V＋V）；

2.2.6 氯化钠；

2.2.7 正十烷；

2.2.8 预处理小柱：C18 柱（500 mg，3 mL）；

2.2.9 预处理小柱：PSA 柱（500 mg，3 mL）；

2.2.10 食盐饱和的 2 mol/L 磷酸缓冲溶液（pH＝7.5）。

2.3 农药标准品

纯度≥95％。

2.4 标准溶液

2.4.1 标准储备液：准确称量各农药标准样品 0.01 g（准确至 0.000 01 g），用丙酮定容至50 mL。配制成 200 mg/L 的标准溶液；

2.4.2 标准溶液 A：加标准储备液 10 μL 于试管中，吹氮至干，加 2 mL 丙酮，配制成1 000 μg/L 的标准溶液；

天津市质量技术监督局 2010 - 07 - 05 发布　　2010 - 11 - 01 实施

2.4.3 标准溶液 B:取标准溶液 A 1.0 mL 于试管中,加 1.0 mL 丙酮摇匀,配制成 500 μg/L 的标准溶液;

2.4.4 标准溶液 C:取标准溶液 B 0.1 mL 于试管中,加入 0.9 mL 丙酮摇匀,配制成 50 μg/L 的标准溶液。

2.5 仪器和设备

2.5.1 气相色谱-质谱联用仪:配有电子轰击源(EI),灵敏度:10^{-12} g;

2.5.2 电子天平,精度:0.000 01 g、0.01 g;

2.5.3 固相萃取仪;

2.5.4 均一搅拌器;

2.5.5 氮气吹干仪;

2.5.6 旋转蒸发器;

2.5.7 移液器:5 mL、1 mL、100 μL;

2.5.8 容量瓶:50 mL。

2.6 测定步骤

2.6.1 提取

称取测试样品 100 g 用微波炉(500 W)加热 90 s,均一搅拌器处理。精确称取样品 10 g(精确到 0.01 g)于 250 mL 烧杯中,加入 40 mL 乙腈和 10 mL 水,均一搅拌器匀浆(20 000 r/min)2 min;5 mL 乙腈洗刃部,抽滤,15 mL 乙腈分三次清洗残渣,添加水 1 mL 后,待净化。

2.6.2 净化

用 10 mL 乙腈和 10 mL 纯水分别预淋 C18 柱,将上述滤液过柱净化,用 9 mL 乙腈,3 mL 水洗残液。将净化淋出液倒入 500 mL 分液漏斗中,加用 5 mL 食盐饱和的 2 mol/L 磷酸缓冲溶液和 6.5 g 氯化钠,振荡 3 min,静止 10 min。取上层乙腈层,在 38 ℃减压浓缩近干。

将浓缩残留物进行精制,用洗脱液 5 mL 预淋 PSA 柱,然后先用 20 mL 洗脱液过柱净化,再用 10 mL定容液过柱净化,收集洗脱液。洗脱液中加入正十烷 50μL,减压浓缩近干,用氮吹仪吹干,2 mL 定容液定容。收集于样品小瓶内,供 GC/MS 测定。

2.6.3 测定

气相色谱-质谱联用仪:配有电子轰击源(EI)。

2.6.3.1 色谱条件。

a) 色谱柱:HP-5MS,30 m×0.25 mm×0.25 μm;

b) 进样口:不分流进样,60 ℃,保持 0.1 min,以 150 ℃/min 升至 260 ℃,保持 3 min,再以 40 ℃/min 升至 300 ℃,保持 5 min;

c) 载气:氦气(>99.999%),流速为 1.0 mL/min;

d) 柱温:60 ℃,保持 3 min,以 5 ℃/min 升至 120 ℃,保持 2 min,以 1.5 ℃/min 升至225 ℃,保持 2 min,再以 20 ℃/min 升至 300 ℃,保持 10 min,共运行 102.75 min。

2.6.3.2 质谱条件。EI 源;电子能量 70 eV;反应气:氦气;MS Source:230 ℃;MS Quad:150 ℃;Scan:50~500。

2.6.4 空白试验

按上述相同条件和步骤进行。

2.6.5 色谱图

见附录 B。

3 结果表述和计算

3.1 定性测定

进行样品测定时,如果检出的质量色谱峰保留时间与标准样品一致,并且在扣除背景后的样品谱图中，所选择的离子均出现，且所选择离子对的丰度比与标准样品离子对的丰度比一致（相对丰度>50%，允许+/−10%偏差；20%<相对丰度≤50%，允许+/−15%偏差；10%<相对丰度≤20%，允许+/−20%偏差；相对丰度≤10%，允许+/−50%偏差），则可判断样品中存在相应的农药。

3.2 定量测定

用外标法定量。每种组分选择的定量离子，其质量色谱图用公式(1)计算（结果保留2位小数），即

$$R=\frac{C_{标}\times V_{标}\times S_{样}\times V_{终}}{V_{样}\times S_{标}\times W} \qquad \cdots\cdots (1)$$

式中，R——样本中农药残留量（μg/kg）；

$C_{标}$——标准溶液浓度（μg/L）；

$V_{标}$——标准溶液进样体积（μL）；

$V_{终}$——样本溶液最终定容体积（mL）；

$V_{样}$——样本溶液进样体积（μL）；

$S_{标}$——标准溶液中定量离子的峰面积（μvs）；

$S_{样}$——样本溶液中定量离子的峰面积（μvs）；

W——称样重量（g）。

4 最低检出浓度、准确度和精确度

4.1 最低检出浓度

见附录A表A.2。

4.2 准确度和精确度

本方法回收率在70%～120%，相对标准偏差在15%以下，均符合多残留分析的要求。

附 录 A

（资料性附录）

205 种农药的保留时间和定量、定性离子及最低检出浓度

表 A.1 205 种农药的保留时间和定量离子与定性离子

序号	中文名称	英文名称	保留时间(min)	定量离子	参比离子 1	参比离子 2
1	敌敌畏	ddvp	16.45	109	185	—
2	甲胺磷	methamidophos	17.38	94	141	95
3	草毒死	allidochlor	17.98	56	138	132
4	氟虫脲	flufenoxuron	20.39	141	157	113
5	速灭磷	mevinphos	25.02	127	164	—
6	苯胺灵	propham	26.86	93	120	—
7	虫螨畏	methacrifos	29.12	125	208	—
8	禾大壮	molinate	31.14	126	55	83
9	异丙威	isoprocarb	31.45	121	136	—
10	灭除威	xmc	33.11	122	107	77
11	四氯硝基苯	tecnazene	33.86	203	261	—
12	毒草胺	propachlor	35.42	176	196	—
13	丁苯威	fenobucarb	35.83	121	150	—
14	残杀威	propoxur	36.1	110	152	—
15	二苯胺	diphenylamine	36.79	169	168	77
16	灭克磷	ethoprophos	37.49	158	242	—
17	乙丁烯氟灵	ethalfluralin	39.02	55	276	316
18	蔬果磷	salithion	39.32	216	183	78
19	氯苯胺磷	chlorpropham	39.51	127	213	129
20	氟乐灵	trifluralin	40.3	306	264	—
21	恶虫威	bendiocarb	40.47	151	166	—
22	氟草胺	benfluralin	40.65	292	276	264
23	硫线磷	cadusafos	40.8	159	158	—
24	alpha－六六六	α－hexachlorocyclohexane	41.03	181	219	111
25	戊菌隆	pencycaron	41.1	125	127	—
26	甲拌磷	phorate	41.1	121	260	—
27	猛杀威	promecarb	41.62	135	150	91
28	氯硝胺	dicloran	43.08	124	206	176
29	乐果	dimethoate	43.46	125	143	229
30	beta－六六六	β－hexachlorocyclohexane	44.23	219	181	183
31	解草恶唑	furilazole	44.25	220	262	—
32	五氯硝基苯	quintozene	44.31	237	295	—
33	克百威	carbofuran	44.74	164	149	221
34	西玛津	simazine	44.96	201	186	—

表 A.1（续）

序号	中文名称	英文名称	保留时间(min)	定量离子	参比离子 1	参比离子 2
35	异恶草酮	clomazone	45.18	125	204	—
36	gamma -六六六	γ - hexachlorocyclohexane	45.32	219	181	183
37	噻节因	dimethipin	45.43	54	118	—
38	莠去津	atrazine	45.62	200	215	—
39	特丁硫磷	terbufos	46.64	231	57	288
40	地虫硫磷	fonofos	46.66	137	246	—
41	杀螟腈	cyanophos	46.76	243	180	109
42	炔苯酰草胺	propyzamide	47.79	173	147	145
43	磷胺 1	phosphamidone	48.06	127	264	—
44	嘧菌胺 1	pyrimetanil1	48.25	198	199	200
45	二嗪农	diazinon	48.37	179	304	—
46	氯唑磷	isazophos	49.62	119	161	—
47	野麦畏	triallate	49.77	86	268	128
48	特草定	terbacil	50.19	161	160	117
49	deta -六六六	δ - hexachlorocyclohexane	50.25	183	181	—
50	氧嘧啶磷	etrimfos	50.25	292	153	—
51	氟苯脲	tefluthrin	50.74	177	197	—
52	解草酮	benoxacor	50.88	120	259	—
53	异稻瘟净	iprobenphos	50.92	91	204	—
54	二甲吩草胺	dimethenamid	52.58	154	203	—
55	除线磷	dichlofenthion	52.8	279	223	—
56	磷胺 2	phosphamidone2	52.88	264	127	193
57	溴丁酰草胺	bromobutide	53.22	119	120	—
58	甲基毒死蜱	chlorpyrifos - methyl	53.29	286	289	—
59	乙草胺	acetochlor	53.42	146	223	162
60	甲基立枯磷	tolclofos - methyl	54.17	265	267	250
61	乙烯菌核利	vinclozolin	54.22	285	198	—
62	甲基对硫磷	methyl - parathion	54.24	263	246	125
63	甲草胺	alachlor	54.45	160	269	188
64	硅氟唑	simeconazole	54.7	121	211	195
65	皮蝇磷	fenchlorphos	55.46	285	287	125
66	甲霜灵	metalaxl	55.69	206	160	—
67	莠灭净	ametryn	56.07	227	212	—
68	扑草净	prometryn	56.59	241	184	—
69	氟硫草定	dithiopyr	56.92	354	306	—
70	杀螟硫磷	fenitrothion	57.72	277	260	—
71	虫螨磷	pirimphos - methyl	57.83	290	276	333
72	特丁威	terbutryn	57.99	226	241	—
73	甲基毒虫畏- e	dimethylvinphos - e	58.44	295	297	—

表 A.1（续）

序号	中文名称	英文名称	保留时间(min)	定量离子	参比离子 1	参比离子 2
74	艾氏剂	aldrin	58.48	66	263	—
75	灭藻醌	quinoclamine	58.54	207	172	—
76	戊草丹	esprocarb	58.59	222	162	—
77	异丙甲草胺	metolachor	59.12	162	238	—
78	马拉硫磷	malathion	59.54	173	158	—
79	噻草定	thiazopryr	59.63	327	363	—
80	禾草丹	benthiocarb	59.7	257	259	125
81	毒死蜱	chlorpyrifos	59.7	314	316	—
82	氯酞酸甲酯	chlorthal – dimethyl	59.98	299	332	—
83	甲基毒虫畏- z	dimethylvinphos – z	60.04	295	297	—
84	倍硫磷	fenthion	60.33	278	279	—
85	对硫磷	parathion	60.81	291	155	137
86	四氯苯酞	fthalide	61.04	243	241	272
87	三氯杀螨醇	dicofol	61.2	250	111	—
88	三唑酮	triadimefon	61.27	57	208	—
89	草净津	cyanazine	61.28	225	68	198
90	乙霉威	diethofencarb	61.29	267	196	—
91	溴硫磷	bromophos	62.05	331	329	125
92	氟醚唑	teraconazole	62.1	336	338	101
93	酞菌酯	nitrothal – isopropyl	62.54	236	194	254
94	双苯酰草胺	diphenmid	62.55	72	167	239
95	噻唑磷 1	fosthiazate1	62.56	195	283	239
96	噻唑磷 2	fosthiazate2	62.58	195	283	—
97	胺硝草	pendimethalin	63.84	252	281	—
98	嘧菌环胺	cyprodinil	64.09	224	225	77
99	毒虫畏 1	a – chlorofenvinphos	64.43	267	269	323
100	戊菌唑	penconazole	64.72	248	250	213
101	异戊乙净	dimethametryn	65.4	212	240	255
102	异柳磷	isofenphos	65.45	213	255	—
103	毒虫畏 2	b – chlorofenvinphos	65.61	269	323	267
104	喹硫磷	quinalphos	66.05	146	298	—
105	哌草丹	dimepiperate	66.06	145	91	119
106	稻丰散	phenthoate	66.07	274	246	—
107	氟虫晴	fipronil	66.31	367	369	213
108	腐霉利	procymidone	66.38	283	285	—
109	烯丙菊酯 1	allethrin – 1	66.69	123	136	79
110	烯丙菊酯 2	allethrin – 2	66.84	123	136	79
111	三唑醇 1	triadimenol – 1	66.88	112	168	128
112	氯丹 1	chlordane – 1	66.91	373	375	377

表 A.1（续）

序号	中文名称	英文名称	保留时间(min)	定量离子	参比离子 1	参比离子 2
113	杀扑磷	methidathion	67.47	145	85	302
114	三唑醇 2	triadimenol - 2	68.01	112	168	128
115	硫丹 1	a - benzoepin	68.24	241	339	—
116	氯丹 2	chlordane - 2	68.46	375	373	377
117	多效唑	paclobutrazol	68.69	236	125	—
118	杀虫畏	tetrachlorvinphos	68.78	329	331	109
119	丙虫磷	propaphos	68.86	220	304	262
120	丁草胺	butachlor	69.33	176	311	—
121	苯硫威	fenothiocarb	69.5	72	160	—
122	抑草磷	butamifos	70.2	286	258	—
123	敌草胺	napropamide	70.34	72	271	128
124	丙硫磷	prothiofos	71.27	309	162	—
125	克线磷	fenamiphos	71.33	303	260	288
126	狄氏剂	dieldrin	71.7	79	263	—
127	苯氧菌胺 1	metominostrobin - e	71.8	191	196	—
128	丙草胺	pretilachlor	71.84	162	238	—
129	稻瘟灵	isoprothiolane	71.9	118	290	—
130	丙溴膦	profenfos	71.99	339	337	—
131	氟酰胺	flutolanil	72.01	173	145	—
132	p,p′-滴滴伊	p,p′- dde	72.16	246	318	316
133	烯效唑	uniconazole	72.82	234	236	—
134	脱叶磷	tribufos	73.07	169	258	—
135	麦草氟草酯	flamprop - methyl	73.26	105	276	—
136	恶草酮	oxadiazon	73.26	258	344	—
137	苄氯三唑醇	diclobutrazole	73.52	159	82	—
138	噻嗪酮	buprofezin	73.54	172	83	—
139	腈菌唑	myclobutanil	73.55	179	82	—
140	戊环唑	azaconazole	73.72	217	173	—
141	氟硅唑	flusilazole	73.73	449	429	—
142	噻氟酰胺	thifluzamide	73.8	233	206	—
143	乙嘧酚磺氨酯	bupirimate	74.1	273	316	—
144	异狄氏剂	endrin	74.11	81	263	—
145	丙森锌 1	iprovalicarb - 1	74.21	134	116	119
146	苯氧菌胺 2	metominostrobin - z	74.21	191	284	238
147	乙氧氟草醚	oxyfluorfen	74.33	252	361	300
148	醚菌酯	kresoxim - methyl	74.44	206	131	—
149	氟唑虫清	chlorfenapyr	75.12	59	247	—
150	丙森锌 2	iprovalicarb - 2	75.49	134	72	—
151	环氟菌胺	cyflufenamid	75.65	91	118	412

表 A.1（续）

序号	中文名称	英文名称	保留时间(min)	定量离子	参比离子 1	参比离子 2
152	禾草灵 1	fenoxanil1	75.85	189	139	125
153	禾草灵 2	fenoxanil2	75.86	189	139	125
154	硫丹 2	b－benzoepin	76.1	241	339	—
155	毒虫威	chloropropylate	76.74	139	251	253
156	丰索磷	fensulfothion	77.25	293	308	—
157	嘧草醚 1	pyriminobac－methyl1	77.33	302	330	—
158	o,p′-滴滴涕	o,p′－ddt	77.44	235	237	165
159	p,p′-滴滴滴	p,p′－ddd	77.44	165	235	237
160	乙硫磷	ethion	78.1	153	384	—
161	三唑磷	triazophos	80.33	161	257	—
162	丙氧灭锈胺	mepronil	80.35	119	269	—
163	嘧螨酯	fluacrypyvim	80.49	320	352	—
164	苯霜灵	benalaxyl	80.5	148	325	—
165	克瘟散	edifenphos	80.99	173	201	—
166	噻螨酮	hexythiazox	81.33	271	309	98
167	喹氧灵	quinoxyfen	81.33	237	272	—
168	唑草酮	carfentrazone－ethyl	81.61	312	340	—
169	丙环唑 1	propiconazole－1	81.73	259	173	—
170	p,p′-滴滴涕	p,p′－ddt	82.05	235	237	—
171	丙环唑 2	propiconazole－2	82.43	259	173	—
172	嘧草醚 2	pyriminobac－methyl2	82.81	302	330	256
173	肟菌酯	trifloxystrobin	82.86	116	131	222
174	噻吩草胺	thenychlor	83.21	288	287	—
175	炔草酯	clodinafop－propargyl este	83.52	349	266	238
176	氟唑虫酯	pyraflufen－ethyl	83.75	412	414	349
177	戊唑醇	tebuconazole	84.25	125	250	—
178	氯甲草	diclofop－methyl	84.86	253	340	255
179	稗草畏	Pyributicarb	87.04	108	165	181
180	哒嗪硫磷	pyridaphenthion	87.7	340	199	—
181	苯硫磷	ethyl－p－nitrophenyl phenylphosphonothioate	88.54	157	323	—
182	溴螨酯	bromopropylate	88.77	341	343	—
183	戊草净	piperophos	89.14	320	140	—
184	吡氟酰草胺	picolinafen	89.48	238	376	239
185	氟氯菊酯	bifenthrin	89.49	181	166	—
186	解毒喹	cloquintolet－1－methyl	89.59	192	194	—
187	苯氧威	fenoxycarb	89.79	116	88	186
188	乙螨唑	etoxazole	90.02	141	204	359
189	甲氰菊酯	fenpropathrin	90.17	97	349	265

表 A.1（续）

序号	中文名称	英文名称	保留时间(min)	定量离子	参比离子 1	参比离子 2
190	莎稗磷	anilofos	90.28	226	184	—
191	治草醚	bifenox	90.47	341	343	—
192	吡螨胺	tebufenpyrad	90.48	318	333	—
193	氯甲酰草胺	clomeprop	90.65	120	288	—
194	三氯杀螨砜	tertradifon	90.79	356	354	—
195	呋线威	furathioncarb	91.02	163	135	—
196	伏杀磷	phosalone	91.21	182	184	—
197	甲基谷硫磷	azinphos - methyl	91.3	77	160	—
198	氯氟氰菊酯	cyhalothrin - 1	92.03	181	197	—
199	氰氟草酯	cyhalofop - butyl	92.06	256	229	—
200	异醚菌醇	fenarimol	92.33	139	251	330
201	氯氟氰菊酯 2	cyhalothrin - 2	92.36	181	197	141
202	乳氟禾草灵	lactofen	92.44	344	223	—
203	吡嘧磷	pyrazophos	92.55	221	232	373
204	氟酯菊酯 1	acrinathrin - 1	92.79	93	247	289
205	氟酯菊酯 2	acrinathrin - 2	92.8	181	93	289
206	吡唑硫磷	pyraclofos	93.04	360	362	—
207	氯菊酯 1	cis - permethrin	93.57	183	165	—
208	氟喹唑	fluguinconazole	93.75	340	342	108
209	哒螨酮	pyridaben	93.78	147	309	364
210	氯菊酯 2	trans - permethrin	93.81	183	165	—
211	氯氰菊酯 3	cypermethrin3	93.81	163	165	—
212	咪鲜胺	prochloraz	94.26	180	310	308
213	氟丙嘧草酯	butafenacil	94.27	331	333	180
214	乙氧苯草胺	etobenzanid	94.29	179	59	121
215	唑草胺	cafenstrole	94.34	100	72	188
216	氟氯氰菊酯 1	cyfluthrin - 1	94.56	163	226	—
217	氟氯氰菊酯 2	cyfluthrin - 2	94.74	163	226	—
218	氟氯氰菊酯 3	cyfluthrin - 3	94.83	163	226	—
219	氟氯氰菊酯 4	cyfluthrin - 4	94.91	163	226	—
220	氯氰菊酯 1	cypermethrin1	95.1	163	165	—
221	苄螨醚	halfenprox	95.17	263	265	—
222	氯氰菊酯 2	cypermethrin2	95.29	163	165	—
223	氟氰戊菊酯 1	flucythrinate - 1	95.43	199	451	—
224	氯氰菊酯 4	cypermethrin4	95.43	163	165	—
225	氟氰戊菊酯 2	flucythrinate - 2	95.45	199	451	—
226	嘧螨醚	pyrimidifen	96.38	184	186	—
227	氰戊菊酯 1	fenvalerate - 1	96.73	125	167	—
228	丙炔氟草胺	flumioxazin	96.74	354	79	107

表 A.1（续）

序号	中文名称	英文名称	保留时间(min)	定量离子	参比离子1	参比离子2
229	氟胺氰菊酯1	fluvalinate－1	96.98	250	252	—
230	氟胺氰菊酯2	fluvalinate－2	97.13	250	252	—
231	氰戊菊酯2	fenvalerate－2	97.15	125	167	—
232	苯醚甲环唑1	difenoconazole－1	97.72	323	265	267
233	苯醚甲环唑2	difenoconazole－2	97.84	323	265	267
234	溴氰菊酯1	deltamethrin－1	97.91	253	181	—
235	恶二唑虫	indoxacarb	97.99	218	150	203
236	溴氰菊酯2	deltamethrin－2	98.34	253	181	—
237	氟烯草酸	flumiclorac－pentyl	98.66	423	308	318
238	嘧菌酯	azoxystrobin	98.76	344	388	—

表 A.2　205 种农药的最低检出浓度

序号	中文名称	英文名称	最低检出浓度(mg/kg)
1	敌敌畏	ddvp	0.010
2	甲胺磷	methamidophos	0.011
3	草毒死	allidochlor	0.023
4	氟虫脲	flufenoxuron	0.018
5	速灭磷	mevinphos	0.027
6	苯胺灵	propham	0.03
7	虫螨畏	methacrifos	0.009
8	禾大壮	molinate	0.029
9	异丙威	isoprocarb	0.027
10	灭除威	xmc	0.017
11	四氯硝基苯	tecnazene	0.014
12	毒草胺	propachlor	0.022
13	丁苯威	fenobucarb	0.014
14	残杀威	propoxur	0.013
15	二苯胺	diphenylamine	0.018
16	灭克磷	ethoprophos	0.021
17	乙丁烯氟灵	ethalfluralin	0.041
18	蔬果磷	salithion	0.032
19	氯苯胺磷	chlorpropham	0.039
20	氟乐灵	trifluralin	0.011
21	恶虫威	bendiocarb	0.010
22	氟草胺	benfluralin	0.021
23	硫线磷	cadusafos	0.058
24	六六六	hexachlorocyclohexane	0.009
25	戊菌隆	pencycaron	0.005
26	甲拌磷	phorate	0.013

表 A.2（续）

序号	中文名称	英文名称	最低检出浓度(mg/kg)
27	猛杀威	promecarb	0.023
28	氯硝胺	dicloran	0.019
29	乐果	dimethoate	0.016
30	解草噁唑	furilazole	0.012
31	五氯硝基苯	quintozene	0.022
32	克百威	carbofuran	0.027
33	西玛津	simazine	0.029
34	异噁草酮	clomazone	0.019
35	噻节因	dimethipin	0.015
36	莠去津	atrazine	0.012
37	特丁硫磷	terbufos	0.011
38	地虫硫磷	fonofos	0.029
39	杀螟腈	cyanophos	0.012
40	炔苯酰草胺	propyzamide	0.021
41	磷胺	phosphamidone	0.012
42	嘧菌胺	pyrimetanil	0.021
43	二嗪农	diazinon	0.009
44	氯唑磷	isazophos	0.008
45	野麦畏	triallate	0.013
46	特草定	terbacil	0.017
47	氧嘧啶磷	etrimfos	0.009
48	氟苯脲	tefluthrin	0.021
49	解草酮	benoxacor	0.012
50	异稻瘟净	iprobenphos	0.014
51	二甲吩草胺	dimethenamid	0.025
52	除线磷	dichlofenthion	0.022
53	溴丁酰草胺	bromobutide	0.034
54	甲基毒死蜱	chlorpyrifos - methyl	0.015
55	乙草胺	acetochlor	0.022
56	甲基立枯磷	tolclofos - methyl	0.030
57	乙烯菌核利	vinclozolin	0.028
58	甲基对硫磷	methyl - parathion	0.021
59	甲草胺	alachlor	0.037
60	硅氟唑	simeconazole	0.021
61	皮蝇磷	fenchlorphos	0.012
62	甲霜灵	metalaxl	0.027
63	莠灭净	ametryn	0.012
64	扑草净	prometryn	0.058
65	氟硫草定	dithiopyr	0.018

表 A. 2（续）

序号	中文名称	英文名称	最低检出浓度(mg/kg)
66	杀螟硫磷	fenitrothion	0. 021
67	虫螨磷	pirimphos－methyl	0. 033
68	特丁威	terbutryn	0. 019
69	甲基毒虫畏	dimethylvinphos	0. 012
70	艾氏剂	aldrin	0. 016
71	灭藻醌	quinoclamine	0. 019
72	戊草丹	esprocarb	0. 017
73	异丙甲草胺	metolachor	0. 015
74	马拉硫磷	malathion	0. 026
75	噻草定	thiazopryr	0. 026
76	禾草丹	benthiocarb	0. 017
77	毒死蜱	chlorpyrifos	0. 015
78	氯酞酸甲酯	chlorthal－dimethyl	0. 028
79	倍硫磷	fenthion	0. 017
80	对硫磷	parathion	0. 023
81	四氯苯酞	fthalide	0. 028
82	三氯杀螨醇	dicofol	0. 028
83	三唑酮	triadimefon	0. 019
84	草净津	cyanazine	0. 025
85	乙霉威	diethofencarb	0. 029
86	溴硫磷	bromophos	0. 029
87	氟醚唑	teraconazole	0. 016
88	酞菌酯	nitrothal－isopropyl	0. 017
89	双苯酰草胺	diphenmid	0. 010
90	噻唑磷	fosthiazatel	0. 026
91	胺硝草	pendimethalin	0. 020
92	嘧菌环胺	cyprodinil	0. 017
93	毒虫畏	chlorofenvinphos	0. 03
94	戊菌唑	penconazole	0. 023
95	异戊乙净	dimethametryn	0. 011
96	异柳磷	isofenphos	0. 014
97	喹硫磷	quinalphos	0. 007
98	哌草丹	dimepiperate	0. 019
99	稻丰散	phenthoate	0. 028
100	氟虫晴	fipronil	0. 022
101	腐霉利	procymidone	0. 020
102	烯丙菊酯	allethrin	0. 017
103	三唑醇	triadimenol	0. 009
104	氯丹	chlordane	0. 023

表 A.2（续）

序号	中文名称	英文名称	最低检出浓度(mg/kg)
105	杀扑磷	methidathion	0.018
106	硫丹	a－benzoepin	0.019
107	多效唑	paclobutrazol	0.020
108	杀虫畏	tetrachlorvinphos	0.025
109	丙虫磷	propaphos	0.011
110	丁草胺	butachlor	0.025
111	苯硫威	fenothiocarb	0.027
112	抑草磷	butamifos	0.024
113	敌草胺	napropamide	0.019
114	丙硫磷	prothiofos	0.022
115	克线磷	fenamiphos	0.020
116	狄氏剂	dieldrin	0.025
117	苯氧菌胺	metominostrobin	0.019
118	丙草胺	pretilachlor	0.024
119	稻瘟灵	isoprothiolane	0.026
120	丙溴膦	profenfos	0.016
121	氟酰胺	flutolanil	0.032
122	滴滴涕	ddt	0.017
123	烯效唑	Uniconazole	0.02
124	脱叶磷	tribufos	0.015
125	麦草氟草酯	flamprop－methyl	0.018
126	恶草酮	oxadiazon	0.034
127	苄氯三唑醇	diclobutrazole	0.014
128	噻嗪酮	buprofezin	0.025
129	腈菌唑	myclobutanil	0.011
130	戊环唑	azaconazole	0.01
131	氟硅唑	flusilazole	0.028
132	噻氟酰胺	thifluzamide	0.016
133	乙嘧酚磺氨酯	bupirimate	0.016
134	异狄氏剂	endrin	0.012
135	丙森锌	iprovalicarb	0.006
136	乙氧氟草醚	oxyfluorfen	0.025
137	醚菌酯	kresoxim－methyl	0.028
138	氟唑虫清	chlorfenapyr	0.011
139	环氟菌胺	cyflufenamid	0.020
140	禾草灵	fenoxanil	0.018
141	毒虫威	chloropropylate	0.010
142	丰索磷	fensulfothion	0.028
143	嘧草醚	pyriminobac－methyl	0.010

表 A.2（续）

序号	中文名称	英文名称	最低检出浓度(mg/kg)
144	乙硫磷	ethion	0.025
145	三唑磷	triazophos	0.012
146	丙氧灭锈胺	mepronil	0.017
147	嘧螨酯	fluacrypyvim	0.031
148	苯霜灵	benalaxyl	0.016
149	克瘟散	edifenphos	0.031
150	噻螨酮	hexythiazox	0.017
151	喹氧灵	quinoxyfen	0.019
152	唑草酮	carfentrazone - ethyl	0.013
153	丙环唑	propiconazole	0.028
154	肟菌酯	trifloxystrobin	0.026
155	噻吩草胺	thenychlor	0.065
156	炔草酯	clodinafop - propargyl este	0.021
157	氟唑虫酯	pyraflufen - ethyl	0.009
158	戊唑醇	tebuconazole	0.030
159	氯甲草	diclofop - methyl	0.025
160	稗草畏	Pyributicarb	0.027
161	哒嗪硫磷	pyridaphenthion	0.011
162	苯硫磷	ethyl - p - nitrophenyl phenylphosphonothioate	0.006
163	溴螨酯	bromopropylate	0.02
164	戊草净	piperophos	0.031
165	吡氟酰草胺	picolinafen	0.024
166	氟氯菊酯	bifenthrin	0.027
167	解毒喹	cloquintolet - 1 - methyl	0.010
168	苯氧威	fenoxycarb	0.008
169	乙螨唑	etoxazole	0.009
170	甲氰菊酯	fenpropathrin	0.028
171	莎稗磷	anilofos	0.019
172	治草醚	bifenox	0.013
173	吡螨胺	tebufenpyrad	0.019
174	氯甲酰草胺	clomeprop	0.026
175	三氯杀螨砜	tertradifon	0.008
176	呋线威	furathioncarb	0.032
177	伏杀磷	phosalone	0.004
178	甲基谷硫磷	azinphos - methyl	0.032
179	氯氟氰菊酯	cyhalothrin	0.02
180	氰氟草酯	cyhalofop - butyl	0.009
181	异醚菌醇	fenarimol	0.035
182	乳氟禾草灵	lactofen	0.005

表 A.2（续）

序号	中文名称	英文名称	最低检出浓度(mg/kg)
183	吡嘧磷	pyrazophos	0.012
184	氟酯菊酯	acrinathrin	0.024
185	吡唑硫磷	pyraclofos	0.016
186	氯菊酯	cis－permethrin	0.013
187	氟喹唑	fluguinconazole	0.027
188	哒螨酮	pyridaben	0.006
189	咪鲜胺	prochloraz	0.025
190	氟丙嘧草酯	butafenacil	0.015
191	乙氧苯草胺	etobenzanid	0.029
192	唑草胺	cafenstrole	0.027
193	氟氯氰菊酯	cyfluthrin	0.03
194	氯氰菊酯	cypermethrin	0.017
195	苄螨醚	halfenprox	0.017
196	氟氰戊菊酯	flucythrinate	0.031
197	嘧螨醚	pyrimidifen	0.036
198	氰戊菊酯	fenvalerate	0.019
199	丙炔氟草胺	flumioxazin	0.027
200	氟胺氰菊酯	fluvalinate	0.018
201	苯醚甲环唑	difenoconazole	0.021
202	溴氰菊酯	deltamethrin	0.029
203	恶二唑虫	indoxacarb	0.022
204	氟烯草酸	flumiclorac－pentyl	0.029
205	嘧菌酯	azoxystrobin	0.014

附　录　B

（资料性附录）

色　谱　图

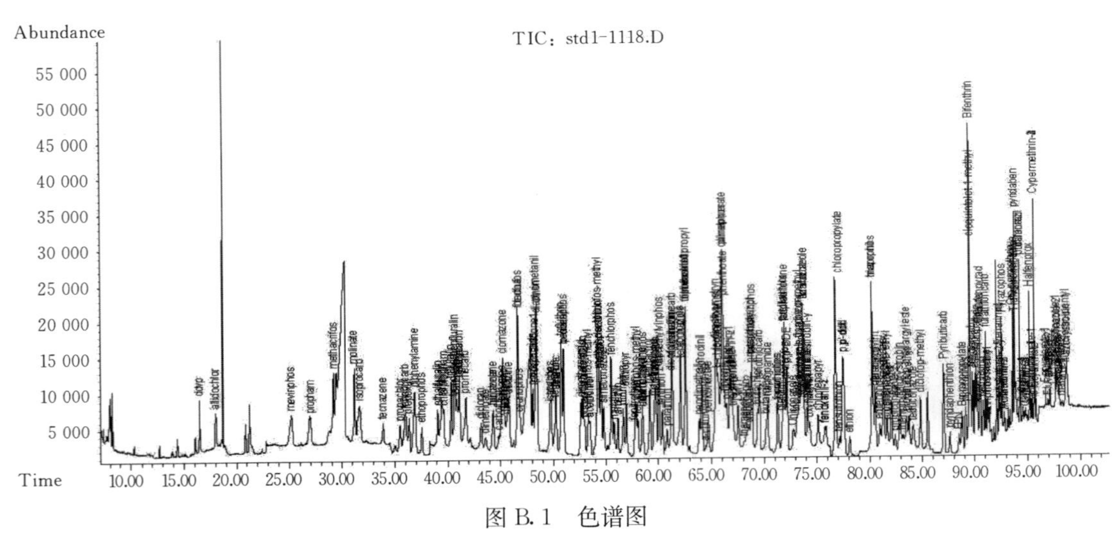

图 B.1　色谱图

本标准参考了日本杂贺技术研究所开发的农药多残留同时分析技术，并根据天津的实际情况，经过进一步研究、试验、验证后制定的。

本标准由天津市农业科学院提出。

本标准起草单位：天津市农业质量标准与检测技术研究所。

本标准主要起草人：张玉婷、郭永泽、程奕、刘磊、邵辉、李辉、李娜、宋淑荣。

牛结核病噬菌体检测技术规范

The technical standard for detection of bovine tuberculosis by mycobacteriophage

1 范围

本标准规定了噬菌体生物扩增技术检测牛结核病的定义、设备和仪器、培养基和试剂、检测、结果判定、注意事项。

本标准适用于牛结核病的疫病普查、监测和诊断。

2 规范性引用文件

下列文件对于本文件的应用是必不可少的。凡是注日期的引用文件，仅所注日期的版本适用于本文件。凡是不注日期的引用文件，其最新版本(包括所有的修改单)适用于本文件。

NY/T 541 动物疫病实验室检验采样方法

3 定义

3.1 噬菌体 Bacteriophage，简称 phage

噬菌体是感染细菌、真菌、放线菌或螺旋体等微生物的病毒的总称，因部分能引起宿主菌的裂解，故称为噬菌体。

3.2 噬菌斑 plaque

在人工培养基上，细菌在噬菌体的作用下裂解形成的圆形斑，称为噬菌斑。

4 设备和仪器

a) 生物安全柜；

b) 离心机(4 000 r/min)；

c) 振荡器；

d) 水浴锅(55 ℃)；

e) 恒温培养箱；

f) 有盖离心管(50 mL)；

g) 无菌试管(10 mL)；

h) 移液管(10 mL)；

i) 三角瓶(100 mL，500 mL)；

j) 平皿(90 mm)；

k) 移液器及配套吸头(100 μL，1 000 μL)。

5 培养基和试剂

培养基和试剂配制方法见附录 A。

天津市质量技术监督局 2014 - 04 - 22 发布 2014 - 07 - 20 实施

6 检测

6.1 样本的采集

按照 NY/T 541 进行样本采集。

6.2 样本的处理

6.2.1 牛乳

取牛乳 5 mL 于 50 mL 有盖离心管中，加 10 mL 的 3%NaOH 溶液；振荡混匀，室温孵育15 min；加灭菌完全培养基至 30 mL，4 000 r/min 离心 15 min，弃去上清液；再加灭菌完全培养基至 30 mL，4 000 r/min 离心 15 min 后弃去上清液；加 1 mL 灭菌完全培养基重悬沉淀物，无菌条件下转移至 10 mL 无菌试管中。

6.2.2 口鼻分泌物

取 2 mL 牛口鼻分泌物（或 2 mL 保存液中的牛口鼻分泌物棉拭子样品）于 50 mL 有盖离心管中，处理方法同 6.2.1。

6.3 检测

6.3.1 阴性对照：吸取 1 mL 灭菌完全培养基于 10 mL 无菌试管中，为"阴性对照"。

6.3.2 阳性对照：取 50 μL 指示细胞溶液用灭菌完全培养基稀释至 1.0×10^{6} cfu/mL，取1 mL稀释后的溶液于 10 mL 无菌试管中，为"阳性对照"。

6.3.3 灭菌双蒸水空白对照：灭菌双蒸水处理方法同 6.2.1。

6.3.4 在阳性对照、阴性对照、空白对照及样本管中分别加入 100 μL 噬菌体 D29 溶液，混匀，于 37 ℃水浴锅中孵育 2 h；

6.3.5 上述反应管中分别加 100 μL 杀病毒剂，充分混匀，置于室温 10 min；

6.3.6 上述反应管中分别加 8 mL 完全培养基，混匀；

6.3.7 上述反应管中分别加 1 mL 指示细胞溶液，混匀；

6.3.8 快速将反应管中所有的内容物分别倒入相应的空的 90 mm 的无菌平皿中；立即加8 mL冷却至 55 ℃左右的琼脂培养基于各平皿中，快速混匀，置于室温定型；

6.3.9 将平皿倒置于 37 ℃培养箱中培养，18 h～24 h 后判读结果。

7 结果判定

当阳性对照平皿中噬菌斑数目≥20 个，阴性对照平皿的噬菌斑数少于 10 个，同时无菌双蒸水空白对照均无噬菌斑时，试验成立。受检样品平皿中出现大小不等的噬菌斑且≥20 个，或许多噬菌斑相互融合成透明状判定为阳性；平皿中无噬菌斑出现或噬菌斑数量＜20 个判定为阴性。

8 注意事项

8.1 试验前需将所有试剂和样本回复至室温。

8.2 加入杀毒剂后一定要彻底摇匀，以杀死全部未进入菌体里的噬菌体。

8.3 由于临床样本中可能含有病原体，因此所有操作过程应符合相关生物安全操作规程，如不得用口直接接触移液器，正确使用手套、生物安全罩衣、口罩等相应的安全防护设施。

8.4 检测结束后，实验用品和废弃物，应进行高温高压或其他生物安全处理。

附 录 A
（规范性附录）
培养基和试剂配制方法

A.1 Middlebrook7H9 基础培养基

将 Middlebrook7H9 基础培养基(自购)4.7 g 加入 900 mL 蒸馏水(或去离子水)中，充分混匀，溶解，121 ℃灭菌 10 min，冷却至室温后使用。置于 25 ℃下贮存，有效期 4 周。如该溶液污染(浑浊)，则弃用。

A.2 完全培养基

无菌条件下，将小牛血清复合物 20 mL 加至无菌已冷却的 180 mL7H9 基础培养基中，制得完全培养基。4 ℃保存备用，有效期 4 周。如该溶液污染(浑浊)，则弃用。

A.3 3% NaOH 溶液

取 NaOH 30 g，溶于 1 000 mL 蒸馏水中，121 ℃灭菌 10 min，冷却后备用。

A.4 噬菌体 D29 溶液

自购，用无菌完全培养基将噬菌体 D29 调至工作浓度为 1.0×10^8 Pfu/mL，4 ℃保存备用。

A.5 指示细胞溶液

耻垢分枝杆菌(ATCC，607，自购)，用无菌完全培养基将指示细胞配制成浓度为 1.0×10^6 cfu/mL，4 ℃保存备用。

A.6 杀病毒剂

将 50 mL 浓硫酸加入到 800 mL 蒸馏水中，冷却后再溶入 40 g 硫酸亚铁铵。在容量瓶中稀释到 1 000 mL，4 ℃保存备用。贮存过程中，该溶液可能褪色或产生沉淀，但不影响其使用。

A.7 琼脂培养基

将 1.5 g 琼脂培养基干粉加入 100 mL 7H9 基础培养基中，充分混匀，加热溶解，121 ℃灭菌 10 min 冷却至 55 ℃左右时使用。置于 25 ℃条件下贮存，有效期 4 周。再次使用则需加热融化，重融次数不得超过 3 次。

本标准的编写符合 GB/T 1.1—2009《标准化工作导则　第 1 部分：标准的结构和编写》的要求。
本标准由天津市畜牧兽医局提出。
本标准由天津市动物卫生监督所起草。
本标准主要起草人：刘子芝、赵勇、李志荣、刘纪艳、尹望中、杨建华、周永燚、王颖、赵晶。
本标准于 2014 年 4 月发布。

鲜冻畜、禽肉中动物源性成分的定量检测　实时荧光 PCR 法

Identification of mammal derived materials in meat and meat products—Real time PCR method

1　范围

本标准规定了鲜冻畜、禽肉中动物源性成分(包括牛、绵羊、山羊、猪、鸡、鸭等)实时荧光 PCR 检测方法,该检测方法的检出限为 0.1%。

本标准适用于鲜冻畜、禽肉中动物源性成分的定量检测。

2　规范性引用文件

下列文件对于本文件的应用是必不可少的。凡是注日期的引用文件,仅注日期的版本适用于本文件。凡是不注日期的引用文件,其最新版本(包括所有的修改单)适用于本文件。

GB/T 6682　分析实验室用水规格和试验方法

SN/T 1193　基因检验实验室技术要求

3　术语和定义

下列术语和定义适用于本文件。

3.1　实时荧光 PCR real time PCR

实时荧光聚合酶链式反应。

3.2　Ct 值 cycle time

每个反应管内的荧光信号达到设定的阈值时所经历的循环数。

4　原理

采用 TaqMan 实时荧光 PCR 技术,根据动物基因组 DNA 筛选种间特异、种内保守的序列区间,设计外源目的基因引物和 TaqMan 荧光探针,同时基于基因组 DNA 筛选种间保守的内参基因,根据标准样品模板拷贝数与 Ct 值间的线性关系,分别绘制外源目的基因和内参基因的标准曲线。计算试样中外源目的基因和内参基因的拷贝数及其比值,通过内参基因校正外源目的基因。利用裂解液破碎细胞,三氯甲烷抽提蛋白质,乙酸钠和无水乙醇沉淀得到 DNA;以提取的 DNA 为模板进行实时荧光 PCR 扩增。

5　检测方法

5.1　试剂和材料

除非另有说明,仅使用分析纯试剂和重蒸馏水或符合 GB/T 6682 规定的一级水。

天津市市场和质量监督管理委员会 2016-09-27 发布　　2016-11-01 实施

5.1.1 DNA 提取用试剂

5.1.1.1 三氯甲烷；

5.1.1.2 异戊醇；

5.1.1.3 乙酸钠；

5.1.1.4 无水乙醇；

5.1.1.5 Tris 饱和酚；

5.1.1.6 裂解液：10 mmoL/L Tris－HCl(pH 8.0)，25 mmol/L EDTA(pH8.0)，5 g/L SDS，0.1 g/L 蛋白酶 K；

5.1.1.7 TE 缓冲液(Tris－HCl、EDTA 缓冲液)：10 mmoL/L Tris－HCl(pH 8.0)，1 mmol/L EDTA (pH8.0)；

5.1.2 TaqMan 荧光定量 PCR 反应试剂盒；

5.1.3 引物和探针。

表 1 动物源性成分内参基因和外源目的基因引物和探针序列

检测基因	引物序列	扩增片段长度	基因性质
OA－PRLP	OA－F：5′－CCAACATGCCTTTAAACCCTCAA－3′ OA－R：5′－GGAACTGTAGCCTTCTGACTCG－3′ OA－P：5′－FAM－GGAACTGTAGCCTTCTGACTCG－TAMRA－3′	88 bp	外源基因
Rd1	Rd1－F：5′－GTAGGTGCACAGTACGTTCTGAAG－3′ Rd1－R：5′－GGCCAGACTGGGCACATG－3′ Rd1－P：5′－ROX－CGGCACACTCGGCTGTGTTCCTTGC－BHQ1－3′	95 bp	外源基因
Sus－ACTB	Sus－F：5′－GGAGTGTGTATCCCGTAGGTG－3′ Sus－R：5′－CTGGGGACATGCAGAGAGTG－3′ Sus－P：5′－JOE－TCTGACGTGACTCCCCGACCTGG－BHQ1－3′	89 bp	外源基因
Chk	Chk－F：5′－CCCTCCTCCTTTCATCCTCAT－3′ Chk－R：5′－GTCATAGCGGAACCGTGGATA－3′ Chk－P：5′－FAM－CTATGAATCCGGGCCTC－TAMRA－3′	103 bp	外源基因
Duc	Duck－F：5′－AAGCCTTCCTCTAGCTCAGC－3′ Duck－R：5′－AGAAAATGCTTTAGTTAAGTC－3′ Duck－P：5′－FAM－CTCAGCCGCTTAAACAACGC－TAMRA－3′	101 bp	外源基因
16*SrRNA*	16S－F：5′－ACCGTGCAAAGGTAGCATAATCA－3′ 16S－R：5′－GCTCCATAGGGTCTTCTCGTCTT－3′ 16S－P：5′－FAM－ACTTGTATGAATGGCCGCACGAGGGTT－TAMRA－3′	82 bp	内参基因

注：预期扩增片段信息参见附录 A，TaqMan 探针引物其 5′端标记荧光报告基团(如 FAM、ROX 等)，3′端标记对应的荧光淬灭基团(如 TAMRA、BHQ1 等)。

5.1.3.1 引物和探针溶液。

用水分别将上述引物和探针稀释到 10 μmol/L。

注：探针需避光保存。

5.1.4 阳性对照

用已知含相应动物源性成分的样品作阳性对照。

5.1.5 双蒸水

5.2 仪器

a) 荧光定量 PCR 扩增仪；

b) 核酸蛋白分析仪或紫外分光光度计；

c） 分析天平，感量 0.1 g 和 0.1 mg；

d） 离心机：离心力 12 000 g；

e） 微量移液器：0.5～10 μL，10～100 μL，10～200 μL，100～1 000 μL；

f） 实时荧光 PCR 反应管；

g） 重蒸馏水发生器或纯水仪；

h） 恒温水浴箱。

5.3 分析步骤

5.3.1 式样的选取与制备

按照 GB/T 14699.1 采样，将实验室样品粉碎，充分混合均匀后待用。

5.3.2 DNA 模板制备

取待测动物肌肉组织样本清水洗净后，剔去动物组织中的结缔组织和脂肪，剪成约200 mg 的小块，放入用液氮预冷的研钵中，然后缓缓地向研钵中加入液氮，迅速研磨，直到样品成细微的粉末状为止，取 100 mg 加入 2 mL 灭菌离心管中；加入 500 μL SDS 裂解液和20 μL蛋白酶 K，混匀，55 ℃水浴消化数小时至过夜，期间不停颠倒混匀，直至溶液透明；将消化后的组织裂解液加入等体积的 Tris 饱和酚，缓慢颠倒混匀，12 000 r/min 离心 10 min，转移上清至一新离心管，重复 1 次；加入 0.5 倍体积的 Tris 饱和酚和 0.5 倍体积的氯仿/异戊醇(24∶1)，缓慢颠倒混匀，12 000 r/min 离心 10 min，转移上清至一新离心管；加入 0.1 倍体积的乙酸钠溶液和 2.5 倍体积 4 ℃预冷的无水乙醇，缓慢颠倒混匀，可见白色 DNA 絮状沉淀析出，－20 ℃沉淀 2 h；12 000 r/min 离心 5 min，加入 500 μL 70％乙醇洗涤沉淀；室温下放置使残余乙醇完全挥发，加入 100 μL TE 缓冲液溶解 DNA 沉淀。

5.3.3 标准曲线样品制备

采用牛、绵羊、山羊、猪、鸡、鸭、马相应的标准样品绘制特异性外源目的基因和 *16SrRNA* 内参基因的标准曲线。提取动物源性成分标准物质基因组 DNA，用 0.1×TE 或水稀释至 4×10^4 copies/μL～2×10^5 copies/μL(相当于 20 ng/μL～100 ng/μL)，作为初始模板。然后再用 0.1×TE 梯度稀释初始模板，制备不同浓度的动物源性成分标准溶液。标准溶液至少涵盖5 个动物源性成分浓度梯度，最低浓度拷贝数小于 200，最高浓度拷贝数大于 40 000。

5.3.4 PCR 反应

5.3.4.1 标准样品和试样实时荧光 PCR 反应。

5.3.4.1.1 同时进行标准样品和试样的 PCR 反应，每个 PCR 反应设置 3 次平行。

5.3.4.1.2 动物源性成分特异性外源基因实时荧光 PCR 反应按表 2 在 PCR 反应管中依次加入反应试剂，混匀；*16SrRNA* 内参基因实时荧光 PCR 反应按表 3 在 PCR 反应管中依次加入反应试剂，混匀。

表 2 动物源性成分特异性外源基因 PCR 反应体系

试 剂	终浓度	体 积
TaqMan 反应缓冲液	1×	—
10 μmol/L 正向引物	0.8 μmol/L	2.0 μL
10 μmol/L 反向引物	0.8 μmol/L	2.0 μL
10 μmol/L 探针引物	0.4 μmol/L	1.0 μL
DNA 模板		2.0 μL
无菌水		—
总体积		25.0 μL

注：根据仪器要求，可对反应体系做适当调整。“—”表示体积不确定。根据 TaqMan 反应液的浓度确定其体积，并相应调整水的体积，使反应体系总体积达到 25.0 μL。

表 3　*16SrRNA* 内参基因 PCR 反应体系

试　剂	终浓度	体　积
TaqMan 反应缓冲液	1×	—
10 μmol/L 16S-F	0.2 μmol/L	0.5 μL
10 μmol/L 16S-R	0.2 μmol/L	0.5 μL
10 μmol/L 16S-P	0.2 μmol/L	0.5 μL
DNA 模板		2.0 μL
无菌水		—
总体积		25.0 μL

注：根据仪器要求，可对反应体系做适当调整。“—”表示体积不确定。根据 TaqMan 反应液的浓度确定其体积，并相应调整水的体积，使反应体系总体积达到 25.0 μL。

5.3.4.1.3　将 PCR 管放在离心机上，500 g～3 000 g 离心 10 s，然后取出 PCR 管，放入 PCR 仪中。

5.3.4.1.4　运行实时荧光 PCR 反应。反应程序为：95 ℃变性 2 min；进行 45 次循环扩增反应（95 ℃变性 15 s，60 ℃退火延伸 1 min）；在第二阶段的退火延伸（60 ℃）时段收集荧光信号。

注：可根据仪器和试剂要求对反应参数作适当调整。

5.3.4.2　设置对照。应设置阴性对照和空白对照。各对照 PCR 反应体系中，除模板外其余组分及 PCR 反应条件与 5.3.4.1.4 相同。

以鲑鱼精子 DNA 作为阴性对照 PCR 反应体系的模板。

用纯水作为空白对照 PCR 反应体系的模板。

5.3.5　数据分析

5.3.5.1　设定阈值。实时荧光 PCR 反应结束后，以 PCR 刚好进入指数期扩增来设置荧光信号阈值，并根据仪器噪声情况进行调整。设定阈值处，要求不同浓度梯度标准品的扩增曲线平行，而且同一样品的不同平行间重复性良好。

5.3.5.2　记录 Ct 值。设定阈值后，荧光定量 PCR 仪的数据分析软件自动计算每个反应的 Ct 值，并记录。

5.3.5.3　绘制标准曲线。根据标准溶液的扩增 Ct 值和初始模板拷贝数的对数间的线性关系，分别绘制动物源性成分特异性外源基因和 *16SrRNA* 内参基因的标准曲线。

标准曲线公式：

$$y=ax+b \qquad (1)$$

式中，y——测试样品的 Ct 值；

a——标准曲线的斜率；

x——模板拷贝数以 10 为底数的对数；

b——标准曲线的截距。

5.3.5.4　数据可接受的标准。

5.3.5.4.1　动物源性成分特异性外源基因阴性对照和空白对照的 Ct 值≥38。

5.3.5.4.2　*16SrRNA* 阴性对照和空白对照的 *16SrRNA* 内标基因 Ct 值≥38。

5.3.5.4.3　标准曲线的 R^2≥0.98，−3.6≤标准曲线斜率≤−3.1。

5.3.5.4.4　满足 5.3.7.4.1 至 5.3.7.4.3 的条件，可以进行结果计算。否则重新进行实时荧光 PCR 扩增。

5.3.5.5　含量计算。

5.3.5.5.1　计算试样模板拷贝数。将试样的动物源性成分特异性外源基因和 *16SrRNA* 内参基因的 Ct 值分别带入动物源性成分特异性外源基因和 *16SrRNA* 内参基因的标准曲线方程，计算动物源性成分特异性外源基因和 *16SrRNA* 内参基因的拷贝数。

计算试样模板拷贝数公式：

$$n=10^{\frac{y-b}{a}} \quad \cdots\cdots (2)$$

式中，n——模板拷贝数；

y——测试样品的 Ct 值；

a——标准曲线的斜率；

b——标准曲线的截距。

5.3.5.5.2 计算试样中动物源性成分特异性外源基因含量。将动物源性成分特异性外源基因的拷贝数和 *16SrRNA* 内参基因的拷贝数带入公式(3)，计算出试样中动物源性成分特异性外源基因百分含量。计算试样中动物源性成分特异性外源基因百分含量的公式：

$$c=\frac{n_{\mathrm{TTB1}}}{n_{\mathrm{PLD}}}\times 100\% \quad \cdots\cdots (3)$$

式中，c——试样中动物源性成分特异性外源基因的百分含量(%)；

n_{TTB1}——动物源性成分特异性外源基因拷贝数；

n_{PLD}——内参基因 *16SrRNA* 拷贝数。

6 结果分析与表述

6.1 *16SrRNA* 内参基因和动物源性成分特异性外源基因均出现典型扩增曲线，且 *16SrRNA* 内参基因和动物源性成分特异性外源基因的 Ct 值<32(LOQ 对应的 Ct 值)，表明样品中检出某动物源性成分。表述为“样品中检测出某动物源性成分，某动物源性成分含量为 c±U”。

6.2 *16SrRNA* 内参基因和动物源性成分特异性外源基因出现典型扩增曲线，*16SrRNA* 内参基因 Ct 值<36(LOD 对应的 Ct 值)，动物源性成分特异性外源基因 32<Ct 值<36，表明样品中检出某动物源性成分。表述为“样品中检测出某动物源性成分，某动物源性成分含量低于 LOQ”。

6.3 *16SrRNA* 内参基因出现典型扩增曲线，且 Ct 值<38(标准曲线截距)，动物源性成分特异性外源基因 Ct 值≥38 或未出现典型扩增曲线，表明样品中未检出某动物源性成分。表述为“样品中未检测出某动物源性成分，检测结果为阴性”。

6.4 16*SrRNA* 内参基因和动物源性成分特异性外源基因出现典型扩增曲线，16*SrRNA* 内参基因 Ct 值<36，动物源性成分特异性外源基因 Ct 值在 36～38，应进行重复实验。如重复实验结果符合 6.1 至 6.3 的情况，依照 6.1 至 6.3 进行判断；如重复实验动物源性成分特异性外源基因出现典型扩增曲线，但 Ct 值仍在 36～38，则判定样品检出某动物源性成分，表述为“样品中检测出某动物源性成分，某动物源性成分含量低于 LOD”。

6.5 *16SrRNA* 内参基因和动物源性成分特异性外源基因未出现典型扩增曲线，或 Ct 值≥38，表明样品中未检出动物源性成分。表述为“样品中未检测出动物源性成分，检测结果为阴性”。

6.6 *16SrRNA* 内参基因和动物源性成分特异性外源基因出现典型扩增曲线，但 Ct 值均在 36～38，应进行重复实验。如重复实验结果符合 6.1 至 6.5 的情况，依照 6.1 至 6.5 进行判断；如重复实验 *16SrRNA* 内参基因和动物源性成分特异性外源基因出现典型扩增曲线，但 Ct 值仍在 36～38，则判定样品检出某动物源性成分，表述为“样品中检测出某动物源性成分，某动物源性成分含量低于 LOD”。

7 检出限

动物源性成分特异性外源基因和 *16SrRNA* 内参基因定量 PCR 方法的检测极限均为 0.005 ng 浓度。

附 录 A
（资料性附录）

A.1 牛种属特异性基因实时荧光 PCR 扩增产物核苷酸序列

1 GTAGGTGCAC AGTACGTTCT GAAGCTACTT CTGTGAGGCA GATGCCAAAC GGCACACTCG

61 GCTGTGTTCC TTGC CGTCAT GTGCCCAGTC TGGCC

注：划线部分为 Rd1－F 和 Rd1－R 引物序列，方框内为探针 Rd1－P 序列。

A.2 羊种属特异性基因实时荧光 PCR 扩增产物核苷酸序列

1 CCAACATGCC TTTAAACCCT CAAAAACCAT T GAGACTGGC GGGGAAGGAA AGGCA GCCAA

61 ACAGAGCGAG TCAGAAGGCT ACAGTTCC

注：划线部分为 OA－F 和 OA－R 引物序列，方框内为探针 OA－P 序列。

A.3 猪种属特异性基因实时荧光 PCR 扩增产物核苷酸序列

1 GGAGTGTGTA TCCCGTAGGT GCACAGTAGG TCTGACGTGA CTCCCCGACC TGG GGTCCCC

61 AGCACACTTA GCCGTGTTCC TTGCACTCTC TGCATGTCCC CAG

注：划线部分为 Sus－F 和 Sus－R 引物序列，方框内为探针 Sus－P 序列。

A.4 鸡种属特异性基因实时荧光 PCR 扩增产物核苷酸序列

1 CCCTCCTCCT TTCATCCTCA TTT CTATGAA TCCGGGCCTC ATATCCACGG TTCCGCTATG

61 AC

注：划线部分为 Chk－F 和 Chk－R 引物序列，方框内为探针 Chk－P 序列。

A.5 鸭种属特异性基因实时荧光 PCR 扩增产物核苷酸序列

1 AAGCCTTCCT CTAGCTCAGC CGCTTAAACA ACGC AAAACT AAAGAATCCC ACTAATTAAG

61 ACTTAACTAA AGCATTTTCT

注：划线部分为 Duck－F 和 Duck－R 引物序列，方框内为探针 Duck－P 序列。

本标准按照 GB/T 1.1—2009《标准化工作导则　第 1 部分：标准的结构和编写》给出的规则起草。

本标准由天津市农村工作委员会提出。

本标准起草单位：天津市农业质量标准与检测技术研究所、天津市东丽区产品质量监督检验所。

本标准主要起草人：赵新、易萌、刘娜、兰青阔、刘雪岩、陈锐、朱珠、王成、徐石勇。

本标准 2016 年 9 月首次发布。

转基因植物及其产品成分定量检测技术规范 微流滴数字 PCR 法

Technical guidelines for quantitative detection of genetically modified organisms and derived products—Droplet digital PCR methods

1 范围

本标准规定了转基因植物及其产品数字 PCR 检测方法的建立与确认的总体要求。

本标准适用于转基因植物及其产品成分检测的数字 PCR 检测方法的建立与确认。

2 规范性引用文件

下列文件对于本文件的应用是必不可少的。凡是注明日期的引用文件，仅注日期的版本适用于本文件。凡是不注日期的引用文件，其最新版本(包括所有的修改单)适合于本文件。

农业部 2259 号公告-4-2015 定性 PCR 方法制定指南

农业部 2259 号公告-5-2015 实时荧光定量 PCR 方法制定指南

3 术语和定义

农业部 2259 号公告-4-2015 和农业部 2259 号公告-5-2015 界定的以及下列术语和定义适用于本文件。

3.1 数字 PCR digital PCR

将 PCR 体系分配成大量微反应体系进行 PCR 扩增，扩增后对微反应体系进行荧光信号采集，通过阳性率和泊松分布计算获得样品中靶序列拷贝数或拷贝数浓度。

3.2 微反应体系 tiny reaction partitions

将 DNA 模板、引物/荧光探针、DNA 聚合酶及其缓冲液等 PCR 反应体系充分混匀后，通过乳化、芯片等方式分配至体积相同且相互物理隔离的油包水液滴或其他微孔、微室中所形成的小体积荧光 PCR 反应体系。

3.3 靶序列 target sequence

在 PCR 检测方法中，用作检测靶标的特异性 DNA 序列。

3.4 特异性 specificity

实时荧光定量 PCR 的引物和探针对样品中靶标片段精准识别的能力。

3.5 定量限 limit of quantification(LOQ)

在可接受的正确度和精密度水平上，样品中被定量检出的最低 DNA 模板含量或浓度。

3.6 正确度 trueness

多次测试的均值与采纳的标准值之间的接近程度。

天津市市场和质量监督管理委员会 2018-11-07 发布　　2018-12-01 实施

3.7 **方法确认 validation of method**

通过提供明确的实验证据，证明所使用的检测方法能够充分满足测试目标的需求。

4 实验室资质

进行转基因植物数字 PCR 检测方法的制定的实验室，一般应满足以下要求：

4.1 具备资质的转基因生物安全机构，从事过转基因植物成分定量测量工作，参加过权威部门组织的转基因植物定量测量能力验证或计量比对，并且测量结果在可控范围内。

4.2 具备承担转基因生物安全检测工作所需的仪器设备和环境设施。

4.3 转基因植物数字 PCR 检测方法研制人员经具备转基因生物安全检测工作相关业务知识。

5 技术要求

5.1 方法的建立

5.1.1 靶序列验证

利用 PCR 技术，对不同转基因植物转化体中的靶序列进行扩增和测序，确定靶序列的核苷酸序列。比较其在不同转化体中的修饰情况。

5.1.2 检测引物和探针的设计与筛选

依据靶序列设计引物和探针，通过实验对其进行比较分析，筛选出适合的引物和探针组合，确保其对靶序列具有严格的特异性和符合要求的检测灵敏度。

5.1.3 PCR 反应体系和反应程序优化

通过试验确定适合的反应体系（模板量、引物、探针浓度等）及反应程序（退火温度、循环数等），能有效区分微反应体系的阳性信号和阴性信号；

采用多重 PCR 检测方法的，应提供与单重 PCR 检测方法的对比结果。

5.1.4 方法特异性测试

通过试验验证检测方法的特异性；特异性测试样品至少应包括 3 类：

a） 含有靶序列的转基因植物材料；

b） 不含有靶序列的转基因植物材料；

c） 不含靶序列的非转基因植物材料。

5.1.5 方法灵敏度测试

依据技术平台，选择合理的靶序列拷贝数浓度测试范围，确定方法的线性动态范围和定量限。灵敏度测试浓度点数一般不少于 5 个，至少 3 次重复，每次试验至少设置 3 个平行。

5.1.6 方法适用性测试

选择合适的加工品类型，测试方法的适用性。

5.2 实验室内方法验证

对建立的数字 PCR 方法，在实验室内进行验证时，应达到以下要求：

5.2.1 线性度

线性动态范围的线性度以线性回归曲线的决定系数 R^2 表示，均值一般应≥0.98。

5.2.2 精密度

线性动态范围内的精密度用重复性相对标准偏差 RSD_r 表示，一般应≤25%。

5.2.3 正确度

在整个线性动态范围内，多次测试的均值与采纳的标准值之间的接近程度，且偏差不超过标准值的 25%。

5.2.4 定量限

线性动态范围内，符合精密度条件的最低拷贝数浓度。

5.2.5 再现性

由两个不同操作人员，在两个不同时间段，对包含不同质量分数的同批样品（至少包括阳性样品、阴性样品和定量限样品）进行测试。测试结果与预期偏差 RSD 一般应≤25%，表明方法再现性符合要求。否则，重新进行相关测试。

5.3 实验室间方法确认

经实验室内方法确认符合要求后，组织多家实验室对检测方法的特异性、灵敏度和再现性进行实验室间确认，需符合以下要求。

5.3.1 样品设计

实验室间方法确认样品应包括阳性对照样品、阴性对照样品、特异性测试样品和灵敏度测试样品。

5.3.1.1 特异性测试样品应包括：

a) 含有靶序列的转基因植物材料；

b) 不含有靶序列的转基因植物材料；

c) 不含靶序列的非转基因植物材料。

5.3.1.2 灵敏度测试样品应包括定量限样品。

5.3.1.3 至少重复 3 次试验，每次试验至少设置 3 个平行。

5.3.2 实验室间方法确认不少于 6 个实验室提供有效数据。

且至少重复 3 次试验，每次试验至少设置 3 个平行。

5.3.3 精密度、正确度按照 5.2 要求。

5.3.4 结果分析

依据验证单位出具的验证报告，从以下方面对建立的方法进行综合分析：

a) 特异性分析：阳性对照样品和含有靶序列的样品检测出预期 DNA 片段，其他样品中未检测出预期 DNA 片段，表明方法的特异性符合要求；

b) 定量限分析：根据验证单位的结果进行统计分析，确定方法的定量限；

c) 再现性分析：根据样品验证结果的正确度和一致性情况，分析方法的实验室间再现性。

本标准按照 GB/T 1.1—2009《标准化工作导则　第 1 部分：标准的结构和编写》给出的规则起草。

本标准由天津市农村工作委员会提出并归口。

本标准起草单位：天津市农业质量标准与检测技术研究所、中国农业科学院生物技术研究所、天津市东丽区产品质量监督检验所。

本标准主要起草人：兰青阔、兰璞、李亮、赵新、沈晓玲、王成、宛煜嵩、陈锐、黄凤军、李文、李益歌。

转基因植物及其产品成分筛查　CP4 - epsps 试纸条法

Screening method for genetically modified plant—CP4 - epsps test strip

1　范围

本标准规定了转基因植物及其产品成分 CP4 - epsps 试纸条法的术语和定义、检测方法、结果判断。

本标准适用于表达 CP4 - epsps 蛋白的转基因大豆 GTS 40 - 3 - 2、MON89 788，转基因玉米 NK603、MON88 017，转基因棉花 MON1 445、MON88 913，转基因油菜 GT73/RT73、苜蓿、甜菜、等主要植物及其初级加工产品中 CP4 - epsps 蛋白的试纸条筛查。

2　规范性引用文件

下列文件对于本文件的应用是必不可少的。凡是注日期的引用文件，仅所注日期的版本适用于本文件。凡是不注日期的引用文件，其最新版本(包括所有的修改单)适用于本文件。

GB/T 6682　分析实验室用水规格和试验方法

3　原理

转基因快速检测试纸应用双抗体夹心免疫层析的原理，样本中的抗原在侧向移动的过程中与标记的特异性单克隆抗体 1 结合，形成抗原—抗体复合物，继续向前方流动和 NC 膜检测线上特异性单克隆抗体 2 结合形成双抗体夹心复合物，并显色。如果样本中转基因作物含量大于 5%，控制线(Control Line，简称 C)和检测线(Test Line，简称 T)显色，结果为阳性；反之，控制线(C)显色，检测线(T)不显色，结果为阴性。

4　仪器设备及试剂

4.1　仪器设备

匀浆器；天平；移液枪；振荡器等。

4.2　试剂

提取缓冲液；实验用水为重蒸馏水或符合 GB/T 6682 规定的一级水等。

5　方法步骤

5.1　取样

按照农业部 2031 号公告- 19 - 2013 中的规定执行。

5.2　样品的采集和预处理

叶片等植物新鲜组织样品使用离心管盖夹取或者打孔的方式，采集生长点附近约 3 cm 幼嫩组织 100 mg～200 mg，置于 2 mL 离心管中，加 1 mL 纯水或提取缓冲液于离心管中，使用一次性研磨杵手工研磨或电钻研磨，确保上层液体体积应至少占总体积 1/3。

天津市市场和质量监督管理委员会 2018 - 11 - 07 发布　　2018 - 12 - 01 实施

作物籽粒等干样可使用研磨仪研磨或用铁钳夹碎，取较碎部分置于 2 mL 离心管中。对于混合样品，应称重后使用大容量研磨仪器研磨至 100 目大小粉末，然后加入水或提取缓冲液。

5.3 涡旋震荡

在振荡器上用力震荡 30 s 至 1 min，确保样品充分混匀。

5.4 试纸条检测

震荡后，静置 1 min 待固体物质沉淀分层，尽快从包装中取出试纸条，按照箭头方向插入离心管，开始计时。

5.5 读取结果

5 min～10 min 底色褪去后，将试纸条水平放置于观察者正面读取结果。

5.6 结果判断

测试结果分为阴性、阳性和无效 3 种。

阴性(－)：控制线 C 显色，检测线 T 不显色；

阳性(＋)：控制线 C 显色，检测线 T 显色肉眼可见；

无效：C 线未出现，可能操作不当或试纸失效。表明操作过程不正确或试纸条已变质损坏。在此情况下，应重新测试。

本标准按照 GB/T 1.1—2009《标准化工作导则　第 1 部分：标准的结构和编写》给出的规则起草。

本标准由天津市农村工作委员会提出并归口。

本标准起草单位：天津市农业质量标准与检测技术研究所、中国农业科学院生物技术研究所、天津市东丽区产品质量监督检验所。

本标准主要起草人：兰青阔、李亮、赵新、沈晓玲、兰璞、王成、宛煜嵩、陈锐、黄凤军、李文、李益歌。

饲料中钙、铜、铁、镁、锰、钾、钠、锌的测定 电感耦合等离子体质谱法

Determination of calcium, copper, iron, magnesium, mmanganese, potassium, natrium, zinc contents in animal feeding stuffs—Inductively coupled plasma mass spectrometry

1 范围

本标准规定了饲料中钙、铜、铁、镁、锰、钾、钠、锌含量的电感耦合等离子体质谱(ICP-MS)测定方法原理、试剂和材料、仪器与设备、分析步骤、结果计算与精密度。

本标准适用于所有动物饲料。

本标准8种元素的方法检出限参见附录A。

2 规范性引用文件

下列文件对于本文件的应用是必不可少的。凡是注日期的引用文件,仅所注日期的版本适用于本文件。凡是不注日期的引用文件,其最新版本(包括所有的修改单)适用于本文件。

GB/T 6682 分析实验室用水规格和试验方法

GB/T 20195 动物饲料 试样的制备

3 原理

试样采用高温压力微波密闭酸消解处理,或者用硝酸/氧化剂湿法消解处理,处理后的溶液用超纯水稀释定容,直接进行ICP-MS测定。

4 试剂和材料

4.1 实验用水指标满足GB/T 6682一级标准。

4.2 硝酸(70%,质量浓度):优级纯。

4.3 过氧化氢(30%,质量浓度):优级纯。

4.4 硝酸(2+98,体积比):取20 mL硝酸(4.2)慢慢加入980 mL超纯水中。

4.5 内标溶液(Li、Sc、Ge、Y、In、Tb、Bi):10 μg/mL。

4.6 内标使用液(Li、Sc、Ge、Y、In、Tb、Bi)1 μg/mL:分取内标储备溶液5 mL于50 mL容量瓶中,用硝酸溶液(4.4)稀释至刻度,此溶液浓度为1 μg/mL。

4.7 调谐液(Li、Y、Ce、Tl、Co):10 μg/L。

4.8 多元素标准储备溶液:K、Na、Ca、Mg、Fe浓度为1 000 μg/mL;Mn、Cu、Zn浓度为10 μg/mL。

4.9 多元素标准工作溶液:分取标准储备液(4.8)10 mL于100 mL容量瓶中,用硝酸溶液(4.4)稀释至刻度,摇匀,此标准溶液中K、Na、Ca、Mg、Fe浓度为100 μg/mL;Mn、Cu、Zn浓度为1 μg/mL。现用现配。

4.10 液氩或高纯氩气(纯度≥99.999%)。

天津市市场监督管理委员会 2018-12-26 发布 2019-01-01 实施

5 仪器与设备

5.1 电感耦合等离子体质谱仪。

5.2 电子天平:感量 0.1 mg。

5.3 电子天平:感量 0.01 g。

5.4 微波消解仪。

5.5 控温电加热器。

5.6 电热板。

5.7 高温炉。

5.8 样品粉碎设备。

5.9 超纯水仪。

6 分析步骤

6.1 试样制备与保存

按照 GB/T 20195《动物饲料　试样的制备》的规定执行。

6.2 试样消解

6.2.1 湿法消解

按表 1 规定称取试样(精确至 0.001 g)于 50 mL 玻璃消煮管中,加入硝酸(4.1)10 mL～15 mL,置于电热板上加热消解。若消解液仍有未分解物或颜色较深,取下放冷,补加硝酸(4.1)5 mL～10 mL,继续消解。如此反复几次,至消化液呈淡黄色或无色。开盖赶酸至0.5 mL～1 mL,取下冷却至室温,将消解液移入 25 mL(或 50 mL)容量瓶中,并用水多次洗涤消煮管,洗液合并于容量瓶中,定容至刻度,混匀备用;同时做试剂空白。

表 1　样品称取量(g)

消解方式	样品类型			
	青饲料、发酵饲料	肉骨粉	鱼粉	粮谷、植物性干饲料
湿法消解	5～10	0.5～2	1～2	0.5～1
微波消解	0.5	0.2	0.1～0.3	0.2

6.2.2 微波消解

按表 1 规定称取试样(精确至 0.001 g)于消解罐中,加入硝酸 5 mL～8 mL,过氧化氢2 mL。微波消化程序可以根据仪器型号调至最佳条件。消解完毕,待消解罐冷却后打开,消化液呈物色或淡黄色,将消解罐放在控温电加热器上(温度控制在 120 ℃±5 ℃)加热赶酸至近干,取下冷却至室温,将消解液移入 25 mL(或 50 mL)容量瓶中,并用水多次洗涤消煮管,洗液合并于容量瓶中,定容至刻度,混匀备用;同时做试剂空白。

6.3 标准系列溶液的制备

分取 0.1 mL、0.5 mL、1.0 mL、5.0 mL、10.0 mL 多元素标准工作溶液(4.8)分别置于100 mL容量瓶中,用硝酸溶液(4.3)稀释至刻度,此混合标准溶液中各元素浓度见表 2。

表 2　混合标准溶液中各元素浓度(μg/L)

元素名称	标准系列溶液					
	N0	N1	N2	N3	N4	N5
铁(Fe)	0.0	100.0	500.0	1 000.0	5 000.0	10 000.0
锰(Mn)	0.0	1.0	5.0	10.0	50.0	100.0

表 A.1（续）

元素名称	标准系列溶液					
	N0	N1	N2	N3	N4	N5
铜(Cu)	0.0	1.0	5.0	10.0	50.0	100.0
锌(Zn)	0.0	1.0	5.0	10.0	50.0	100.0
钾(K)	0.0	100.0	500.0	1 000.0	5 000.0	10 000.0
钠(Na)	0.0	100.0	500.0	1 000.0	5 000.0	10 000.0
钙(Ca)	0.0	100.0	500.0	1 000.0	5 000.0	10 000.0
镁(Mg)	0.0	100.0	500.0	1 000.0	5 000.0	10 000.0

6.4 标准曲线的制作

按照 ICP－MS 仪器的操作规程，调整仪器至最佳工作状态，参考条件参见附录 B；当仪器各项指标达到测定要求，编辑测定方法、选择相关消除干扰方法，引入内标，观测内标灵敏度、脉冲与模拟模式的线性拟合，符合要求后，将标准系列引入仪器。进行相关数据处理，绘制标准曲线、计算回归方程。

6.5 测定

相同条件下，将试剂空白、样品溶液分别引入仪器进行测定，在线加入内标，得到各待测元素及内标元素的信号计数，根据待测元素与内标元素的强度比值，由标准曲线查得样品中各元素的质量浓度。

7 结果计算

试样中各元素的含量按(1)式进行计算：

$$X=\frac{(c-c_0)\times V\times f\times 1\,000}{m\times 1\,000} \cdots\cdots (1)$$

式中，X——被测元素含量，单位为毫克每千克(mg/kg)；

c——被测试液中各元素的浓度，单位为微克每毫升(μg/mL)；

c_0——被测空白溶液中各元素的浓度，单位为微克每毫升(μg/mL)；

V——被测试液体积，单位为毫升(mL)；

f——试样液稀释倍数；

m——试样质量，单位为克(g)。

计算结果保留二位有效数字。

8 精密度

在重复性条件下获得的两次独立测定结果的绝对值不得超过算术平均值的 20%。

附　录　A
（资料性附录）
仪器工作条件及内标元素

表 A.1　8 种元素的方法检出限（μg/kg）

元素	前处理方法				
	湿法消解			微波消解	
	青饲料、发酵饲料	肉骨粉、鱼粉	粮谷、植物性干饲料	青饲料、发酵饲料	粮谷、植物性干饲料、肉骨粉、鱼粉
钠(Na)	0.3	1.5	3	6	15
镁(Mg)	0.05	0.25	0.5	1	2.5
钾(K)	3	15	30	60	150
钙(Ca)	1	5	10	20	50
锰(Mn)	2	10	20	40	100
铁(Fe)	0.4	2	4	8	20
铜(Cu)	3	15	30	60	150
锌(Zn)	1	5	10	20	50

附 录 B
（资料性附录）

表 B.1 ICP-MS 仪器工作条件

雾化器	Babington 雾化器	雾化室	石英双通道
矩管	石英一体化，2.5 mm 中心通道	雾化器温度	2 ℃
取样锥/截取锥	1.0/0.4 mm(Ni)锥	载气流量	1.20 L/min
高频发射功率	1 200 W	样品提升时间	30 s
样品提升速率	0.1 rps	稳定时间	30 s
采样深度	7.0 mm	冷却气流量	15.0 L/min
样品提升量	1.1 mL/min	扫描方式	跳峰
观测点/峰	3		

表 B.2 内标元素选择

质子数	元素	积分时间(s)	内标元素
56	Fe	0.1	Sc
55	Mn	0.1	Sc
63	Cu	0.1	Ge
66	Zn	0.1	Ge
39	K	0.1	Sc
23	Na	0.1	Sc
43	Ca	0.1	Sc
24	Mg	0.1	Sc

本标准依据 GB/T 1.1—2009《标准化工作导则　第 1 部分：标准的结构和编写》的规则编写。

本标准由天津市农业科学院提出并归口。

本标准起草单位：天津市农业质量标准与检测技术研究所。

本标准主要起草人：张强、陈秋生、王利宾、刘烨潼、殷萍、孟兆芳、张玺。

植物源性农产品中铅、镉、铬、砷、铁、锰、铜、锌、镍、钾、钠、钙、镁的测定 电感耦合等离子体质谱法

Determination of lead, cadmium, chromium, arsenic, selenium, iron, manganese, copper, zinc, nickel, potassium, natrium, calcium, magnesium contents in plant - derived agricultural products—Inductively coupled plasma mass spectrometric

1 范围

本标准规定了植物源性农产品中铅、镉、铬、砷、铁、锰、铜、锌、镍、钾、钠、钙、镁含量的电感耦合等离子体质谱(ICP - MS)测定方法。

本标准适用于蔬菜、水果等植物性农产品中铅、镉、铬、砷、铁、锰、铜、锌、镍、钾、钠、钙、镁含量的测定。

本标准 13 种元素的方法检出限参见附录 A。

2 规范性引用文件

下列文件对于本文件的应用是必不可少的。凡是注日期的引用文件，仅所注日期的版本适用于本文件。凡是不注日期的引用文件，其最新版本(包括所有的修改单)适用于本文件。

GB/T 602 化学试剂 杂质测定用标准溶液的制备

GB/T 6682 分析实验室用水规格和试验方法

3 原理

试样采用高温压力微波密闭酸消解处理，或者用硝酸/氧化剂湿法消解处理，处理后的溶液用超纯水水稀释定容，直接进行 ICP - MS 测定。

4 试剂和材料

除非有特殊说明，所用试剂均为优级纯，实验用水为电导率大于等于 18.2 MΩ/cm 超纯水。

4.1 硝酸[$\rho(HNO_3)$=1.42 g/mL]：优级纯。

4.2 过氧化氢(30%，质量浓度)：优级纯。

4.3 硝酸(2+98)：取 20 mL 硝酸(4.1)慢慢加入 980 mL 超纯水中。

4.4 内标溶液(^{6}Li、Sc、Ge、Y、In、Tb、Bi)：10 mg/L。

4.5 内标溶液(^{6}Li、Sc、Ge、Y、In、Tb、Bi)1 mg/L：分取内标储备溶液 5 mL 于 50 mL 容量瓶中，用硝酸(4.3)稀释至刻度，此溶液浓度为 1 mg/L。

4.6 调谐液(Li、Y、Ce、Tl、Co)：10 μg/L。

4.7 多元素标准储备溶液：K、Na、Ca、Mg、Fe 浓度为 1 000 μg/mL；Pb、Cd、Cr、As、Mn、Cu、Zn、Ni 浓度为 10 μg/mL。

天津市市场监督管理委员会 2018 - 12 - 26 发布 2019 - 01 - 01 实施

4.8 多元素标准工作溶液：分取标准储备液(4.6)10 mL 于 100 mL 容量瓶中，用硝酸溶液(4.3)稀释至刻度，摇匀，此标准溶液中 K、Na、Ca、Mg、Fe 浓度为 100 μg/mL；Pb、Cd、Cr、As、Se、Mn、Cu、Zn、Ni 浓度为 1 μg/mL。现用现配。

4.9 液氩或高纯氩气(纯度≥99.999%)。

5 仪器与设备

5.1 电感耦合等离子体质谱仪

5.2 电子天平：感量 0.1 mg。

5.3 电子天平：感量 0.01 g。

5.4 微波消解仪：带聚四氟乙烯消解罐、具有调温或调压功能。

5.5 控温电加热器。

5.6 电热板。

5.7 高温炉。

5.8 样品粉碎设备：电磨机、绞肉机、匀浆机、粉碎机等。

5.9 超纯水仪。

6 分析步骤

6.1 试样制备与保存

水果、蔬菜等水分含量高的样品，取可食部分，用食品加工机或匀浆机打成匀浆，储于洁净容器中，0～4 ℃保存备用。

注：在采样和制备过程中，应防止试样污染。

6.2 试样消解

6.2.1 湿法消解

按表 1 规定称取试样于 50 mL 玻璃消煮管中，加入硝酸(4.1)10 mL～15 mL，置于电热板上加热消解。若消解液仍有未分解物或颜色较深，取下放冷，补加硝酸(4.1)5 mL～10 mL，继续消解。如此反复几次，至消化液呈淡黄色或无色。开盖赶酸至 0.5 mL～1 mL，取下放冷，将消解液移入 25 mL(或 50 mL)容量瓶中，并用水多次洗涤消煮管，洗液合并于容量瓶中，定容至刻度，混匀备用；同时做试剂空白。

表 1 样品称取量(g)

消解方式	样品类型
	水果、蔬菜、粮食、食用菌
湿法消解	5～10
微波消解	0.5

6.2.2 微波消解

按表 1 规定称取试样于消解罐中，加入硝酸 5 mL～8 mL，过氧化氢 1 mL～2 mL(对粮谷、植物性食品干制品和其他高糖高脂类样品，应先在中温电热板上预加热 5 min)，盖好安全阀后，将消解罐放入微波炉消解系统中。根据不同种类的试样设置微波炉消解系统的分析条件，至消解完全。酸剩余量可根据试液定容后酸度[酸度应控制在 5%(V/V)左右]而定。若定容后酸度超过 10%(V/V)，可将消解罐放在控温电加热器上(温度控制在 120 ℃±5 ℃)驱除部分硝酸，以下按 6.2.1 自“取下放冷，将消解液移入 25 mL(或 50 mL)容量瓶中，……”起操作。

注：微波消解条件可参照附录 C。

6.3 标准系列溶液的制备

分取 0.1 mL、0.5 mL、1.0 mL、5.0 mL、10.0 mL 多元素标准工作溶液(4.8)分别置于100 mL容量

瓶中，用硝酸溶液(4.3)稀释至刻度，此混合标准溶液中各元素浓度见表2。

表2 混合标准溶液中各元素浓度(μg/L)

元素名称	标准系列溶液					
	N1	N2	N3	N4	N5	N6
Pb	0.0	1.0	5.0	10.0	50.0	100.0
Cd	0.0	1.0	5.0	10.0	50.0	100.0
Cr	0.0	1.0	5.0	10.0	50.0	100.0
As	0.0	1.0	5.0	10.0	50.0	100.0
Fe	0.0	100.0	500.0	1 000.0	5 000.0	10 000.0
Mn	0.0	1.0	5.0	10.0	50.0	100.0
Cu	0.0	1.0	5.0	10.0	50.0	100.0
Zn	0.0	1.0	5.0	10.0	50.0	100.0
Ni	0.0	100.0	500.0	1 000.0	5 000.0	10 000.0
K	0.0	100.0	500.0	1 000.0	5 000.0	10 000.0
Na	0.0	100.0	500.0	1 000.0	5 000.0	10 000.0
Ca	0.0	100.0	500.0	1 000.0	5 000.0	10 000.0
Mg	0.0	100.0	500.0	1 000.0	5 000.0	10 000.0

6.4 测定

按照ICP－MS仪器的操作规程，调整仪器至最佳工作状态，参考条件参见附录A；将空白溶液、混合标准工作液和试样液分别引入等离子体质谱，在线加入内标，得到各待测元素及内标元素的信号计数，根据待测元素与内标元素的强度比值，由标准曲线查得样品中各元素的质量浓度。

7 结果计算

试样中各元素的含量按(1)式进行计算：

$$X=\frac{(c-c_0)\times V\times f\times 1\,000}{m\times 1\,000} \quad \cdots\cdots (1)$$

式中，X——被测元素含量，单位为毫克每千克(mg/kg)；

c——被测试液中各元素的浓度，单位为微克每毫升(μg/mL)；

c_0——被测空白溶液中各元素的浓度，单位为微克每毫升(μg/mL)；

V——被测试液体积，单位为毫升(mL)；

f——试样液稀释倍数；

m——试样质量，单位为克(g)。

计算结果保留两位有效数字。

8 精密度

元素含量<0.1 mg/kg时，在重复性条件下获得的两次独立测定结果的绝对值不得超过算术平均值的20%；

元素含量在0.1 mg/kg～1.0 mg/kg时，在重复性条件下获得的两次独立测定结果的绝对值不得超过算术平均值的15%；

元素含量>1.0 mg/kg时，在重复性条件下获得的两次独立测定结果的绝对值不得超过算术平均值的10%。

附 录 A

（资料性附录）

表 A.1　13 种元素的方法检出限（μg/kg）

元素	前处理方法	
	湿法消解	微波消解
钠	0.3	6
镁	0.05	1
钾	3	60
钙	1	20
铬	2	40
锰	2	40
铁	0.4	8
镍	3	60
铜	3	60
锌	1	20
砷	20	400
镉	0.4	8
铅	2	40

本标准依据 GB/T 1.1—2009《标准化工作导则　第 1 部分：标准的结构和编写》的规则编写。

本标准由天津市农业科学院提出并归口。

本标准起草单位：天津市农业质量标准与检测技术研究所。

本标准主要起草人：刘烨潼、陈秋生、张强、殷萍、秦旭、张玮、孟兆芳、张玺。

饲料中总糖的测定 分光光度法

Animal feeding stuffs determination of total sugars—Polarimetric method

1 范围

本标准规定了饲料中总糖含量的测定方法、原理、试剂和材料、仪器与设备、分析步骤、结果计算与精密度。

本标准适用于饲料及其原料中总糖含量的测定。

2 规范性引用文件

下列文件对于本文件的应用是必不可少的。凡是注日期的引用文件，仅所注日期的版本适用于本文件。凡是不注日期的引用文件，其最新版本（包括所有的修改单）适用于本文件。

GB/T 6682 分析实验室用水规格和试验方法

GB/T 20195 动物饲料 试样的制备

3 原理

饲料中水溶性糖和水不溶性多糖经盐酸溶液水解后转化成还原糖，水解物在硫酸的作用下，生成物与芳香族酚类化合物缩合生成黄色溶液，在 490 nm 处有最大吸收，在一定范围内其吸光度值同糖的浓度呈正比，以此测定糖的含量。

4 试剂和材料

4.1 实验用水指标满足 GB/T 6682 一级标准。

4.2 浓盐酸：ρ=1.18 g/mL。

4.3 浓硫酸：ρ=1.84 g/mL。

4.4 苯酚溶液（50 g/L）：称取 5 g 苯酚，用水定容至 100 mL，摇匀后避光保存。

4.5 葡萄糖标准溶液（1 g/L）：将葡萄糖于 105 ℃恒温烘干至恒重，准确称取 1.000 0 g，用水溶解后加入 5 mL 盐酸，并以水定容至 1 000 mL。

5 仪器与设备

5.1 可见分光光度计。

5.2 电子天平：感量 0.1 mg。

5.3 电子天平：感量 0.01 g。

5.4 恒温水浴锅。

5.5 电热鼓风干燥箱。

5.6 样品粉碎设备。

天津市市场监督管理委员会 2018－12－26 发布 2019－01－01 实施

5.7 实验室常用玻璃器具。

6 分析步骤

6.1 采样与试样制备

按照 GB/T 20195 《动物饲料 试样的制备》的规定执行。

6.2 试样前处理

称取试样约 1 g(精确至 0.01 g)于 250 mL 锥形瓶中,加入 25 mL 水,10 mL 盐酸,振荡摇匀至形成均匀的悬浊液,装上冷凝回流装置,在沸水浴中水解 1 h,冷却之后过滤,并洗涤滤渣,合并滤液及洗液,最后定容至 250 mL,摇匀待用,此为待测溶液。

6.3 标准系列溶液的制备

分取 0 mL、1 mL、2 mL、4 mL、6 mL、10 mL 葡萄糖标准溶液(4.4)分别置于 50 mL 容量瓶中,用水稀释至刻度,摇匀。此曲线浓度分别为 0 μg/mL、20 μg/mL、40 μg/mL、80 μg/mL、120 μg/mL、200 μg/mL。准确吸取上述标准溶液各 1 mL(相当于葡萄糖含量分别为 0 μg、20 μg、40 μg、80 μg、120 μg、200 μg),加入 10 mL 比色管中,分别加入苯酚溶液(4.3)各 1 mL,加入浓硫酸(4.2)5 mL,反应液静止放置 10 min 后,涡旋摇匀,冷却至室温,选择波长为490 nm,以空白溶液调零,测定吸光度。以葡萄糖质量浓度为横坐标,吸光度值为纵坐标,绘制标准曲线。

6.4 测定

准确吸取待测溶液(6.2)1 mL 于 10 mL 比色管中,按 6.3 步骤自“加入苯酚溶液各 1 mL……”起进行操作,至冷却至室温后测定。

7 结果计算

试样中总糖的含量按(1)式进行计算:

$$X=\frac{a\times V_0\times 10^{-6}}{m\times V_1}\times 1\,000 \quad \cdots\cdots (1)$$

式中,X——试样中总糖的含量,单位为克每千克(g/kg);

a——从标准曲线上查得葡萄糖含量,单位为微克(μg);

V_0——试样经前处理后定容的体积,单位为毫升(mL);

V_1——测定时吸取滤液的体积,单位为毫升(mL);

m——试样质量,单位为克(g)。

计算结果以葡萄糖计,表示到小数点后一位。

8 精密度

总糖含量≤50 g/kg 时,在重复性条件下获得的两次独立测定结果的绝对值不得超过算术平均值的 10%;

总糖含量>50 g/kg 时,在重复性条件下获得的两次独立测定结果的绝对值不得超过算术平均值的 5%。

本标准按照 GB/T 1.1—2009《标准化工作导则 第 1 部分:标准的结构和编写》给出的规则起草。

本标准由天津市农业科学院提出并归口。

本标准起草单位:天津市农业质量标准与检测技术研究所。

本标准主要起草人:张强、陈秋生、王利宾、刘烨潼、殷萍、孟兆芳、张玺。

有机肥料中铅、镉、铬、砷、汞的测定 电感耦合等离子体质谱法

Determination of lead, cadmium, chromium, arsenic, mercury contents in organic fertilizers—Inductively coupled plasma mass spectrometry

1 范围

本标准规定了有机肥料中铅(Pb)、镉(Cd)、铬(Cr)、砷(As)、汞(Hg)含量的电感耦合等离子体质谱(ICP-MS)测定方法原理、试剂和材料、仪器和设备、分析步骤、结果计算以及精密度。

本标准适用于以畜禽粪便、动植物残体和以动植物产品为原料加工的下脚料为原料，经发酵腐熟后制成的有机肥料，以及农家肥等绿肥、农家肥和其他由农民自积自选的有机粪肥中铅、镉、铬、砷、汞含量的测定。

本标准五种元素的方法检出限参见附录A。

2 规范性引用文件

下列文件对于本文件的应用是必不可少的。凡是注日期的引用文件，仅所注日期的版本适用于本文件。凡是不注日期的引用文件，其最新版本(包括所有的修改单)适用于本文件。

GB/T 602 化学试剂 杂质测定用标准溶液的制备

GB/T 6682 分析实验室用水规格和试验方法

3 原理

试样采用王水湿法消解处理，消解完成后用水稀释定容到刻度，得到样品消解液。样品消解液经雾化进入ICP炬管中，经过一系列如离子化等过程处理，转化为带电荷的离子。在离子进入质谱仪后，质谱仪会根据质荷比进行分离。对于一定的质荷比，质谱的信号强度与进入质谱仪的离子数成正比，即样品浓度与质谱信号强度成正比。通过测量信号强度，即可对样品消解液中铅、镉、铬、砷、汞含量进行测定。

4 试剂和材料

本标准所用试剂除另有说明外，均为分析纯试剂，试验用水为符合GB/T 6682中规定的二级水。所述溶液如未注明规格和配制方法时，均应符合HG/T 2843的规定。

4.1 硝酸(HNO_3)：ρ=1.42 g/mL，优级纯。

4.2 盐酸(HCl)：ρ=1.19 g/mL，优级纯。

4.3 硝酸溶液2+98：取20 mL硝酸(4.1)慢慢加入980 mL水中。

4.4 内标储备溶液(Li、Sc、Ge、Y、In、Tb、Bi)：10 μg/mL。

4.5 内标使用液(Li、Sc、Ge、Y、In、Tb、Bi)1 μg/mL：分取内标储备溶液(4.4)5 mL于50 mL容量瓶

天津市市场监督管理委员会 2018-12-26 发布　　2019-01-01 实施

中，用硝酸(4.3)稀释至刻度，此溶液浓度为 1 μg/mL。

4.6 调谐液(Li、Y、Ce、Tl、Co)：10 μg/L。

4.7 多元素标准储备溶液：Pb、Cd、Cr、As 浓度为 10 μg/mL。

4.8 多元素标准工作溶液：分取标准储备液(4.7)10 mL 于 100 mL 容量瓶中，用硝酸溶液(4.3)稀释至刻度，摇匀，此标准溶液中 Pb、Cd、Cr、As 浓度为 1 μg/mL。现用现配。

4.9 汞单元素标准溶液(0.010 μg/mL)：购买经国家认证并授予标准物质证书的标准物质。

4.10 液氩或高纯氩气(纯度≥99.999%)。

5 仪器与设备

5.1 电感耦合等离子体质谱仪。

5.2 电子天平：感量 0.1 mg。

5.3 电子天平：感量 0.01 g。

5.4 控温电加热器。

5.5 电热板。

5.6 高温炉。

5.7 样品粉碎设备。

5.8 超纯水仪。

6 分析步骤

6.1 试样制备与保存

取经充分混匀有代表性样品不少于 500 g，经多次缩分后，取出约 100 g，在自然条件下风干后，粉碎或研磨至全部通过 0.50 mm 的样品筛后，置于洁净、干燥的容器中备用。

注：在采样和制备过程中，应防止试样污染。

6.2 试样消解

称取 0.3 g～1.0 g 风干试样(精确到 0.001 g)于 50 mL 玻璃消煮管中，加入王水[硝酸(4.1)：盐酸(4.2)=1：3]10 mL，加盖浸泡过夜，然后置于电热板上徐徐加热消解，若反应激烈产生泡沫时，从电热板上取下冷却片刻再行加热，温度设定为 130 ℃～140 ℃。待激烈反应结束后，再继续消解 120 min。消解完成后，开盖赶酸至 1.0 mL～1.5 mL，取下冷却至室温，将消解液移入 50 mL 容量瓶中，并用水多次洗涤消煮管，洗液合并于容量瓶中，定容至刻度，混匀备用；同时做试剂空白。

6.3 标准系列溶液的制备

分取 0.50 mL、1.00 mL、2.00 mL、5.00 mL、10.00 mL、20.00 mL 多元素标准工作溶液(4.8)分别置于 100 mL 容量瓶中，用硝酸溶液(4.3)稀释至刻度，此混合标准溶液中各元素浓度见表 1。

分取 5.00 mL 和 10.00 mL 汞单元素标准溶液(4.9)分别置于 50 mL 容量瓶中，用硝酸溶液(4.3)稀释至刻度，此混合标准溶液中各元素浓度见表 1。

表 1 混合标准溶液中各元素浓度(μg/L)

元素名称	标准系列溶液						
	N1	N2	N3	N4	N5	N6	N7
铅(Pb)	0.0	5.0	10.0	20.0	50.0	100.0	200.0
镉(Cd)	0.0	5.0	10.0	20.0	50.0	100.0	200.0
铬(Cr)	0.0	5.0	10.0	20.0	50.0	100.0	200.0
砷(As)	0.0	5.0	10.0	20.0	50.0	100.0	200.0
汞(Hg)	0.0	1.0	2.0	—	—	—	

6.4 测定

按照ICP－MS仪器的操作规程，调整仪器至最佳工作状态，参考条件参见附录B。当仪器真空度达到要求时，用调谐液调整仪器灵敏度、氧化物、双电荷、分辨率等各项指标，当仪器各项指标达到测定要求，编辑测定方法、选择相关相处干扰方法，引入内标，观测内标灵敏度、脉冲与模拟模式的线性拟合，符合要求后，将空白溶液、混合标准工作液和试样液分别引入等离子体质谱，在线加入内标，得到各待测元素及内标元素的信号计数，根据待测元素与内标元素的强度比值，由标准曲线查得样品中各元素的质量浓度。

6.5 空白试验

进行空白试验，除不加试样外，其他步骤采用完全相同测定方法进行平行测定。

7 结果计算

试样中各元素的含量按(1)式进行计算：

$$X=\frac{(c-c_0)\times V\times f\times 1\,000}{m\times(1-x_0)\times 1\,000} \quad\cdots\cdots(1)$$

式中，X——被测元素含量，单位：毫克每千克(mg/kg)；

c——被测试液中各元素的浓度，单位：微克每毫升(μg/mL)；

c_0——被测空白溶液中各元素的浓度，单位：微克每毫升(μg/mL)；

V——被测试液体积，单位：毫升(mL)；

f——试样液稀释倍数；

m——试样质量，单位：克(g)；

x_0——风干试样含水量。

取平行测定结果的算术平均值为测定结果。

计算结果保留至小数点后一位。

8 精密度

元素含量＜1.0 mg/kg时，在重复性条件下获得的两次独立测定结果的绝对值不得超过算术平均值的15%；

元素含量在1.0 mg/kg～10.0 mg/kg，在重复性条件下获得的两次独立测定结果的绝对值不得超过算术平均值的10%；

元素含量＞10.0 mg/kg时，在重复性条件下获得的两次独立测定结果的绝对值不得超过算术平均值的7%。

附 录 A

（资料性附录）

5 种元素的方法检出限

表 A.1　5 种元素的方法检出限（μg/kg）

元　素	检出限
铬(Cr)	0.085
砷(As)	0.063
镉(Cd)	0.042
铅(Pb)	0.052
汞(Hg)	0.15

附 录 B
（资料性附录）
仪器工作条件及内标元素

表 B.1 ICP-MS 仪器工作条件

雾化器	Babington 雾化器	雾化室	石英双通道
矩管	石英一体化，2.5 mm 中心通道	雾化器温度	2 ℃
取样锥/截取锥	1.0/0.4 mm(Ni)锥	载气流量	1.20 L/min
高频发射功率	1 200 W	样品提升时间	30 s
样品提升速率	0.1 rps	稳定时间	30 s
采样深度	7.0 mm	冷却气流量	15.0 L/min
样品提升量	1.1 mL/min	扫描方式	跳峰
观测点/峰	3		

表 B.2 内标元素选择

质子数	元素	积分时间/s	内标元素
208	Pb	0.3	Bi
111	Cd	0.3	In
53	Cr	0.3	Sc
75	As	0.3	Ge
202	Hg	0.3	Bi

本标准依据 GB/T 1.1—2009《标准化工作导则 第 1 部分：标准的结构和编写》的规则编写。

本标准由天津市农业科学院提出并归口。

本标准起草单位：天津市农业质量标准与检测技术研究所。

本标准主要起草人：殷萍、陈秋生、张强、刘烨潼、孟兆芳、张玺。

水和沉积物中硝基呋喃类代谢物残留量的测定 液相色谱-串联质谱法

Determination of nitrofuran metabolic residues in waters and sediment by LC - MS/MS method

1 范围

本标准规定了水和沉积物中硝基呋喃类代谢物残留量的测定方法(高效液相色谱-串联质谱法)。

本标准适用于水和沉积物中 3 -氨基- 2 -唑烷基酮(呋喃唑酮代谢物,以下简称 AOZ)、5 -甲基吗啉-3 -氨基- 2 -唑烷基酮(呋喃它酮的代谢物,以下简称 AMOZ)、氨基脲(呋喃西林代谢物,以下简称 SEM)和 1 -氨基- 2 -内酰脲(呋喃妥因代谢物,以下简称 AHD)残留量的测定。

2 规范性引用文件

下列文件对于本文件的应用是必不可少的。凡是注日期的引用文件,仅所注日期的版本适用于本文件。凡是不注日期的引用文件,其最新版本(包括所有的修改单)适用于本文件。

GB/T 6682 分析实验室用水规格和试验方法

3 原理

水或沉积物中残留的硝基呋喃类代谢物在酸性条件下水解,用 2 -硝基苯甲醛衍生化,经乙酸乙酯液-液萃取净化后,液相色谱-串联质谱仪测定,内标法定量。

4 试剂

4.1 甲醇:色谱纯。

4.2 醋酸铵:色谱纯。

4.3 二甲基亚砜:色谱纯。

4.4 2 -硝基苯甲醛:色谱纯。

4.5 三水合磷酸氢二钾:优级纯。

4.6 乙酸乙酯:色谱纯。

4.7 乙腈:色谱纯。

4.8 盐酸:优级纯。

4.9 0.002 mol/L 醋酸铵溶液:称取 0.15 g 醋酸铵,用水(实验用水当符合 GB/T 6682 规定)溶解并定容至 1 000 mL。

4.10 甲醇溶液:甲醇:水=5:95(v/v)。

4.11 0.2 mol/L 盐酸溶液:量取浓盐酸(ρ=1.19 g/mL)16.67 mL,用水稀释至 1 000 mL。

4.12 0.05 mol/L 2 -硝基苯甲醛溶液:称取 0.037 8 g 2 -硝基苯甲醛,溶于 5 mL 二甲基亚砜中,现用

天津市市场监督管理委员会 2019 - 01 - 14 发布　　2019 - 02 - 15 实施

现配。

4.13 1.0 mol/L 磷酸氢二钾溶液：称取 114 g 三水合磷酸氢二钾，溶解于 500 mL 水中。

4.14 标准物质 AOZ、AMOZ、SEM・HCl 和 AHD・HCl：纯度≥98%。

4.15 同位素内标溶液：AOZ - D_4、AMOZ - D_5、SEM・HCl $-^{13}C-^{15}N_2$ 和 $AHD^{13}C_3$，浓度均为 100 μg/mL。

4.16 AOZ（呋喃唑酮代谢物）标准储备溶液：1.0 mg/mL：准确称取 10.0 mg±0.1 mg AOZ，用甲醇溶解并定容至 10 mL 棕色容量瓶中，-20 ℃冷藏保存，有效期 6 个月。

4.17 AMOZ（呋喃它酮代谢物）标准储备溶液：1.0 mg/mL：准确称取 10.0 mg±0.1 mg AMOZ，用甲醇溶解并定容至 10 mL 棕色容量瓶中，-20 ℃冷藏保存，有效期 6 个月。

4.18 SEM（呋喃西林代谢物）标准储备溶液：1.0 mg/mL：准确称取 14.9 mg±0.1 mg SEM・HCl，用甲醇溶解并定容至 10 mL 棕色容量瓶中，-20 ℃冷藏保存，有效期 6 个月。

4.19 AHD（呋喃妥因代谢物）标准储备溶液：1.0 mg/mL：准确称取 13.2 mg±0.1 mg AHD・HCl，用甲醇溶解并定容至 10 mL 棕色容量瓶中，-20 ℃冷藏保存，有效期 6 个月。

4.20 硝基呋喃类代谢物混合标准工作溶液：准确吸取 AOZ、AMOZ、SEM 和 AHD 标准储备溶液，用水逐级稀释配成 100 ng/mL 和 10 ng/mL 混合溶液，4 ℃冷藏保存，有效期 1 个月。

4.21 硝基呋喃类代谢物混合内标工作溶液：准确吸取同位素内标溶液（4.15），用水逐级稀释配成 100 ng/mL 混合溶液，4 ℃冷藏保存，有效期 1 个月。

5 仪器和设备

5.1 液相色谱串联四极杆质谱仪：配备电喷雾（ESI）离子源。

5.2 分析天平：感量 0.000 1 g。

5.3 分析天平：感量 0.01 g。

5.4 涡旋混合器。

5.5 恒温水浴振荡器：可控温 37 ℃ ± 1 ℃。

5.6 离心机：4 000 r/min。

5.7 氮气吹干仪。

5.8 冰箱：具备 4 ℃冷藏功能。

6 测定步骤

6.1 样品处理

6.1.1 制样

水样：取充分混匀的水样 100 mL 用 0.45 μm 滤膜过滤，于 4 ℃冰箱保存，6 d 内测定。

沉积物：取沉积物样品 100 g，风干至内外部均干燥无水后，研磨成粉状，用 80 目圆筛筛分去除大型颗粒，于 4 ℃冰箱保存，6 d 内测定。

6.1.2 水解和衍生化

水样品：量取 10 mL（精确到 0.1 mL，V_2）水样于 50 mL 离心管中，加入 0.05 mL 混合内标工作溶液（4.21）涡旋混合 50 s，再加入 5 mL 盐酸溶液（4.11）和 0.20 mL 2 -硝基苯甲醛溶液（4.12），涡旋振荡 50 s后，置于恒温水浴振荡器中 37 ℃避光振荡 16 h。

沉积物样品：称取样品 5.00 g（精确到 0.01 g，m），加入 0.05 mL 混合内标工作溶液（4.21）涡旋混合 50 s，再加入 5 mL 盐酸溶液（4.11）和 0.20 mL 2 -硝基苯甲醛溶液（4.12），涡旋振荡 50 s 后，置于恒温水浴振荡器中 37 ℃避光振荡 16 h。

6.1.3 提取净化

取出离心管冷却至室温，加入 3 mL～5 mL 磷酸氢二钾溶液（4.13），调节 pH 至 7.0～7.5，加入

8 mL乙酸乙酯，涡旋振荡50 s，4 000 r/min离心5 min，取上层清液至20 mL玻璃离心管中，再加入8 mL乙酸乙酯重复上述操作，合并上清液于40 ℃下氮气吹干。准确加入1.0 mL(V_1)甲醇溶液(4.10)涡旋振荡溶解残留物，用0.22 μm滤膜过滤，待测。(若样品杂质较多，可考虑定容后用正己烷净化，即加入2 mL正己烷涡旋离心后弃去上层，取下清液过0.22 μm微孔滤膜，待测)。

6.2 标准工作曲线制作

分别准确移取10 ng/mL混合标准工作液(4.20)0.050 mL、0.10 mL和100 ng/mL混合标准工作液(4.20)0.020 mL、0.040 mL、0.060 mL、0.080 mL、0.10 mL于7个50 mL离心管中，除不加样品外，按6.1.2和6.1.3步骤操作，按6.3测定，色谱图参见附录A。

6.3 测定

6.3.1 色谱条件

色谱柱：C18柱，100 mm×2.1 mm(i. d.)，5 μm，或其他性能相当的色谱柱；

柱温：40 ℃；

进样量：20 μL；

流动相：A. 0.002 mol/L醋酸铵溶液；B. 乙腈；梯度洗脱程序见表1，平衡时间为5 min。

表1 流动相梯度洗脱程序

时间(min)	A(%)	B(%)	流速(mL/min)
0.0	85	15	0.25
1.0	85	15	0.25
4.0	30	70	0.25
8.0	30	70	0.25
8.1	85	15	0.25
10	85	15	0.25

6.3.2 质谱条件

离子化模式：大气压电喷雾离子源(ESI)，正离子模式；

喷雾电压：4 000 V；

雾化气压力：35 Psi；

辅助气流量：3 L/min；

离子传输毛细管温度：350 ℃；

源内碰撞诱导解离电压：10 V；

扫描模式：选择反应监测(SRM)，选择反应监测母离子、子离子和碰撞能量见表2；

Q1半峰宽：0.7 Da；

Q3半峰宽：0.7 Da；

碰撞气压力：氩气，1.5 mTorr。

表2 选择反应监测母离子、子离子和碰撞能量

目标化合物	母离子(m/z)	子离子(m/z)	碰撞能量(V)
AOZ(呋喃唑酮代谢物)	236	104	19
	236	134*	15
AOZ-D_4(呋喃唑酮代谢物内标)	240	134*	12
AHD(呋喃妥因代谢物)	249	104	20
	249	134*	12

表 2（续）

目标化合物	母离子(m/z)	子离子(m/z)	碰撞能量(V)
AHD-$^{13}C_3$(呋喃妥因代谢物内标)	252	134*	15
SEM(呋喃西林代谢物)	209	166*	12
	209	192	10
SEM-^{13}C-$^{15}N_2$(呋喃西林代谢物内标)	212	168*	11
AMOZ(呋喃它酮代谢物)	335	262	22
	335	291*	14
AMOZ-D_5(呋喃它酮代谢物内标)	340	296*	12

注：* 表示为定量离子。

6.3.3 定性依据

在同样测试条件下，阳性样品保留时间与标准物质保留时间相对标准偏差在 ±5 % 以内，且检测到的离子的相对丰度，用与最强离子(基峰)的强度百分比表示，应当与浓度相当的校正标准相对丰度一致，校正标准可以是校正标准品溶液，也可以是添加了标准物质的样品。次强碎片离子丰度与基峰丰度比应符合表 3 要求：

表 3 基峰与次强碎片离子丰度比要求

次强碎片离子相对丰度(%)	允许相对偏差(%)
>50	±20
>20～50	±25
>10～20	±30
≤10	±50

6.3.4 定量测定

定量离子采用丰度最大的二级特征离子碎片(表 2)。

6.4 空白试验

除不加试样外，按上述测定步骤 6.1.2、6.1.3 和测定条件 6.3 进行测定，色谱图参见附录 B。

7 结果计算

用仪器自带工作站按内标法进行自动计算，以化合物上机响应的峰面积与内标物峰面积比值为纵坐标、化合物浓度与内标物浓度比值为横坐标，绘制标准曲线，再根据样品的峰面积响应值与内标物峰面积比值，利用标准曲线，得到样品制备液的实际测定浓度。

水样品中硝基呋喃类代谢物残留量按式(1)计算。计算结果须扣除空白值。

$$X = Ci \cdot V_1 / V_2 \quad \cdots\cdots (1)$$

式中，X——样品中硝基呋喃类代谢物的含量，单位为微克/升(μg/L)；

Ci——样品制备液中硝基呋喃类代谢物的浓度，单位为纳克/毫升(ng/mL)；

V_1——定容体积，单位为毫升(mL)；

V_2——样品体积，单位为毫升(mL)。

沉积物样品中硝基呋喃类代谢物残留量按式(2)计算。计算结果须扣除空白值。

$$X = Ci \cdot V_1 / m \quad \cdots\cdots (2)$$

式中，X——样品中硝基呋喃类代谢物的含量，单位为微克/千克(μg/kg)；

Ci——样品制备液中硝基呋喃类代谢物的浓度，单位为纳克/毫升(ng/mL)；

V_1——定容体积，单位为毫升(mL)；

m——样品质量，单位为克(g)。

8 方法灵敏度

水中四种硝基呋喃类代谢物的检出限为 0.1 μg/L，定量限为 0.2 μg/L。

沉积物中四种硝基呋喃类代谢物的检出限为 1.0 μg/kg，定量限为 2.0 μg/kg。

9 方法回收率

水中添加浓度为 0.1 μg/L～10 μg/L 时回收率为 75%～110%。

沉积物中添加浓度为 1.0 μg/kg～10 μg/kg 时回收率为 75%～110%。

10 方法精密度

本方法的批内相对标准偏差小于 10%，批间相对标准偏差小于 15%。

11 注意事项

硝基呋喃类代谢物衍生物对光敏感，以上操作应在避光条件下进行。

定期(每 2 个月)对标准储备液进行期间核查，以免标准品降解影响分析。

附 录 A

（资料性附录）

四种硝基呋喃类代谢物混合标准（2.0 ng/mL）特征离子质量色谱图

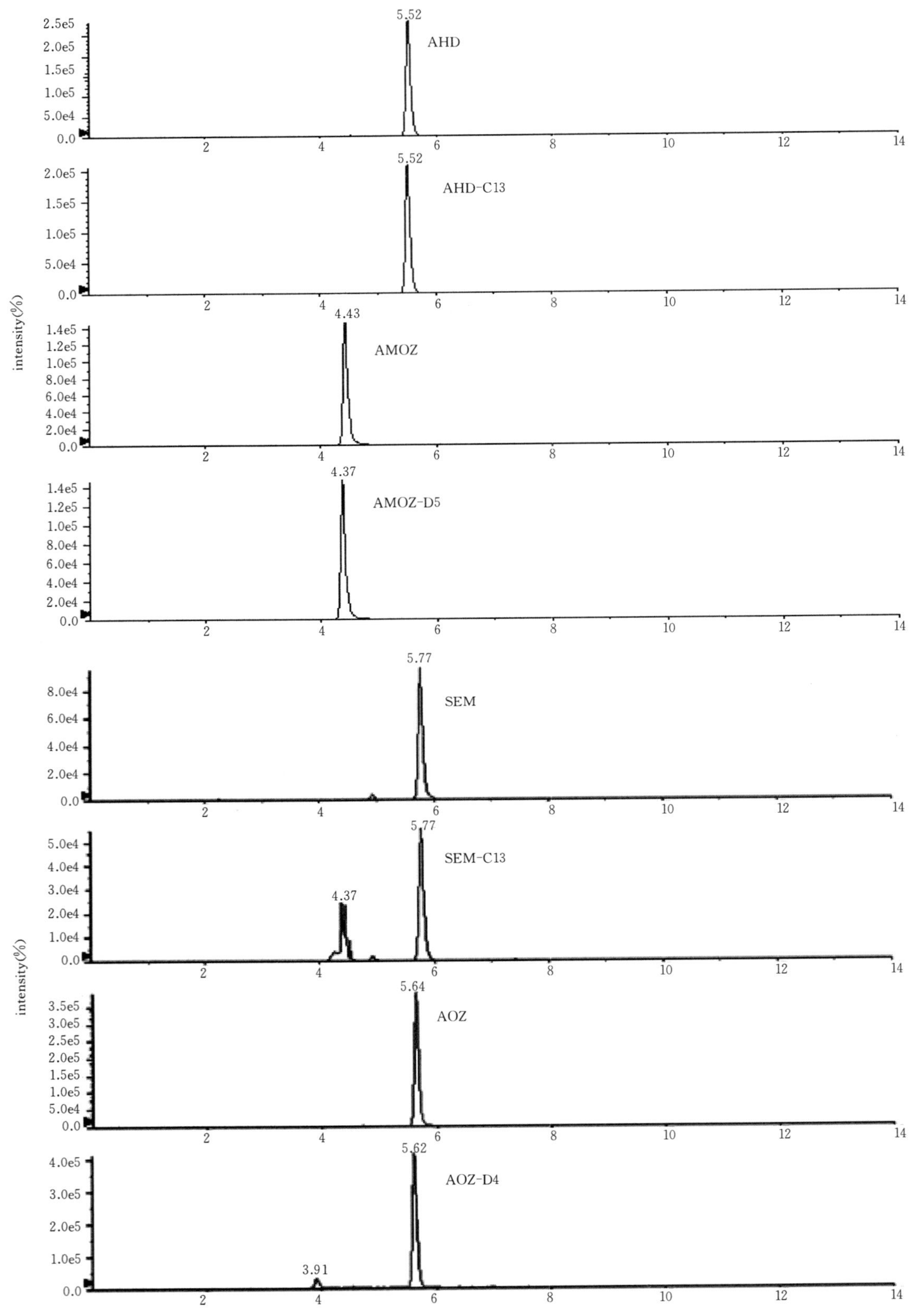

附 录 B

（资料性附录）

空白沉积物样品特征离子质量色谱图

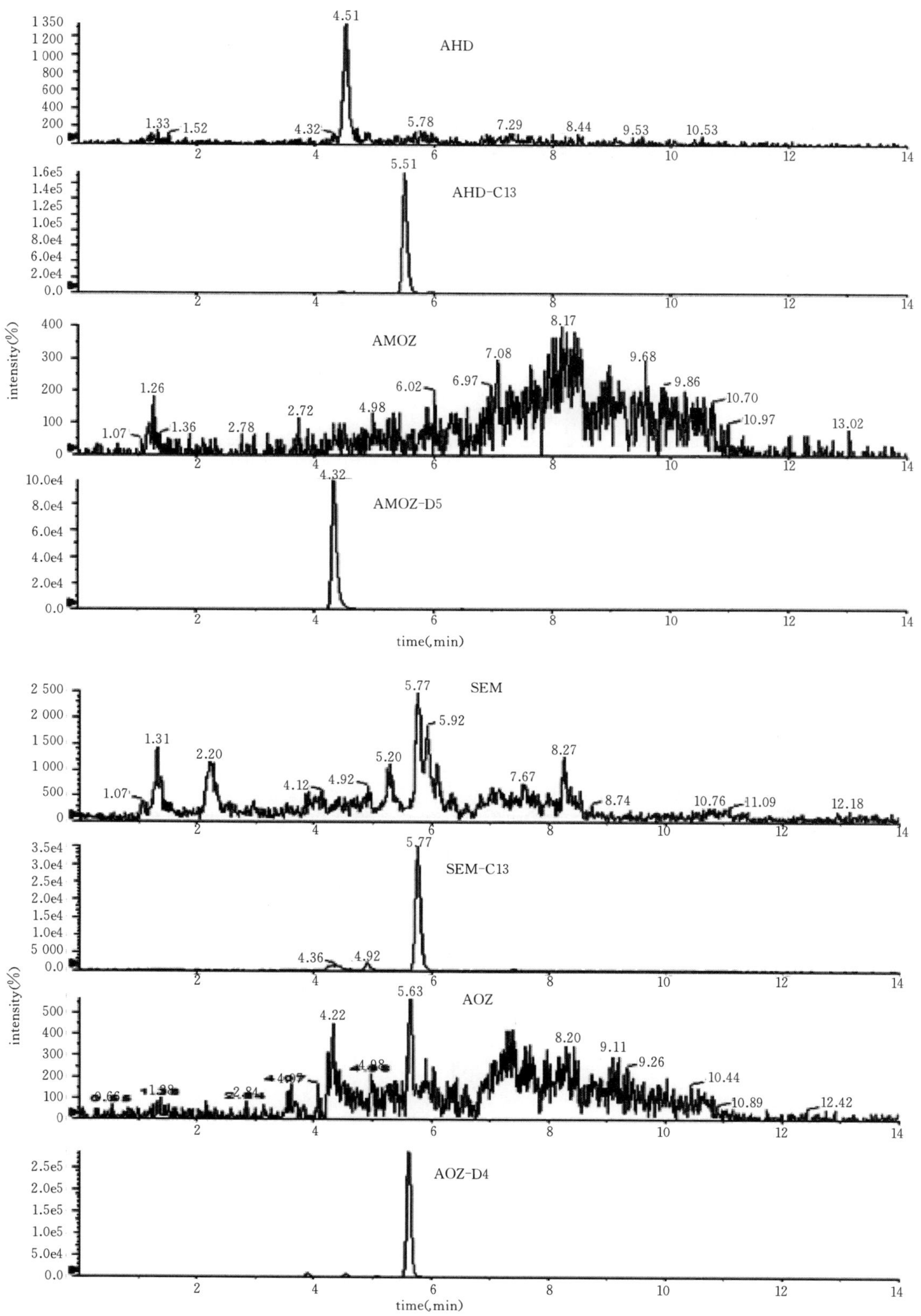

附 录 C

（资料性附录）

沉积物添加样品特征离子质量色谱图

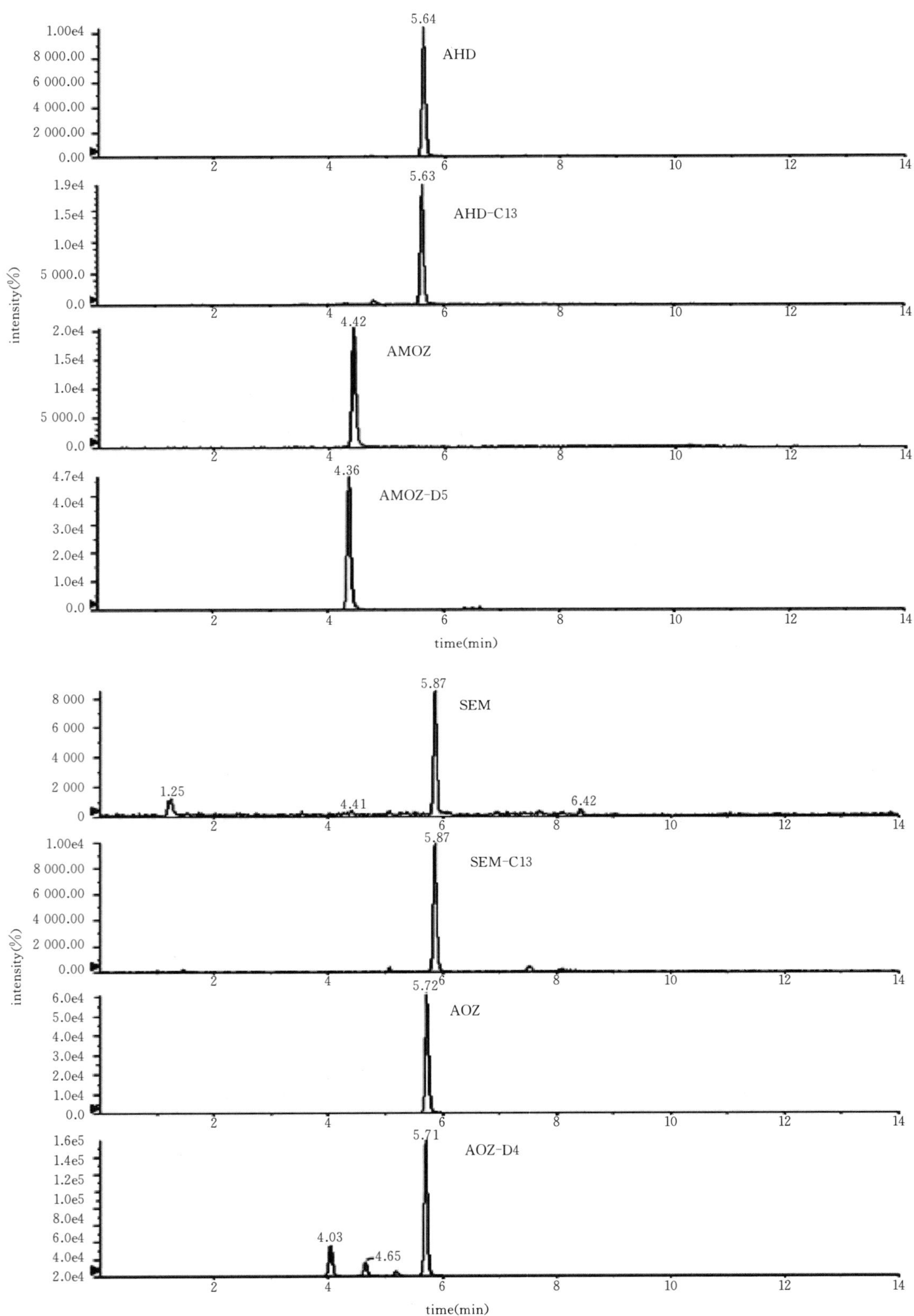

附 录 D

（资料性附录）

空白水样品特征离子质量色谱图

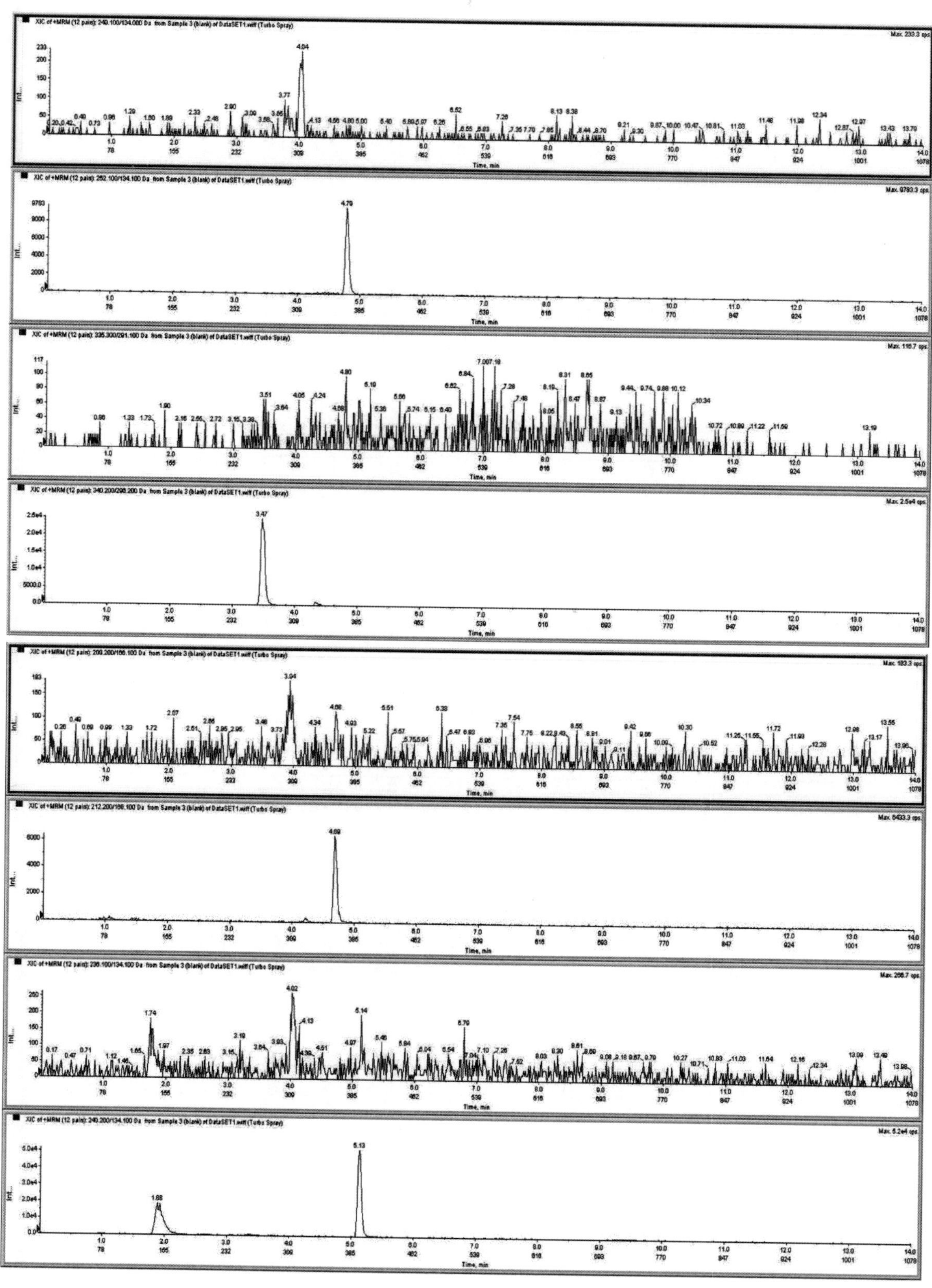

附　录　E

（资料性附录）

水添加样品特征离子质量色谱图

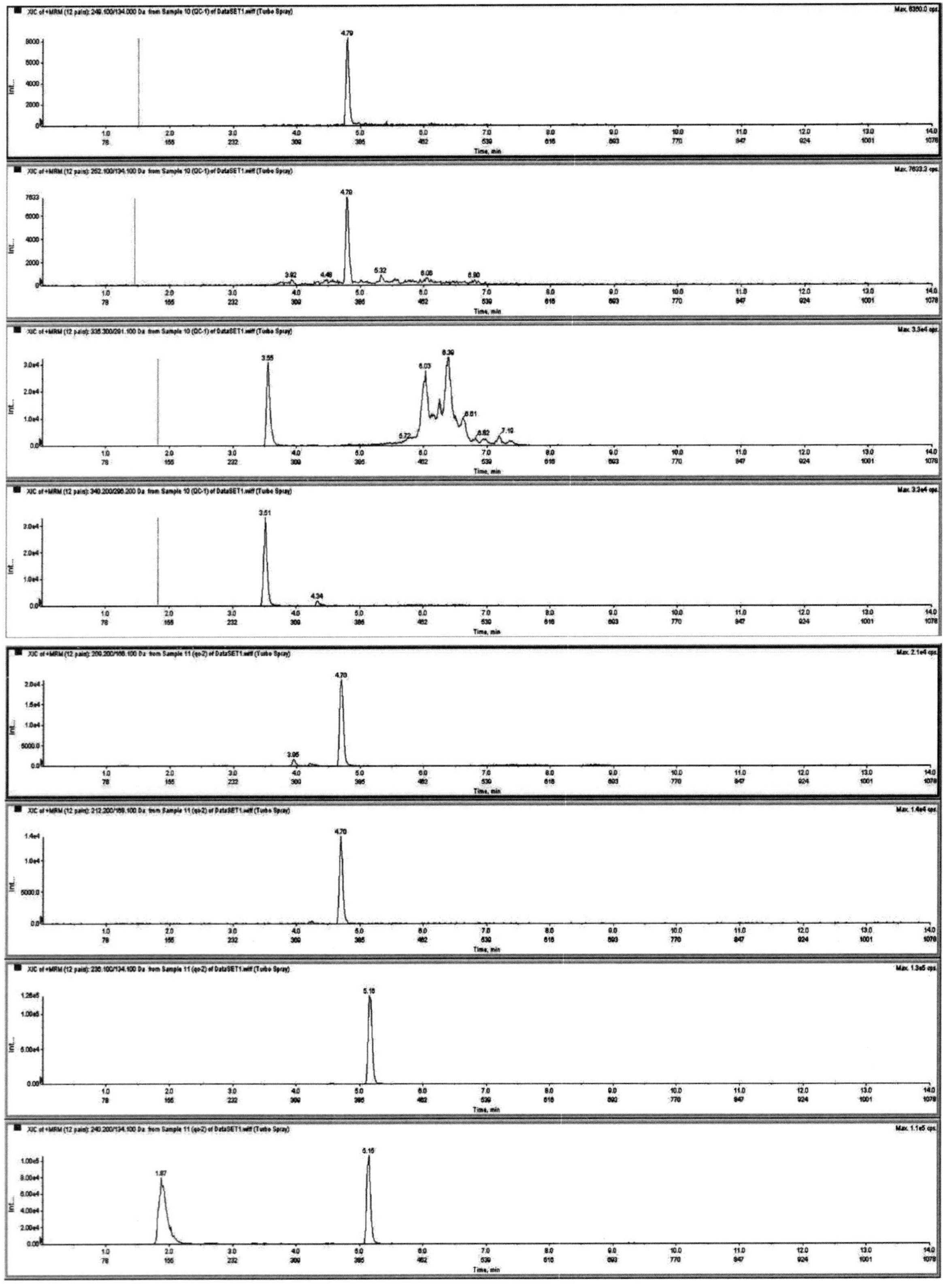

本标准按照 GB/T 1.1—2009《标准化工作导则　第 1 部分：标准的结构和编写》给出的规则起草。

本标准由天津市渔业发展服务中心提出并归口。

本标准起草单位：农业部渔业环境及水产品质量监督检验测试中心（天津）。

本标准主要起草人：李春青、陈永平、高丽娜、时文博、李宝华。

水和沉积物中孔雀石绿及其代谢物残留量的测定 液相色谱-串联质谱法

Determination of malachite green and its metabolite residues in water and sediment by high - performance liquid chromatography - tandem mass spectrometry

1 范围

本标准规定了水及沉积物中孔雀石绿和无色孔雀石绿残留量测定的试剂、仪器设备、测定步骤、计算、方法灵敏度、方法回收率、方法精密度。

本标准适用于水和沉积物中孔雀石绿和无色孔雀石绿残留量检测。

2 规范性引用文件

下列文件对于本文件的应用是必不可少的。凡是注日期的引用文件，仅注日期的版本适用于本文件。凡是不注日期的引用文件，其最新版本(包括所有的修改单)适用于本文件。

GB/T 6682 分析实验室用水规格和试验方法

3 原理

沉积物中孔雀石绿(Malachite Green MG)及其代谢物无色孔雀石绿(Leucomalachite Green LMG)残留提取，利用N,N,N′,N′-四甲基对苯二胺(2,3,5,6 - tetramethyl - 1,4 - phenylenediamine TMPD)解吸附后，二氯甲烷萃取。水中孔雀石绿和无色孔雀石绿二氯甲烷提取，质谱检测器检测，内标法定量。

4 试剂

4.1 孔雀石绿及无色孔雀石绿标准品：孔雀石绿纯度>98%，无色孔雀石绿纯度>98%。

4.2 乙腈：色谱纯。

4.3 甲醇：色谱纯。

4.4 二氯甲烷。

4.5 2.0 mmoL/L 乙酸铵缓冲溶液：称取 0.077 g 无水乙酸铵溶解于适量水中，再加入0.5 mL甲酸，再加水定容至 500 mL。

4.6 TMPD 溶液(1.0 mg/mL)：称取 50 mg N,N,N′,N′-四甲基对苯二胺(TMPD)溶于50 mL甲醇中。

4.7 孔雀石绿(MG)、无色孔雀石绿(LMG)标准储备液(100 μg/mL)：准确称取适量的孔雀石绿、无色孔雀石绿标准品，分别用乙腈溶解并定容，于−18 ℃避光保存，可使用 1 年。

4.8 氘代孔雀石绿(MG - D5)和氘代无色孔雀石绿(LMG - D6)内标标准储备液(100 μg/mL)：准确称取适量的氘代孔雀石绿和氘代无色孔雀石绿标准品，分别用乙腈溶解并定容，于−18 ℃避光保存，可使用 1 年。

4.9 混合外标标准中间液(1.0 μg/mL)：分别准确吸取 1.0 mL 孔雀石绿和无色孔雀石绿的标准储备

天津市市场监督管理委员会 2019 - 01 - 14 发布　　2019 - 02 - 15 实施

液(4.7)于 100 mL 容量瓶中,用乙腈稀释定容,于—18 ℃避光保存,可使用 6 个月。

4.10 混合内标标准中间液(1.0 μg/mL):分别准确吸取 1.0 mL 氘代孔雀石绿和氘代无色孔雀石绿标准储备液(4.8)于 100 mL 容量瓶中,用乙腈稀释定容,于—18 ℃避光保存,可使用6 个月。

4.11 混合外标标准使用液(0.10 μg/mL):准确吸取 1.00 mL 混合外标标准中间液(4.9)于 10.0 mL 容量瓶中,用乙腈稀释定容,于—18 ℃避光保存,可使用 1 个月。

4.12 混合内标标准使用液(0.10 μg/mL):准确吸取 1.00 mL 混合内标标准中间液(4.10)于 10.0 mL 容量瓶中,用乙腈稀释定容,于—18 ℃避光保存,可使用 1 个月。

4.13 混合标准工作液:临用时准确吸取相应体积的混合外标标准使用液(4.11),再加入混合内标标准使用液(4.12)20 μL,用乙腈和 2.0 mmoL/L 乙酸铵缓冲溶液(1∶1,*V*/*V*)稀释定容至 1 mL,标准曲线系列浓度分别为 0.5 ng/mL、1.0 ng/mL、2.0 ng/mL、5.0 ng/mL、10 ng/mL、20 ng/mL,现用现配。

注:除特殊注明外,所有试剂均为分析纯,实验用水符合 GB/T 6682 一级水指标。

5 仪器和设备

5.1 液相色谱-串联质谱仪:配有电喷雾(ESI)离子源。

5.2 电子天平:感量 1.0 mg 和 0.01 mg。

5.3 高速冷冻离心机:可制冷到 4 ℃(最大转速高于 10 000 r/min)。

5.4 超声波震荡仪。

5.5 涡旋振荡器。

5.6 移液器(10 μL、20 μL、50 μL、100 μL、1 000 μL)。

5.7 旋转蒸发仪。

5.8 纯水器。

5.9 冰箱:具有 4 ℃冷藏箱和达到—18 ℃以下冷冻箱。

6 测定步骤

6.1 样品制备

6.1.1 水:将采集水样过 0.45 μm 滤膜,收集水样体积 1 L,于 4 ℃冰箱保存,6 d 内测定。

6.1.2 沉积物:将沉积物置于阴凉处风干,研磨过筛(150 目),收集沉积物质量 20 g,于 4 ℃冰箱保存,6 d 内测定。

6.2 样品处理

6.2.1 水:量取水样 500 mL,置于分液漏斗中,加入 40 μL 混合内标标准使用液(4.12),再加入 30 mL 的二氯甲烷,振摇 5 min,静置 30 min,取下层二氯甲烷于锥形瓶中,再加入 30 mL 二氯甲烷重复一次,若分层不明显,取其下层液于 50 mL 离心管中,冷冻离心机 6 000 r/min 离心 3 min,再取下层液,合并于锥形瓶中,旋转蒸发温度 30 ℃,旋转蒸发浓缩至近干,残留物加入 2.0 mL 的乙腈—2 mmoL/L 乙酸铵溶液(1∶1,*V*/*V*)(4.5),涡旋振荡 1 min,超声波振荡2 min,过 0.22 μm 有机相滤膜后,上机测定。

6.2.2 沉积物:称取粉末状沉积物样品 5.0 g± 0.01 g 于 50 mL 聚乙烯离心管中,先加入200 μL TMPD 溶液(4.6),再加入 40 μL 混合内标标准使用液(4.12),加入 20 mL 二氯甲烷,涡旋 2 min,超声波震荡 25 min,6 000 r/min 离心 5 min,取上层液于锥形瓶中,再向离心管中加入 20 mL 二氯甲烷,重复上述操作,合并上清液锥形瓶中,旋转蒸发温度 30 ℃,旋转蒸发浓缩至近干,残留物加入 2.0 mL 的乙腈—2 mmoL/L 乙酸铵溶液(1∶1,*V*/*V*)(4.5),涡旋振荡 1 min,超声波振荡 2 min,过 0.22 μm 有机相滤膜后,上机测定。

6.3 标准工作曲线制作

分别准确移取 100 ng/mL 混合外标标准使用液(4.11),乙腈稀释至 0.50 ng/mL、1.0 ng/mL、2.0 ng/mL、5.0 ng/mL、10.0 ng/mL、20.0 ng/mL 混合标准工作液,内标液浓度均为 2 ng/mL,供液相

色谱—串联质谱仪测定。

6.4 测定

6.4.1 色谱条件

a) 色谱柱：C_8 柱，2.2 μm，75 mm×2.1 mm（内径），或相当；

b) 柱温：35 ℃；

c) 样品室温度：15 ℃；

d) 流动相 A：含 0.1%甲酸的 2.0 mmoL/L 的乙酸铵水溶液；流动相 B：0.1%甲酸-乙腈溶液；进样体积：5.0 μL；具体参数见表 1；

e) 流速：0.25 mL/min。

表 1 流动相梯度洗脱程序

时间(min)	A(%)	B(%)
0.1	30	70
2	30	70
7	2	98
9	2	98
9.01	30	70
11	30	70

6.4.2 质谱条件

a) 离子化模式：电喷雾离子源(ESI)，正离子模式；

b) 离子源温度：600 ℃；

c) 气帘气：25；碰撞气：中；喷雾电压：5 000 V；辅气 1：60；辅气 2：40；

d) 扫描模式：多反应监测(MRM)，反应监测母离子、子离子、锥孔电压和碰撞能量见表 2。

表 2 目标化合物质谱条件

目标化合物	母离子(m/z)	子离子(m/z)	去簇电压(V)	碰撞能量(eV)
MG	329	208	120	38
		313*	120	38
LMG	331.1	316.1*	120	20
		239.1	120	30
D5-MG	334.1	318.1	120	40
D6-LMG	337.1	322.1	110	22

注：* 为定量碎片离子。

6.5 定性依据

在同样测试条件下，阳性样品保留时间与标准物质保留时间相对偏差在±5%以内，且检测到的离子的相对丰度，应当与浓度相当的校正标准品相对丰度一致。次强碎片离子丰度与定量离子丰度比应符合表 3 要求。空白样品、标准溶液及添加样品的离子流图参见附录 A 至附录 E。

表 3 基峰与次强碎片离子丰度比要求

次强碎片离子相对丰度(%)	允许相对偏差(%)
＞50	±20
＞20～50	±25
＞10～20	±30
≤10	±50

6.6 定量测定

定量离子采用丰度最大的二级特征离子碎片符合表 2 的要求。

6.7 空白试验

除不加试样外，均按上述测定条件和步骤进行。

7 计算

用仪器自带工作站按内标法进行自动计算，以化合物上机响应的峰面积与内标物峰面积比值为纵坐标、化合物浓度与内标物浓度比值为横坐标，绘制标准曲线，再根据样品的峰面积响应值与内标物峰面积比值，利用标准曲线，得到样品制备液的实际测定浓度。

水样品中孔雀石绿及其代谢物残留量按式(1)计算。计算结果须扣除空白值。

$$X=\frac{c\times v_1}{V}\times\frac{1\,000}{1\,000} \qquad (1)$$

式(1)中，X——试样中目标物含量，单位为微克/升(μg/L)；

C——试样溶液中目标物含量，单位为纳克/毫升(ng/mL)；

V——试样体积，单位为毫升(mL)；

v_1——试样定容体积，单位为毫升(mL)。

沉积物样品中孔雀石绿及其代谢物残留量按式(2)计算。计算结果须扣除空白值。

$$X=\frac{c\times v_2}{m}\times\frac{1\,000}{1\,000} \qquad (2)$$

式(2)中，X——试样中目标物含量，单位为微克/千克(μg/kg)；

C——试样溶液中目标物含量，单位为纳克/毫升(ng/mL)；

m——试样质量，单位为克(g)；

v_1——试样定容体积，单位为毫升(mL)。

8 方法灵敏度

水中孔雀石绿及其代谢物(无色孔雀石绿)的定量限均为 4 ng/L。

沉积物中孔雀石绿及其代谢物(无色孔雀石绿)的定量限均为 0.4 μg/kg。

9 方法回收率

水质中添加浓度为 4 ng/L～100 ng/L 时回收率为 70%～110%。

沉积物中添加浓度为 0.4 μg/kg～10 μg/kg 时回收率为 70%～110%。

10 方法精密度

本方法的批内相对标准偏差小于 10%，批间相对标准偏差小于 15%。

附　录　A

（资料性附录）

空白沉积物特征离子色谱图

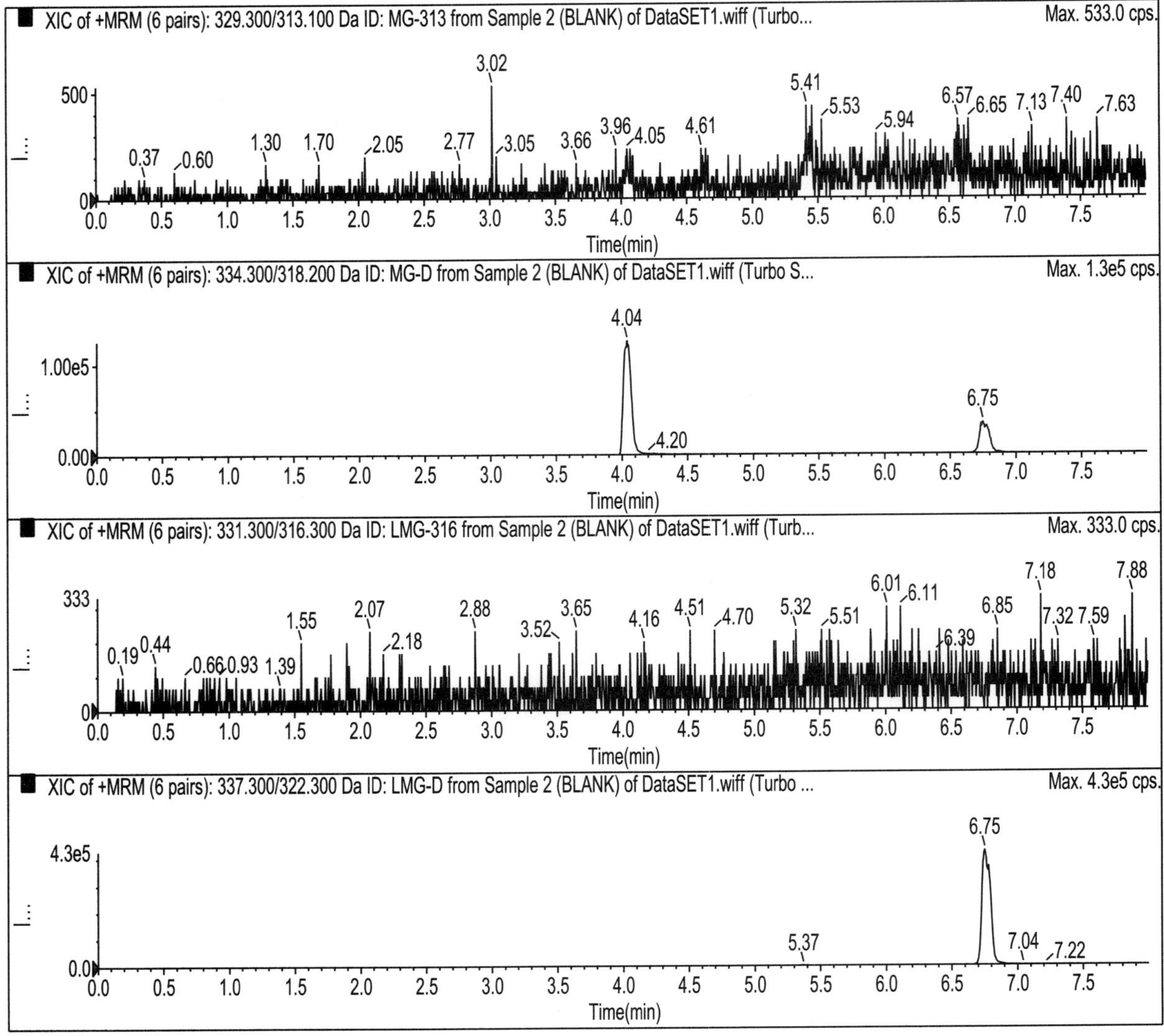

附 录 B

（资料性附录）

孔雀石绿及其代谢物混合标准特征离子色谱图(10 ng/mL)

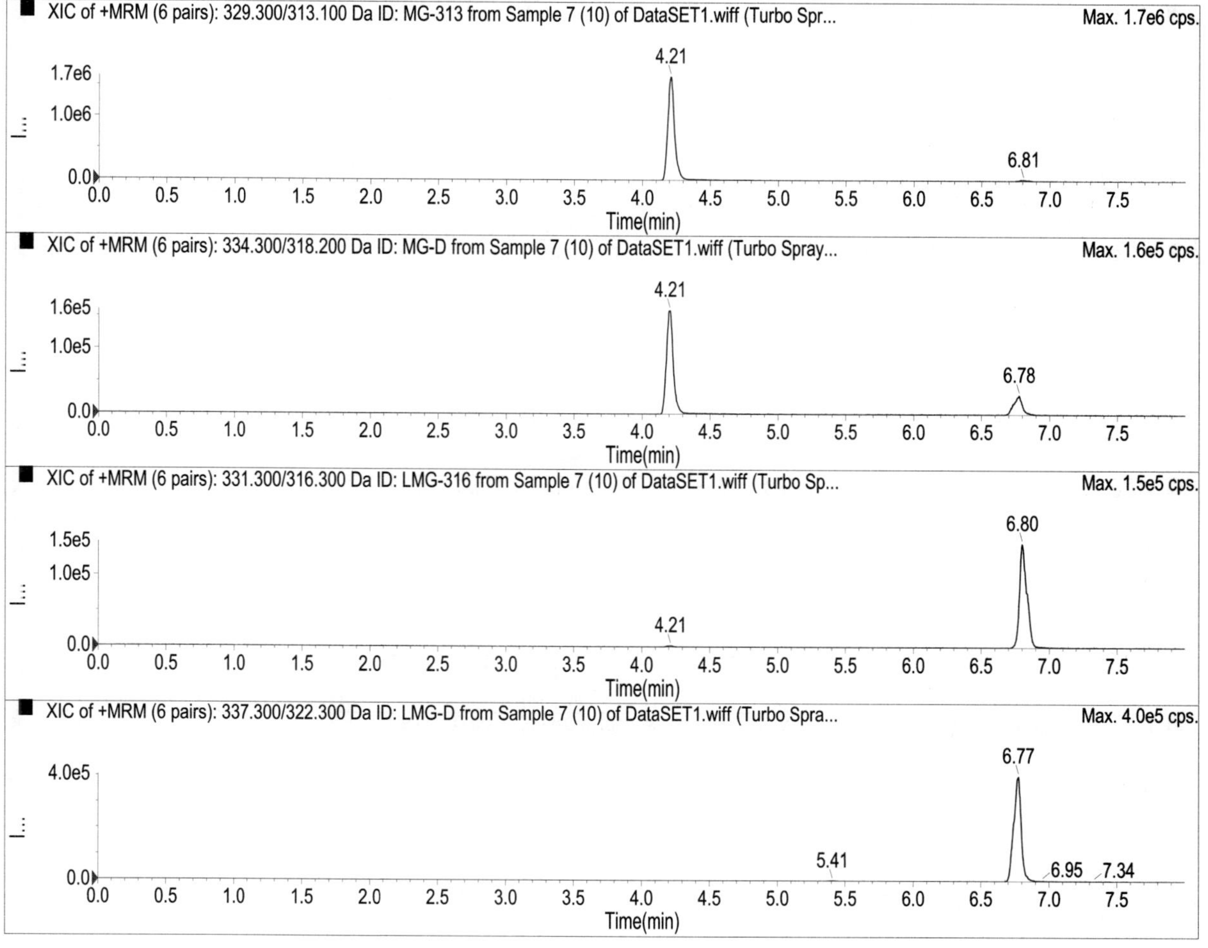

附　录　C

（资料性附录）

沉积物加标特征离子色谱图(20 μg/kg)

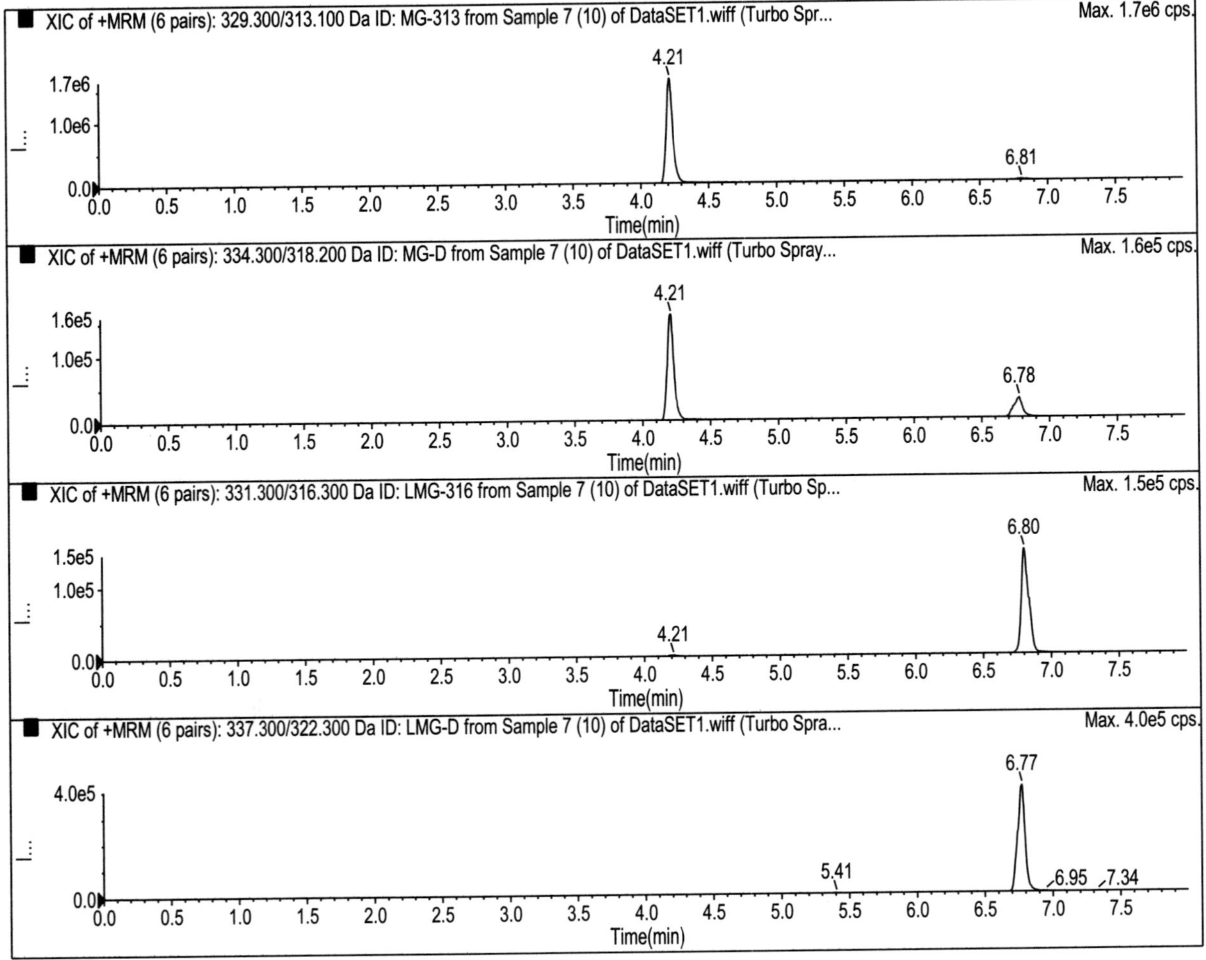

附 录 D

（资料性附录）

空白水质特征离子色谱图

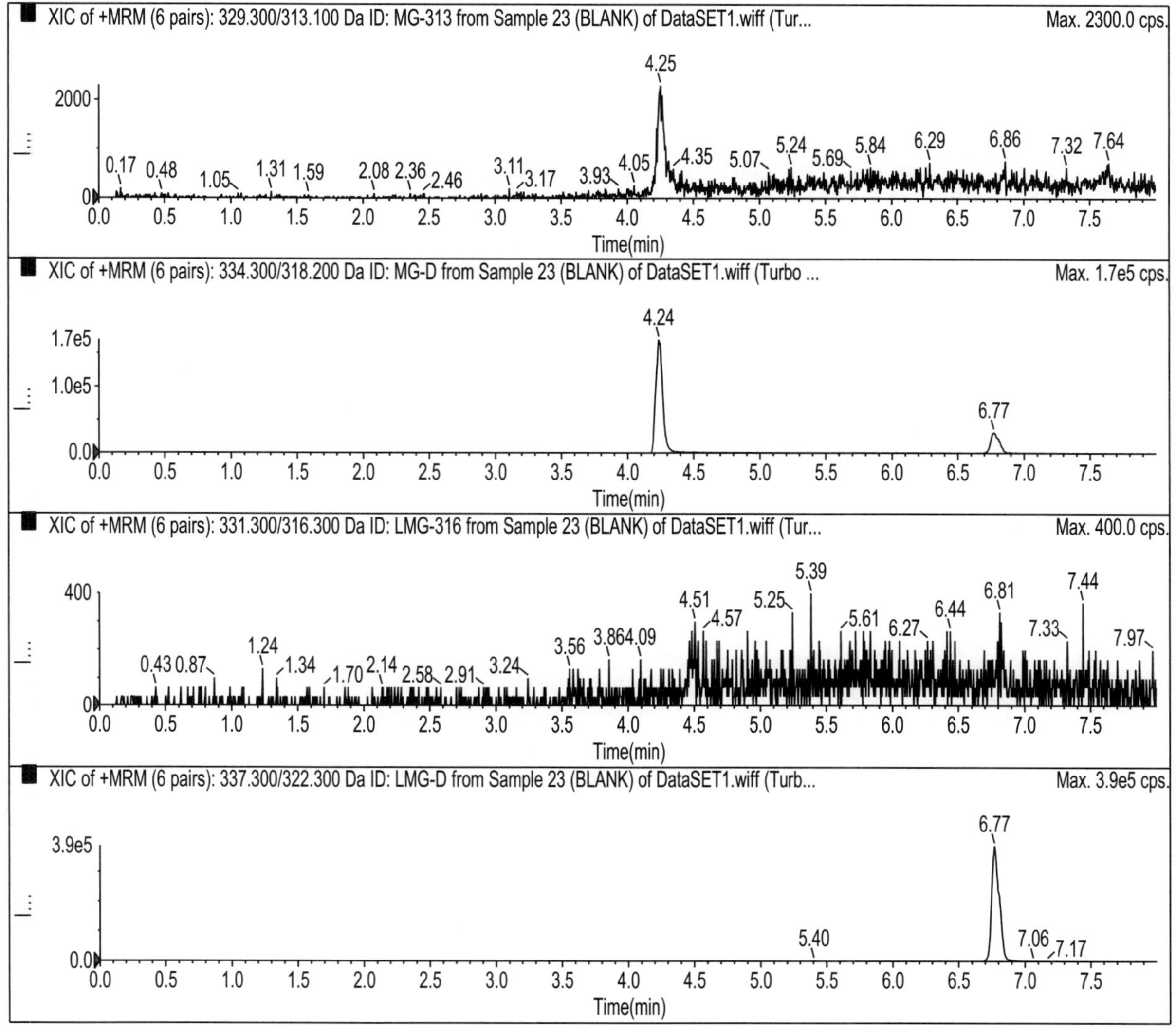

附 录 E
（资料性附录）
空白水质加标特征离子色谱图（20 ng/L）

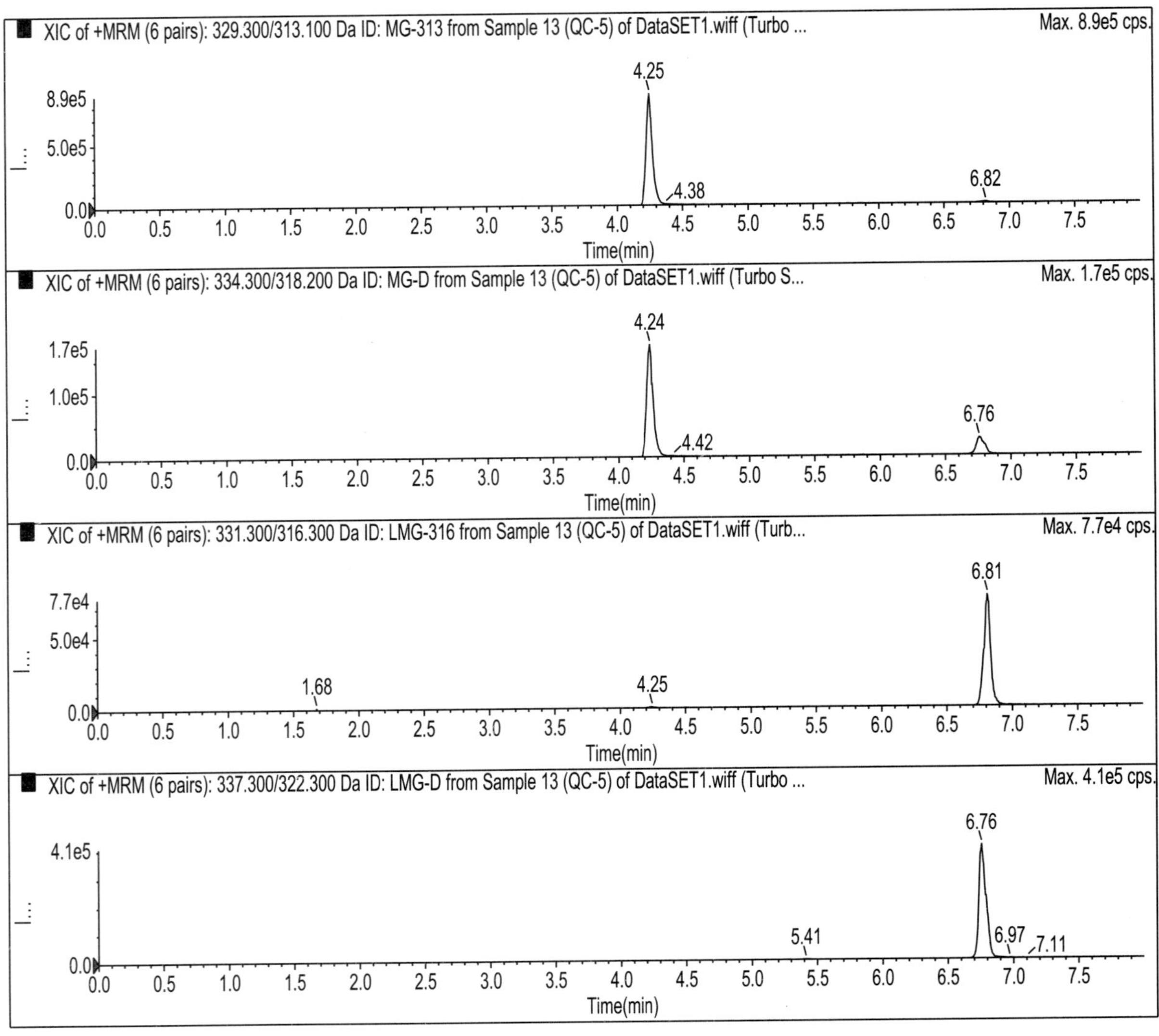

本标准按照 GB/T 1.1—2009《标准化工作导则　第 1 部分：标准的结构和编写》给出的规则起草。

本标准由天津市渔业发展服务中心提出并归口。

本标准起草单位：农业农村部渔业环境及水产品质量监督检验测试中心（天津）。

本标准主要起草人：陈永平、李春青、时文博、高丽娜、李宝华。

食用菌中甲醛的测定　高效液相色谱法

Determination of formaldehyde in mushroom—High performance liquid chromatography

1　范围

本标准规定了采用高效液相色谱法测定食用菌中甲醛的原理、试剂和材料、仪器和设备、操作步骤及结果表示。

本标准适用于食用菌中甲醛的含量测定。

2　规范性引用文件

下列文件对于本文件的应用是必不可少的。凡是注日期的引用文件,仅注日期的版本适用于本文件。凡是不注日期的引用文件,其最新版本(包括所有的修改单)适用于本文件。

GB/T 6682　分析实验室用水规格和试验方法

3　原理

用衍生液提取样品中的甲醛,反应生成甲醛衍生物。液液萃取净化后,在365 nm波长处,液相色谱法测定,外标法定量。

4　试剂和材料

4.1　试剂

4.1.1　乙腈(C_2H_3N)。

4.1.2　硫酸铵[$(NH_4)_2SO_4$]。

4.1.3　冰乙酸($C_2H_4O_2$)。

4.1.4　乙酸钠($C_2H_3NaO_2$)。

4.1.5　2,4-二硝基苯肼:纯度≥99%($C_6H_6N_4O_4$)

4.1.6　水(H_2O):GB/T 6682规定的一级水。

注:除非另有说明,本方法所用试剂均为分析纯。

4.2　试剂配制

4.2.1　缓冲溶液(pH 5):称取2.64 g乙酸钠,以适量水溶解,加入1.0 mL冰乙酸,用水定容至500 mL。

4.2.2　2,4-二硝基苯肼溶液(0.6 g/L):称取2,4-二硝基苯肼300 mg,用乙腈溶解定容至500 mL。

4.2.3　衍生液:量取100 mL缓冲溶液和100 mL 2,4-二硝基苯肼溶液,混匀。

4.3　标准溶液

甲醛标准溶液:100 μg/mL。安培瓶封装,置于10 ℃以上保存,使用前于室温下平衡,摇匀,推荐打开后一次性使用,或者将标准溶液转移至棕色瓶密封。

天津市市场监督管理委员会 2019-03-25 发布　　2019-05-01 实施

5 仪器和设备

5.1 高效液相色谱仪:配有二极管阵列检测器或紫外检测器。

5.2 天平:感量 0.001 g。

5.3 粉碎机。

5.4 涡旋混合仪。

5.5 离心机:转速≥4 000 r/min。

5.6 恒温振荡器。

5.7 具塞塑料离心管:聚丙烯,50 mL。

5.8 具塞比色管或刻度试管:20 mL。

6 试样制备与保存

从所取全部样品中取出样品约 500 g,取可食部分经粉碎机充分粉碎均匀,均分成两份,分别装入洁净容器内作为试样,密封并注明标记。鲜样于-18 ℃下冷冻保存;干样于 0~4 ℃下冷藏保存。

7 分析步骤

7.1 提取

称取已混匀的鲜样 5.0 g(干品 1.0 g),精确至 0.001 g,置于 50 mL 塑料离心管中,准确加入 10.0 mL 衍生液。旋紧塞子,涡旋混匀后置于 60 ℃恒温振荡器中,150 r/min 振摇,间隔20 min取出混匀一次,振摇 1 h 后取出冷却至室温。

7.2 净化

将样品提取液,以不低于 4 000 r/min 离心 5 min。如离心后溶液澄清,过 0.22 μm 微孔滤膜后,滤液直接供 HPLC 测定。如离心后溶液浑浊或分层,在提取液中加入 8 g 硫酸铵,混匀,以不低于 4 000 r/min 离心 5 min。移取上清液于 20 mL 具塞比色管或刻度试管中,下层溶液用 5 mL 乙腈重复萃取一次,合并上清液,用乙腈定容至 10.0 mL,混匀后,过 0.22 μm 微孔滤膜,滤液供 HPLC 测定。

7.3 甲醛衍生物标准溶液的制备

移取 0 μL、20 μL、50 μL、100 μL、200 μL、500 μL 甲醇标准溶液(4.3),置于 10 mL 具塞比色管中,补加缓冲溶液(4.2.1)至 5.0 mL,再用 2,4-二硝基苯肼溶液(4.2.2)定容至10.0 mL,盖上塞后混匀,60 ℃水浴加热 1 h,取出冷却至室温。过 0.22 μm 微孔滤膜,滤液供 HPLC 测定。

7.4 测定条件

液相色谱条件如下:

——色谱柱:C_{18},5 μm,4.6×250 mm;

——流速:1.0 mL/min;

——柱温:30 ℃;

——进样量:20 μL;

——流动相:甲醇-水(70-30);

——检测波长:365 nm。

7.5 色谱测定

标准溶液和样液中甲醛衍生物的响应值应在仪器检测的线性范围内,以峰面积为纵坐标,甲醛衍生物标准溶液对应的甲醛浓度为横坐标,绘制标准曲线。

通过保留时间定性,外标法定量。

色谱图参见附录 A。

8 分析结果表述

试样中甲醛的残留量按式(1)计算：

$$X=\frac{C\times V\times 1\,000}{m\times 1\,000} \quad \cdots\cdots (1)$$

式中，X——试样中甲醛的残留量，单位为毫克/千克(mg/kg)；

C——从标准工作曲线得到的样液对应的甲醛浓度，单位为毫克/升(mg/L)；

V——样液最终定容体积，单位为毫升(mL)；

m——样液所代表的试样质量，单位为克(g)。

测定结果保留到小数点后两位。

9 测定低限

本标准对食用菌中甲醛的测定低限为 0.1 mg/kg。

10 测定低限

在重复性条件下获得的两次独立测定结果的绝对差值不得超过算术平均值的 10%。

附 录 A
（资料性附录）
标准品色谱图

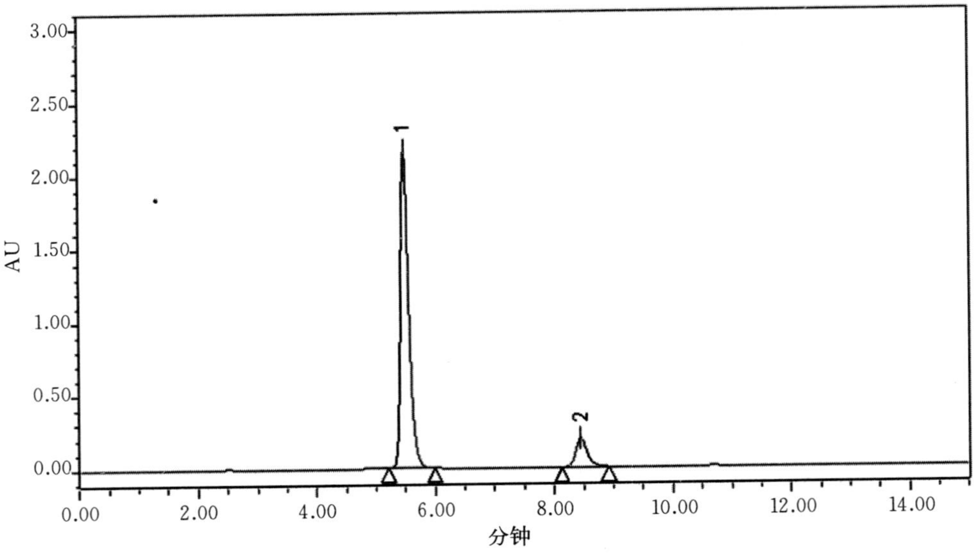

图 A.1 甲醛衍生物的标准液相色谱图

注：1 为 2,4-二硝基苯肼 2 为甲醛-2,4-二硝基苯腙

本标准依据 GB/T 1.1—2009《标准化工作导则 第 1 部分：标准的结构和编写》给出的规则起草。

本标准由天津市农业科学院提出并归口。

本标准起草单位：天津市农业质量标准与检测技术研究所。

本标准主要起草人：刘征辉、魏静娜、赵琳琳、张强、薛天凯、赵云平、徐石勇、郑贵忠。

图书在版编目(CIP)数据

天津市农业地方标准精选汇编 / 刘烨潼，郭永泽，郑贵忠主编．—北京：中国农业出版社，2019.11
ISBN 978-7-109-26147-1

Ⅰ.①天… Ⅱ.①刘… ②郭… ③郑… Ⅲ.①农业技术—地方标准—汇编—天津 Ⅳ.①S-65

中国版本图书馆 CIP 数据核字(2019)第 244561 号

中国农业出版社出版
地址：北京市朝阳区麦子店街 18 号楼
邮编：100125
责任编辑：李 蕊 王琦瑢
版式设计：韩小丽 责任校对：巴洪菊
印刷：中农印务有限公司
版次：2019 年 11 月第 1 版
印次：2019 年 11 月北京第 1 次印刷
发行：新华书店北京发行所
开本：880mm×1230mm 1/16
印张：22.5
字数：666 千字
定价：100.00 元
